Gesammelte Schriften

Von

Ludwig Bamberger

Band 2.

Berlin 1913
Verlag von Georg Reimer

Charakteristiken

Von

Ludwig Bamberger

Berlin 1913
Verlag von Georg Reimer

Inhalts-Verzeichnis.

Vorwort.

Oft und seit längerer Zeit an mich herangetretenen Anregungen und Wünschen, mehr als meinem eigenen Urteil, folgend, lasse ich zunächst in diesem Bande eine Sammlung älterer und neuerer Studien über einzelne Persönlichkeiten veröffentlichen. Ein jüngerer sachverständiger Freund hat sich aus eigenem Antrieb der Mühe unterziehen wollen, die Herausgabe zu leiten und zu überwachen.

Von den hier vereinigten Arbeiten ist die früheste über Adam Lux im Jahre 1866 in französischer Sprache für die Revue moderne (vordem Revue germanique genannt) erschienen und zum Zweck gegenwärtiger Publikation unter meiner Aufsicht ins Deutsche übersetzt worden. Die Mehrzahl bilden Nekrologe, welche beim Hintritt alter Freunde entstanden; von diesen trägt einen besonderen Charakter der über Eduard Lasker, weil er bei der von einer großen Ver=

sammlung veranstalteten Todtenfeier die oratorische Form erhielt.

Ohne Zweifel werden die in einem Zeitraum von mehr als fünfundzwanzig Jahren sich aneinander reihenden Gedankenbilder auch die Spuren der sich nicht in allen Stücken gleich gebliebenen Auffassung ihres Verfassers erkennen lassen. Doch bedarf dies keiner Entschuldigung.

Berlin, Ende 1893.

L. Bamberger.

Adam Lux.*)

*) Aus der „Revue Moderne". XXXIX, 1. Oktober 1866.

I.

Von jeher haben die heroischen Gestalten der Charlotte Corday und der Madame Roland die historische Neugierde besonders gereizt. Nun ist aber unter all den Individualitäten jenes wunderbaren Zeitalters sicherlich keine zweite zu finden, die so wie Lux dem Charakter dieser beiden Heldinnen nahe stände. Die drei bilden miteinander gleichsam ein Trio, in welchem die Majorität mit Recht auf Seiten der Frauen ist, da der gemeinsame Typus in hohem Grade weibliche Eigenart aufweist. Die Ueberzeugungstreue, für die es kein Kompromiß mit der einmal erkannten Wahrheit giebt, die rückhaltlose Hingebung, der unbedingte Glaube und jene abstrakte Auffassung, die ganz unvermittelt in die Wirklichkeit überzutreten begehrt — das alles entspricht der Natur des Geschlechts, welches gewöhnlich dem öffentlichen Leben fernsteht, und, wenn es dennoch zu ihm Eingang findet, eine naive Größe hineinträgt, die dem erfahrenen und bedachten Manne naturgemäß fernliegt. In der Sprache Michelets könnte man sagen, von diesen drei Frauen sei der Mann die jungfräulichste, obwohl er Gatte und Familienvater gewesen.

Als die erste französische Republik ihren Vorstoß in die deutschen Rheinlande machte, war hier im Grenzgebiet die große Masse des Volkes — wer die Geschichte jener Tage eingehend studiert, wird sich dieser Wahrnehmung nicht verschließen — den Franzosen und der Revolution keineswegs zugethan. Eine Minderheit, hervorgegangen aus den intelligentesten Schichten der Bevölkerung, war es, welche die Eroberer mit grenzenloser Begeisterung willkommen hieß.*) In diesen Kreisen war seit Jahren alles darauf vorbereitet, die demokratische Taufe zu empfangen, und die Verschiedenheit der Nationalitäten erschien kaum als ein Hindernis gegenüber dem Problem der Verschmelzung der beiden Rassen. Hierin vor allem weicht die öffentliche Meinung der heutigen Zeit von der damals herrschenden ab; es sei mir darum vergönnt, bevor ich zu den Thatsachen übergehe, einen Augenblick bei der Erklärung dieses Phänomens zu verweilen.

In jenen Zeiten des ersten Erwachens war die Freiheit das wahre, das einzige Vaterland. Von dieser Höhe aus gesehen, verschwanden alle Verschiedenheiten des Bodens und der Sprache. Die Menschheit stand in der Fülle der Jugend. Der Jugend aber ist es eigen, nur mit dem Prinzip bewaffnet vorwärts zu gehen; jedes Zugeständnis erscheint ihr moralisch unmöglich. Einem reiferen Alter erst ist es vorbehalten, einzusehen, daß in dieser Welt der endlichen und begrenzten Wesen der Fortschritt in der Richtung vom Einzelnen zum Allgemeinen sich bewegt. Der Philosoph, der die Gottheit nicht definieren wollte, weil jede Definition eine Verneinung enthielte, hat damit bloß seinen Atheismus eingestanden. Was existieren will, bedarf vor allen Dingen der Bestimmtheit; je schärfer ein Wesen sich bestimmt, desto mehr behauptet und bethätigt es sich. Der entgegengesetzte Weg führt nach dem Orient, in die indische Welt, deren Ideal die Aufhebung der Individua-

*) Man vergleiche meine Darstellung in der „Revue Moderne“ vom 1. September 1865, „les Sympathies françaises aux bords du Rhin.“

lität ist, das Eintauchen derselben in die farblosen Fluten des Weltwesens.

Das Abendland hat sich in umgekehrtem Sinne entwickelt, sich durch die Freude am Detail zu immer größerer Mannigfaltigkeit differenziert. So erwuchs die moderne Herrschaft der Natur- und Sozialwissenschaften. Die Wiederbelebung des Nationalitäts-Bewußtseins, welche wir überall mit Händen greifen, gehört in denselben Gedankengang hinein. Sie bedeutet erstlich eine Rückkehr zur Natur, insofern als sie den vorhandenen, auf physiologische Ursachen gegründeten Rassen-Unterschieden das Recht einräumt, sich geltend zu machen. Zweitens liegt für das Individuum, wenn es dahin gelangt, sich stärker zu betonen, die Nötigung vor, mit dem Ideal einer unbestimmten kosmopolitischen Vollkommenheit zu brechen. Die Völker des klassischen Altertums gehorchten diesem Gesetz bis zum Aeußersten, so zwar, daß ein jedes nur seine eigene Nationalität anerkannte und die fremde mit Füßen trat. Dieser Selbstüberhebung hatte ihr Genius jene Kraft zu verdanken, deren Nachwirkungen so gewaltig durch zwanzig Jahrhunderte hindurch bis in unsere eigene Mitte hineinragen. Es ist überflüssig, hinzuzufügen, daß diese Uebermacht der Persönlichkeit sich nur auf Kosten der humanitären Empfindungsweise entwickeln konnte, und daß die wahre Lösung des Problems in der Anerkennung des gleichen Rechtes aller jener Nationalitäten besteht, die von verschiedenen Richtungen her dem einen Ziele einer gemeinsamen Kultur zustreben.

Indem das moderne Leben seine Oberfläche in ganz anderer Weise ausbreitete als das Altertum, sah es sich genötigt, neue Stützpunkte im Detail zu suchen und in das innerste Wesen aller Dinge tiefer einzudringen. Aus diesem Grunde sind die chemische Analyse und der Gebrauch des

Mikroskops an die Spitze der Studien getreten; hierauf beruht die Notwendigkeit der demokratischen, mit sozialen Gedanken stark gesättigten Tendenzen; daher schreibt sich der moderne Roman, mit anderen Worten die Herrschaft der subjektiven Dichtungsart, welche das individuelle Prinzip in der Poesie darstellt.

Wer von seiner eigenen Zeit redet, kann nicht umhin, Richter und Partei in einer Person zu sein. Müssen wir gleich unter diesem Vorbehalt zugeben, daß wir um ein Stück Weges weiter gekommen sind, so bleibt daneben doch die Besorgnis bestehen, wir möchten vielleicht der früheren Generation nicht Zeit genug gelassen haben, ihr Werk zu vollenden. Der Kopf, der mit allgemeinen Ideen erfüllt ist, ist dem Herzen näher und infolge dessen mehr zu starkem und großmütigem Handeln aufgelegt, als die Intelligenz, welche sich an die Thatsachen hält. Wenn wir die offizielle Organisation fast aller Gesellschaften unserer Tage ins Auge fassen, mit ihren Auswüchsen, ihren Gebrechen und Widersprüchen, liegt da nicht der Gedanke nahe, wir seien ein wenig zu früh gekommen, es wäre für die Enthusiasten und sogar für die Narren der Theorie noch viel zu thun übrig gewesen, um die Ueberbleibsel der feudalen Welt radikal auszurotten? Dies will in Betracht gezogen sein, wenn man einen Schwärmer der Revolutionszeit zu beurteilen unternimmt. Was auf uns lastet, das ist der Widerstreit zwischen unseren Ideen und den Thatsachen um uns her — was uns beim Zurückdenken an unsere Vorgänger rühren sollte, das ist der Anblick, wie die Idee bei ihnen Fleisch wird, wie sie ihr Blut nicht minder freudig als ihre Worte verspritzen.

II.

Adam Lux wurde in dem Dorfe Obernburg bei Aschaffenburg als Sohn eines Landwirts geboren. Sein Landesherr war der Kurfürst von Mainz. Das Datum seiner Geburt ist in den Anfang des Jahres 1766 zu verlegen, nicht 1773, wie die Biographie Universelle angiebt. Lux selber hat es so in seinem Strafprozeß zu Protokoll gegeben, und die bei der Familie eingezogenen Erkundigungen bestätigen die Thatsache. Dieselbe ist deshalb nicht gleichgiltig, weil daraus zu entnehmen ist, daß er bei seinem ersten Erscheinen im öffentlichen Leben bereits ein Siebenundzwanzigjähriger war, also nicht der junge Thor, der Schüler beinahe, für den man ihn allgemein gelten läßt. Lux war in das Leben so eingetreten, wie Andere es verlassen, mit Neigungen, welche gewöhnlich erst am Schlusse einer langen Kette von Kämpfen und Enttäuschungen erworben werden. Die Landwirtschaft und die Bücher füllten zu gleichen Teilen sein Dasein aus. Nach beendigtem Studium, mit 19 Jahren, wurde er zum Doktor der Medizin und Philosophie promoviert. Infolge einer tiefen Abneigung gegen die anatomischen Beschäftigungen verzichtete er indessen auf die ärztliche Laufbahn; er nahm eine Stelle als Hofmeister im Hause eines Mainzer Bürgers an, lernte dort eine junge Verwandte der Familie Namens Sabine Reuter kennen und vermählte sich bald darauf mit ihr. Kaum ist er verheiratet, so denkt er nur noch daran, der Stadt zu entfliehen, kauft sich ein kleines Grundstück in dem Dorfe Kostheim, Mainz gegenüber, und widmet sein Leben der Bestellung seines Feldes und seiner Philosophie. Hinter seinem Pfluge herschreitend — so schildert er sich selber — überließ er sich seinen Lieblingsbetrachtungen über das menschliche Schicksal. Welches war nun das Wesen der Lehren, die sich dieses Geistes bemächtigt hatten? Es ist nicht zu bezweifeln, daß er in Uebereinstimmung mit dem größeren Teile der Führer der Revolution ein begeisterter Anhänger Rousseaus war. Chéron de Villers, der in seiner Biographie Charlotte Cordays bei der Episode „Adam Lux" länger verweilt, als die anderen Geschichtsschreiber, nennt ihn „un pâle rêveur allemand et un philosophe d'outre Rhin". Die hergebrachten Formeln sind immer wohlfeil anzuwenden, wo es sich um das Fremde handelt. Wenn der Mann, der am Schlusse seines Testaments wünscht, daß man ihm zur Grabschrift setze: „Ci-gît un disciple de Jean Jaques" ein Träumer war, so tragen gewiß die Werke Kants nicht Schuld daran; und wenn der Landwirt, der Vater von zwei reizenden Kindern, es bei seinem Leben in freier Luft fertig brachte, bleich zu sein, so muß die Gewohnheit des Nachdenkens allerdings sehr schädlich auf die Gesundheit einwirken. Für den großen Haufen ist die deutsche Philosophie eine Art metaphysischen Romans, den Hoffmannschen*) nahe verwandt. In Wahrheit läuft nichts den Fähigkeiten eines Träumers so schnurgerade zuwider, wie jene analytische Arbeit, die den Kern der Untersuchungen Kants und seiner Nachfolger ausmacht. Man könnte jede Wette eingehen, daß dieselben Leute, welche von diesem vermeintlichen Mystizismus mit Verachtung reden, ihrerseits mit mehr oder minder unklaren Ideen über ihr Wesen und Werden angefüllt sind, indeß die analytische Beweisführung sich in den denkbar selbstlosesten Forschungen bei Brot und Wasser ergeht. Kein Irrtum ist gröber als der, die angestrengte Arbeit der Abstraktion mit dem freien Spiel der Phantasie zu verwechseln. Demselben Genie, welchem Kants Kritik und Hegels Phänomeno-

---

*) E. T. A. Hoffmann war bei den Franzosen der bekannteste deutsche Romanschriftsteller.

logie entsprangen, sind auch jene erstaunlichen Arbeiten auf den Gebieten der Philologie, Archäologie, Chemie und Physiologie zu verdanken, die der deutschen Wissenschaft den Ruhm gesichert haben, die gewissenhafteste und unermüdlichste von allen zu sein.

Lux hat indessen mit diesem Geschlecht von Pionieren nichts zu schaffen. Der im übrigen echt germanische Stamm, welcher das Rheinthal bewohnt, hat, sei es seinem Ursprung, sei es seiner örtlichen Lage nach, etwas Leichtes und Oberflächliches in seinem Charakter, wodurch er sich einerseits vor der Pedanterie seiner Landsleute bewahrte, während es ihm andererseits versagt blieb, den großen Ernst, die edle Tiefe bei sich zu entfalten, welche den Kern des deutschen Wesens bilden; und Lux, wiewohl in einiger Entfernung vom Rheinthal geboren, hatte doch von früh an seinen Geist in dieser Luft genährt und gebildet. Er war dem Studium sehr ergeben, seine Lieblinge waren die alten Klassiker und die Franzosen seiner eigenen Zeit. Aus seinen Briefen, von denen ich einige im Auszuge gebe, geht hervor, daß er sich in der Philosophie einzig Rousseaus System angeeignet und dieses noch dazu besonders von seiner pathetischen und sentimentalen Seite ergriffen hatte. Er trug sich mit Reiseplänen, richtete seine Augen erst auf England, dann auf Italien, mit der geheimen Hoffnung, über Frankreich zurückzukehren; aber seine eigenen Mittel gestatteten ihm die Ausführung dieses Vorhabens nicht, und die Verwandten seiner Frau wollten — aus Antipathie gegen alles, was sich damals in Frankreich ereignete, — am wenigsten von einer französischen Reise hören, wie er selbst uns erzählt. Hier folge eine Stelle aus dem Briefe, den er im Mai 1792 an den damals in England weilenden Freund richtete, den er hatte begleiten sollen:

„Allein da Sie allein und ohne Freund sind, so nehme ich es Ihnen gar nicht übel, daß Sie in den Wäldern mit dem Ossian herumstreichen; ja in Ihrem Alter und in Ihrer Lage würde ich es selbst gerade ebenso machen: denn die Empfindungen sind nicht nur nährender, sondern, zur Bildung eines Mannes, selbst nützlicher als Kenntnisse: ja wenn ein Jüngling nicht bis zu einem gewissen Grad seine Seele durch die Empfindung genährt und gestärkt hat, so kann er sich nie nachher in reifern Jahren jene wahrhaft männlichen Kenntnisse eines Rousseau, eines Cato, eines Socrates erwerben, die alle den nämlichen Weg gingen, von dem ich rede. — Wenn Sie daher bei Ihrer Zurückkunft auch gar nicht Ihre Kenntnisse vermehrt hätten, sondern nur ein Herz mitbringen, das durch die Empfindungen der Natur belebet und gestärkt, fest der wahren Religion und der Tugend ergeben ist, so ist alles gewonnen."

Doch muß hinzugefügt werden, daß dieser Mann nichtsdestoweniger mit einem gewissen praktischen Blick für die politischen Angelegenheiten begabt war. Im September 1792, als seine Heimat noch unter der Herrschaft des Kurfürsten stand und die Koalition ihr Haupt noch hoch trug, schrieb er an denselben Freund:

„Denn ich verspreche mir bis künftigen Frühling Friede; denn ich sehe nicht, wie die unnöthigen, unüberlegten und intresse-widrigen Schritte, und die schon zum theil gescheiterten Plane fortdauern sollten: ich meines theils glaube, daß die Fortsetzung des Kriegs eher der franz. Democratie, als den Thronen Europens nützlich sein werde; und man wird doch nicht so unbesonnen-ehrgeizig sein wollen, daß man da quitte à double spielen will, wo man wenig oder nichts zu gewinnen, und so viel zu verlieren hat: —" . . . Man ist blind aus Leidenschaft und weiß nicht, was ein in Gährung gebrachtes großes Volk ist, und daß in der ganzen Weltgeschichte die Völker eben dann am allerstärksten waren, wenn sie so eben ihre Ketten zerbrochen hatten."

Und indem er vom Deutschen zum Französischen übergeht, fügt er hinzu: „Voilà, mes amis, ma confession, ma crainte et mes espérances toutes à la fois et pour toujours."*)

*) „Da habt ihr, Freunde, mein Glaubensbekenntnis, meine Furcht und meine Hoffnungen alle mit einander und ein für alle mal."

Darauf fährt er wieder in der Muttersprache fort:
„La Fayette hat wirklich gesetzwidrig und in jenen Umständen äußerst gefährlich für sein Vaterland gehandelt: allein ich halte sein Herz für unschuldig, und verführt.“

Einen Monat später, am 22. Oktober 1792, besetzten die Soldaten der Republik Mainz und den größeren Teil des linken Rheinufers. Von da an bis zum Monat März sind wir ohne Nachrichten über Lux. Diese Unterbrechung ist nicht bedeutungslos, sie läßt uns schließen, daß er sich vollkommen fern von allen öffentlichen Kundgebungen hielt, welche in diesen Zeitraum fallen. Wir besitzen eine sehr große Anzahl von Urkunden, Memoiren und anderen Druckschriften über die geringsten Vorfälle der bewegten Zeit, welche die von heut auf morgen geschaffene kleine Republik auf dem linken Rheinufer zwischen Landau und Bingen damals durchzumachen hatte. Auch versäumte man nicht, alles gehörig in Scene zu setzen, und der kleinste Ehrgeiz fand Gelegenheit, sich sehen zu lassen und sich Genüge zu thun. Wer immer auf dieser Schaubühne mitwirkte, und sei es selbst der Unbedeutendste, wird uns mit Namen genannt. Wenn Lux von dem Drange beseelt gewesen wäre, von sich reden zu machen, so war dazumal nichts leichter für ihn, als auch seinerseits eine Rolle zu spielen; und finden wir ihn späterhin für die Lockungen des Ruhms minder unempfänglich, so müssen wir zu seinen Gunsten anführen, daß bis dahin alles in ihm auf entgegengesetzte Neigungen deutet.*) Kurze Zeit nach dem Einzuge der Franzosen in Mainz hatten ihn die Kriegsereignisse ge-

*) Ein Zeitgenosse sagt von ihm: „Er baute friedlich sein Feld in Kostheim. Ein treuer Freund, ein guter Familienvater, hatte er wenig Umgang mit den Städtern, und das Lesen der Alten erheiterte seine Muße.“ (Deux Mémoires, publiés par Wedekind, Strasbourg 1794.)

nötigt, sein Dorf zu verlassen und mit seiner Familie ins Innere der Stadt überzusiedeln. Ein Dekret des Nationalkonvents vom 17. Dezember 1792 hatte den eroberten Provinzen aufgetragen, sich freie Verfassungen zu geben, und am 17. März 1793 versammelte sich ein rheinisch-deutscher Nationalkonvent zu Mainz, um die Organisation des Landes zu beraten. Lux befand sich unter den Abgeordneten. Eine der ersten Fragen, die erörtert wurden, war die, ob man sich nicht einfach und ohne Vorbehalt der großen französischen Republik anschließen solle, und dieser Antrag ward am 22. März mit großer Stimmenmehrheit angenommen. Das Protokoll dieser beratenden Versammlung wird in der Mainzer Bibliothek aufbewahrt. Daß Lux eine Rede gehalten habe, ist nicht ausdrücklich erwähnt. Indessen habe ich in den Akten des Strafprozesses, die in den kaiserlichen Archiven (jetzt Nationalarchiv) liegen, einen Entwurf von seiner Hand gefunden unter dem Titel: Discours tenu dans la Convention de Mayence le 21. mars 1793 sur la réunion avec la France. Die Rede läuft auf eine Befürwortung der erwähnten Maßnahme hinaus; jedoch dürfte es von Interesse sein, den charakteristischen Vorbehalt zu beachten, welchen hinzuzufügen der Redner sich verpflichtet fühlt:

„Im Prinzip wäre ich mehr für die Gründung kleiner Republiken eingenommen, aber wir können in unseren Provinzen nicht auf ein genügendes Maß von patriotischen Kräften rechnen; nicht zu reden von einem Angriff von außen, wären wir nicht einmal zahlreich genug, um unseren inneren Feinden zu widerstehen. Ich kenne die Gebrechen der großen Republiken sehr wohl, aber für den Augenblick handelt es sich vor allem darum, alle Völker nach Möglichkeit gegen den Despotismus zu sammeln. Dem Auge des Politikers ist es gestattet, über die eroberte Freiheit hinausschauend, in der Ferne die Möglichkeit einer Trennung, die dann wohlthätig wirken wird, einer Teilung in mehrere Republiken zu erblicken."

Man kam überein, den Beschluß der Versammlung durch eine Abordnung von drei Mitgliedern nach Paris gelangen zu lassen, und Lux verdankte es seiner hervorragenden Kenntnis der französischen Sprache, daß er sich unter den Erwählten befand. Seine Genossen waren der berühmte Georg Forster und ein Kaufmann Namens Potocki. Am 29. März trafen sie in Paris ein und erschienen am folgenden Tage behufs Ueberreichung des Dekrets vor dem Konvent, welcher den Beschluß feierlich entgegennahm und die Einverleibung sanktionierte.

III.

Von diesem Zeitpunkt an bis zum 24. Juli, dem Tage seiner Verhaftung, können wir sein Leben nunmehr an der Hand der Angaben verfolgen, die von ihm selbst herrühren, und welche ich in den Akten seines Prozesses vollständig erhalten aufgefunden habe. Unter diesen Dokumenten sind die am weitesten zurückreichenden einige Briefe, an seine Frau und an zwei Landsleute gerichtet. Sie sind in deutscher Sprache, mit einer klaren, ruhigen Hand geschrieben. Mittlerweile war die Verbindung zwischen Paris und Mainz längst abgeschnitten worden, die Preußen hatten die Stadt eingenommen und am 22. Juli, gerade zwei Tage vor Lux's Verhaftung, ihren Einzug daselbst gehalten. Möglich, daß Lux aus diesem Grunde seine Briefe nicht absenden konnte; doch da sie von seinem Vorhaben des Selbstmordes handeln, so ist es ungleich wahrscheinlicher, daß er sie erst nach seinem Tode auffinden und an ihre Adresse befördern lassen wollte.

Die Briefe, drei an der Zahl, sind sämtlich vom 7. Juni datiert. Louis Blanc hat sich gleich anderen Geschichtsschreibern durch die Legende irreleiten lassen, wenn er erzählt, der Selbstmordgedanke sei auf den 17. Juli, den Tag der Hinrichtung Charlotte Cordays, zurückzuführen.

Lux war nach Paris gekommen, erfüllt von der ganzen Glut eines gläubigen Jüngers, voller Sehnsucht, den Gegenstand seiner Anbetung in der Nähe zu schauen, sich mitten in die Bewegung des neuen Lebens zu stürzen, das ihn mit seinen äußersten Schwingungen von fernher so gewaltig ergriffen hatte. Er wohnte alltäglich den Konventssitzungen bei, und seine unschuldsvolle Seele ward durch das Schauspiel der Kämpfe zwischen der Gironde und der Montagne von Grund aus erschüttert und aus dem Gleichgewicht gebracht. Während ihn seine radikalen Grundsätze naturgemäß der letzteren zugeneigt machten, entsetzte ihn die Gewaltsamkeit ihres Verfahrens. Er wandte sich darauf den Girondisten zu und suchte namentlich Guadet und Pétion auf, ohne indeß engere Verbindung mit ihnen anzuknüpfen. Von der Katastrophe des 31. Mai zu Boden geschmettert, ersinnt er den seltsamen Plan, mit einem Aufruf zur Eintracht vor dem Konvent zu erscheinen; und um seine Hörer durch die Größe und den Ernst seiner Ueberzeugung noch tiefer zu erschüttern, faßt er den sonderbaren Gedanken, sich im selben Augenblick, wo er seine Ansprache zu schließen gedenkt, eine Kugel durch den Kopf zu jagen.

Wenn wir versucht sind, zu glauben, daß ein solcher Entschluß unmöglich einem völlig gesunden Gehirn habe entspringen können, so ist es billig, sich einer ganz analogen, derselben Zeit angehörigen Thatsache zu erinnern, die uns anzeigt, daß jene excentrische Anwandlung weniger aus einer persönlichen Sinnesverwirrung als vielmehr aus der wildbegeisterten und verzweifelten allgemeinen Stimmung des öffentlichen Lebens jener Tage herzuleiten ist. Am 30. Mai, als die Erregung im Konvent auf ihren Gipfel gestiegen war, bahnte sich Mme. Roland einen Weg in die Versammlung, und auf Vergniauds Flehen, sie möge ihre schon verdächtige Person doch nicht der Wut ihrer Gegner aussetzen, antwortete sie:

„Je ne crains rien au monde, et si je ne sauve pas Roland j'exprimerai avec force des vérités qui ne seront pas inutiles à la République.“ *)

Darauf erklärt sie ihre Bereitschaft zu sterben und schließt mit den Worten:

„Un élan de courage serait du moins d'un grand exemple.“ **)

Genau unter diesem Lichte sah Adam Lux die Dinge an, und so entschieden und selbstgewiß Mme. Rolands Ideen auch sein mögen, gewiß ist ihnen nichts Krankhaftes noch Kindisches vorzuwerfen.

Ein von Lux's Hand herrührendes Konzept, dessen Französisch ein klein wenig mangelhaft ist, hat zum Titel: „Discours prononcé à la barre de la Convention nationale, par A. Lux.“ — Die Rede beginnt:

„Représentants, depuis longtemps j'ai conçu une haine violente contre l'injustice et la tyrannie.“ ***)

Dann legt er dar, wie er an der Vereinigung seines Landes mit Frankreich mitgearbeitet, und fährt folgendermaßen fort:

„Depuis deux mois, je m'occupais uniquement à examiner l'allure de vos déliberations.

D'abord je gémis de vos discussions, de cet esprit de parti dont l'un fortement prononcé contre l'autre lui disputait toujours la bonne foi . . . . .

---

*) „Ich fürchte nichts auf der Welt, und kann ich Roland nicht retten, so will ich doch Wahrheiten nachdrücklich aussprechen, welche nicht ohne Nutzen für die Republik sein werden.“

**) „Ein mutvoller Aufschwung würde wenigstens ein großes Beispiel geben.“

***) „Volksvertreter, seit langer Zeit hege ich einen heftigen Haß gegen die Ungerechtigkeit und Tyrannei.“

Ah! faut-il un Curtius qui, se précipitant, sauve la chose publique? Quel remède! Les uns de vous manquent de courage, les autres de clair-voyance. Eh bien! je donnerai aux premiers l'exemple du mépris d'une vie due aux devoirs, et aux autres je donnerai mon sang pour garant de ma bonne foi dans mes réflexions ci-jointes . . . . . Représentants parisiens! éveillez-vous, revenez d'une discussion si funeste . . . . . Que je gémis souvent en lisant le récit d'un Socrate, d'un Phocion, d'un Jean Jaques Rousseau, outragés, calomniés, même traduits à la mort pour avoir aimé la vertu et la chose publique! Et moi, j'irais à Paris pour voir renouveler de pareilles scènes? Moi je jure d'être libre ou de mourir. Par conséquent, il est bien temps de m'en aller. D'ailleurs, je crois qu'il faut dans cette crise un pareil acte pour donner quelque impulsion aux autres. Faut-il encore une fois un Curtius pour sauver la chose publique! Le voici! . . . Malheureux représentants d'un peuple immense dont le bonheur est mon dernier soupir ayez le courage de punir les fourbes, de venger la violation de la représentation nationale, de sauver la liberté ou de mourir à mon exemple. Adam Lux, député de Mayence. Paris, 6. Juin 1793. L'an II de la République française.

Nota. Je veux être enterré, habillé comme je suis dans ce moment, à Ermenonville, et je prie le citoyen Girardin d'agréer à ma poussière une place sur la colline entre le temple de la philosophie et le tombeau de Jean-Jaques Rousseau, sous l'ombre d'un chêne, au pied duquel il y aura une pierre médiocre (sic) Que l'inscription soit simplement: Ci-git Adam Lux, un disciple de J.-J. Rousseau." *)

*) „Seit zwei Monaten ist meine einzige Beschäftigung gewesen, den Gang eurer Beratungen zu prüfen. Zuerst seufzte ich über eure Diskussionen, über jenen Parteigeist, welcher beständig einen jeden veranlaßt, in heftigen Ausfällen dem anderen die redliche Meinung abzusprechen . . . . . Ach! ist ein Curtius von Nöten, der, sich in den Abgrund stürzend, die allgemeine Sache rette? Welch ein Heilmittel! Den Einen unter euch fehlt es an Mut, den Andern an Einsicht. Wohlan! ich will den ersteren das Beispiel der Verachtung eines der Pflicht geweihten Lebens geben, und den anderen mein Blut als Bürgschaft der redlichen Meinung, in welcher ich die nach-

Diese Schrift hat einen Nachtrag unter dem Titel: „Mes réflexions présentées à la Convention nationale pour y être lues le lendemain de ma mort.“*)

Durch das bereits Angeführte ist der Leser hinreichend mit Lux's Ideen vertraut gemacht; daher kann ich mir die Einfügung dieses Stückes ersparen und schreibe nur die interessanteste Stelle heraus, weil sie den moralischen Zustand treulich wiederspiegelt, in welchem sich dieser Neuling im Revolutionsstrudel damals befand:

„En arrivant à Paris, il y a deux mois, j'ignorais tout cela, j'ignorais cette lutte, cet esprit de parti qui distingue

---

folgenden Betrachtungen anstelle ..... Pariser Volksvertreter erwachet, laßt ab von so verhängnisvollem Streit .... Wie oft seufze ich, wenn ich von einem Socrates, einem Phokion, einem Jean-Jaques Rousseau lese, welche beschimpft, verleumdet, ja selbst zu Tode gebracht wurden, weil sie die Tugend und das Gemeinwohl liebten! — Und ich, ich sollte nach Paris gekommen sein, um solche Schauspiele erneuert zu sehen? — Ich schwöre, daß ich frei sein will oder sterben. Daher ist es hohe Zeit für mich, aus dem Leben zu gehen. Ueberdies glaube ich, daß es in dieser Krisis einer solchen That bedarf, um den anderen einigen Antrieb zu geben. Ist noch einmal ein Curtius von Nöten, um die allgemeine Sache zu retten? Hier ist er! ..... Unglückliche Vertreter eines großen Volks, dessen Glück mein letzter Hauch gehört, habet den Mut, die Schurken zu bestrafen, die Vergewaltigung der Volksvertretung zu ahnden, die Freiheit zu retten oder nach meinem Beispiel zu sterben. Adam Lux, Abgeordneter von Mainz. Paris, den 6. Juni 1793, im 2. Jahre der französischen Republik.

Anmerkung. Ich will so wie ich in diesem Augenblick gekleidet bin, in Ermenonville begraben sein und bitte den Bürger Girardin, meinem Staube einen Platz auf dem Hügel zwischen dem Tempel der Philosophie und dem Grabe Jean-Jaques Rousseau's zu gewähren, im Schatten einer Eiche, an deren Fuße sich ein anspruchsloser Stein befinden soll. Die Inschrift sei einfach: Hier ruht Adam Lux, ein Jünger J. J. Rousseau's.“

*) „Meine Betrachtungen, die ich dem Nationalkonvent widme, damit sie dort am Tage nach meinem Tode verlesen werden.“

la Plaine de la Montagne. Si j'avais su et prévu tout ce qui s'est passé depuis le mois de mars jusqu'à juin, je me serais abstenu d'engager les hommes de mon pays à s'unir avec la France avant l'établissement de son gouvernement . . . . . j'avoue même que je suis arrivé avec des préjugés jacobins . . . . . en arrivant, j'avais résolu de fréquenter toutes les séances des Jacobins, mais la seconde suffit pour m'en dégoûter; je n'entendais que des calomnies et des atrocités . . . . .*)

Nachdem er dann das Idealbild einer republikanischen Regierung, wie es ihm vorschwebt, gezeichnet hat, fährt er folgendermaßen fort:

„Au lieu de tout cela, je voyais que même dans le temple de la Liberté une poignée d'intrigants à l'aide des tribunaux ou mercantiles (sic) ou égarés, maîtrisait la majorité de la Convention . . . . . Voici mes conseils. Il faut avant tout: 1) rapporter le décret d'arrestation des trente-deux membres; 2) convoquer les assemblées primaires; 3) remettre les rênes du gouvernement exécutif aux mains d'un homme capable, sûr, vertueux et républicain. Peut-être cet homme est Roland que je n'ai jamais vu (comme Brissot non plus.)"**)

Und er schließt mit einer Mahnung zur Eintracht. Das Ganze ist vom 6. Juni 1793 datiert.

*) „Als ich vor zwei Monaten in Paris ankam, wußte ich von alledem nichts, nichts von diesem Kampf, diesem Parteigeist, der die Plaine von der Montagne scheidet. Hätte ich alles, was sich von März bis Juni zugetragen hat, wissen und voraussehen können, ich hätte davon Abstand genommen, die Männer meines Landes zur Vereinigung mit Frankreich aufzufordern, bevor noch dieses sich eine Regierung geschaffen . . . . . ich gestehe sogar, daß ich mit jacobinischen Vorurteilen hierhergekommen bin . . . . . bei meiner Ankunft war ich gesonnen, alle Sitzungen der Jacobiner zu besuchen; aber schon die zweite genügte, um mir einen Ekel davor einzuflößen; ich vernahm nichts als Verleumdungen und Scheußlichkeiten . . . . ."

**) „Statt alles dies zu finden, sah ich im Tempel der Freiheit selbst eine Handvoll Intriganten, gestützt auf die käuflichen oder irregeleiteten Gerichte, die Majorität des Konvents meistern . . . . . Dies ist mein Rat. Man muß vor allem 1) den gegen die zweiunddreißig Mitglieder gerichteten Verhaftsbeschluß zurücknehmen,

Nachdem er diese Schriftstücke verfaßt hatte, Zeugnisse eines Geistes, der in keiner Weise über den Durchschnitt der Ideen seines Zeitalters hinaus ragt und sich mit nur allzu großer Leichtigkeit alles aneignet, was sie an falschem Pathos und abgedroschenen Phrasen in ihrem Strome mit sich führten, gab Lux seinen persönlichen Gefühlen wieder Raum und überließ sich den letzten Herzensergießungen gegen die Seinigen. Wir ersehen aus seinen Briefen, daß der Gedanke, von sich reden zu machen, damals eine gewisse Herrschaft über seine Phantasie erlangt haben mußte; wir erkennen ferner daraus, welche entscheidende Rolle in dieser reinen Seele der unerschütterliche Glaube an ein zweites, dem irdischen unmittelbar folgendes Dasein spielte, und wir umfassen mit einem Blick die Vergangenheit und Gegenwart seines Lebens.

Am nächsten Tage, dem 7. Juni, schreibt er, wie folgt, an sein Frau:

Werthe Frau! Liebste Sabine!

Die öffentlichen Blätter werden eher als dieser Brief zu Dir gelangen und Dir Nachricht von meinem Ende geben. Wenn darin die Beweggründe angegeben werden, wie sie sind, so wirst Du denken: „mein Mann hat seiner würdig gehandelt“, und ist darin die Geschichte anders dargestellt, so wirst Du Dir sagen: „Das ist gelogen, mein Mann kann nur durch große, wichtige Gründe und zum Nutzen des Vaterlandes bewogen sein worden, diesen merkwürdigen Schritt zu thun. — So ist es auch wirklich, es würde mir aber hier zu weitläufig werden, Dir dieselben auseinander zu setzen. — Es ist natürlich, daß es mir nahegehen muß, Dich und unsere Kinder im Stiche zu lassen, allein wenn es das Beste des Vaterlandes betrifft, muß man nicht balanciren.

---

2) die Versammlungen der Urwähler einberufen, 3) die Zügel der ausübenden Gewalt in die Hände eines fähigen, zuverlässigen, tugendhaften und republikanisch gesinnten Mannes legen. Vielleicht wäre Roland, den ich nie gesehen habe (wie auch Brissot nicht), dieser Mann.“

Uebrigens habe ich ganz genau kalkulirt: kann die Freiheit nicht siegen, so bin ich auf alle Weise verloren und kann nicht überbleiben; sieget sie, so wird die fr. Nation nie weder Dich noch unsere Kinder vergessen. — Getröste Dich also, mein Herz, über meinen Verlust; Du hast nun schon bereits sechs Monate ohne mich zubringen lernen, so wirst Du es auch weiterhin ertragen, denn was kann der Mensch gegen das Schicksal? — Ein Ziegel vom Dache hätte mich erschlagen können 2c. und mein Tod wäre dadurch verloren gewesen für die Freiheit; so aber sterbe ich mit Ehre; dieser Gedanke wird Dich gewiß trösten. Du wirst meinen Verlust beklagen, aber Dich deshalben geehrt glauben und Dich trösten. — Unsere Töchter kann ich nicht erziehen helfen, dafür hinterlasse ich ihnen meine Denkungsart, mein Leben und meinen Tod zum Angedenken; Du wirst dasselbe einst bei ihnen geltend zu machen wissen. Ich ertheile ihnen meinen väterlichen Segen, er wird für sie nicht verloren sein. —

Ich bitte Dich um Verzeihung wegen des Verdrusses, den ich Dir in der Vergangenheit erregt haben mag durch meine oftmals, empörende*) Laune, die in einer Spannung meiner Ideen ihren Grund hatte und mich oft aus den Schranken der Vernunft und Billigkeit trieb. Wenn wir wieder wären zusammengekommen, so würde ich diesen Fehler haben vermieden, denn ich bin während unserer Abwesenheit durch Nachdenken rechtschaffener geworden, und nie habe ich eine Zeit in meinem Leben so würdig gelebt, als die zwei Monate in Paris. — Ich will nicht vergessen, Dich um Verzeihung zu bitten wegen des Ungemachs, das unser Schicksal und mein Entschluß für Dich nach sich zieht, und besonders wegen meiner sehr tadelnswerthen Nachlässigkeit, womit ich unsere häuslichen Angelegenheiten betrieb. —

So lebe denn wohl, meine liebe Sabine, aber wir sehen uns Beide wieder, das weißt Du! Noch mehr, in einigen Tagen bin ich noch näher bei Dir als seit sechs Monaten, denn mein Geist, von seiner irdischen Hülle gelöst, wird nicht säumen, um Dich und unsere Kinder zu schweben, ich werde sehen, ob Ihr mich gleich mit sterblichen Augen nie werdet wahrnehmen können. Stets wird's mir ein Vergnügen sein, unsere lieben Töchter in Unschuld und Sittsamkeit aufwachsen zu sehen. Sehr oft werde ich von

*) Empörend heißt wahrscheinlich dies unleserliche Wort.

dem Aufenthalt der unsterblichen Götter Euch besuchen, bis wir endlich alle zusammen nach dieser Zeit der Prüfung uns wieder vereinigen.

Ich bin und bleibe stets Dein zärtlicher Freund.

Adam Lux.

Lux ahnte nicht, da er dieses schrieb, bis zu welchem Grade die Zukunft es übernehmen sollte, jene Klausel auszuführen, durch welche er seine Denkungsweise, das Beispiel seines Lebens und Todes seinen Töchtern vermachte. Niemals ist ein Vermächtnis vollständiger zur Ausführung gekommen. Marie, der Aeltesten, war es vorbehalten, zu leben und zu sterben wie ihr Vater, den sie nicht gekannt hatte.

Ein zweiter Brief ist für denselben Jean Dumont bestimmt, an welchen schon die oben erwähnten, vom Mai und September 1792, gerichtet waren. Nach einer Einleitung, die mit dem Anfang des Briefes an seine Frau fast wörtlich übereinstimmt, fährt er also fort:

Paris, 6. Juni 1793.

. . . .

Ich glaube, daß mein Tod nützlicher als mein Leben sein wird, und einige Sensation der herrschenden Lethargie geben wird. Zwar lasse ich meine liebe Frau und meine artigen Kinder — ohne Stütze — allein Curtius, Decius, Brutus, durften auch nicht so genau kalkuliren. Uebrigens erwarte ich, daß Sie meine unglückliche Familie nie vergessen werden. Mein Entschluß ist reiflich überlegt und schon seit 1. Juni gefaßt. Der Zustand meiner Empfindungen währenddeß verdiente wohl eine weitläufige Beschreibung für den Liebhaber der Kenntniß des menschlichen Herzens, allein es ist mir eben nicht darum, lange zu schreiben. So viel nur sage ich Ihnen, daß der Zustand meiner Empfindungen gleichermaßen heftig und angenehm ist.

Zum Schluß vermacht er ihm seine Papiere, die jener erst nach zehn Jahren veröffentlichen soll, und verspricht ihm, im Aufenthalt der Seligen oft seiner zu gedenken.

Der dritte Brief ist an Nicolaus Vogt, Professor an

der Universität Mainz, einen treuen Anhänger der Revolution, gerichtet. Dieser Brief sieht die Dinge heiterer, ja scherzhafter an, als die vorhergehenden. Zuerst sagt er ihm, man müsse nicht an der allgemeinen Sache verzweifeln, er sei voller Vertrauen und keineswegs niedergeschlagen, und so heftig auch seine Gefühle auf und nieder schwankten, seien sie im Grunde doch nicht von denen verschieden, die ihn einstmals bewegten, da er noch in seinem Dorfe hinter dem Pfluge herschritt. Dann schließt er, indem er ganz und gar zum Scherz übergeht:

„Was macht Ihre Frau Liebste? Gibt's bald was Junges? — Das ist nun eben schade, daß unsere wechselseitigen Gevatterschaften einen Strich bekommen. Ich bin nun bereits mit drei Mädchen*) geschlagen und hatte mir, dem Eigensinn der Natur zum Trotz vorgenommen, einen Sansculotten noch zu bekommen. Aber nun geht es nicht an, denn die verdammten Jakobiner hier haben mir und meiner armen côté droit einen hundsföttischen Streich gespielt und ich will versuchen, ihnen einen dagegen zu spielen.

Scherz beiseite, lieber Vogt, Sie wissen, daß oft kleine Mittel große Wirkungen hervorbringen, voilà, die Gründe meines Schrittes. Adieu donc, aber, ungeachtet Ihres Systems, nicht für allezeit! Der Heinrich sitzt schon droben hinter einem Himmelsfenster mit seiner Kappe und einem Handtuch umgürtet, ich komme mit Stiefeln hin, und Ihr werdet am Ende nolens volens in Eurem Schlafwamms kommen. Adieu!"

Diese Briefe finden ihre Ergänzung in einem letzten, zwölf Tage später, am 19. Juni, an Guadet gerichteten. Wahrscheinlich haben wir auch hier ein Originalschreiben vor uns, das erst nach der Ausführung des verhängnisvollen Planes an seine Adresse gelangen sollte. Der Inhalt ist im wesentlichen folgender:

„Citoyen Guadet, quand je vous ai communiqué, il y a huit jours, mon dessein de mourir, vous tâchiez de me faire

*) Eine von den Dreien starb in sehr zartem Alter.

changer ma résolution, j'ai pesé vos raisons, je ne les trouve pas suffisantes. Dans une pareille crise, il faut un exemple. Si les choses continuent, je ne survivrai pas. Si elles changent, je serai compté, j'espère, parmi ceux qui auront contribué à ce changement." *)

Wenn man diese Briefe liest, die Daten neben einander hält und feststellt, daß dieser Mann ungefähr drei Wochen lang mit dem Gedanken, zu sterben und in Aufsehen erregender Weise zu sterben, gelebt hat, so ist wohl die Frage berechtigt, ob wir es hier nicht mit einer jener kranken Phantasien zu thun haben, die sich am Gedanken der Selbstvernichtung laben, weil sie das ergreifende Schauspiel, welches ihr Hinscheiden gewähren wird, gleichsam voraus genießen, besonders dann, wenn sie, wie unser Held, ihre Vorstellungen von einem Weiterleben im Jenseits in kindlicher Weise der irdischen Welt entnehmen.

Doch, wird alles wohl erwogen, so schützen Lux's Leben und der Geist seiner Zeit ihn genugsam vor diesem Verdacht. Angesichts einer Vergangenheit, die so ausschließlich dem Kultus des Ideals geweiht war, und einer so souveränen Todesverachtung, wie er sie in der Folge zeigte, wäre es höchst ungerecht, anzunehmen, er sei eines solchen eiteln Spieles vor sich und anderen fähig gewesen. Sein Ende beweist uns, wie unerschütterlich und frei von Eitelkeit seine Absicht zu sterben war.

Der Plan, den Konvent durch eine solche öffentliche Selbstopferung zu rühren, mußte ihm — so ist anzu-

*) „Bürger Guadet, als ich Euch vor acht Tagen meine Absicht zu sterben kundgab, versuchtet Ihr, mich von meinem Entschlusse abzubringen; ich habe Eure Gründe erwogen und finde sie nicht hinreichend. In einer derartigen Krisis bedarf es eines Beispiels. Gehen die Dinge so fort, gut, so überlebe ich es nicht. Wandeln sie sich, so hoffe ich denen zugerechnet zu werden, die zu dieser Wandlung werden beigetragen haben."

nehmen — sinnlos und unfruchtbar erscheinen, je mehr die Dinge vorrückten. So naiv er auch war, sah er vermutlich doch ein, daß diese Menschen nicht dazu angethan waren, von einer so geringen Sache viel Aufhebens zu machen. Er änderte daher seine Taktik: fortan arbeitete er mehr darauf hin, die Entrüstung der Volksmasse wach zu rufen und, entschlossen wie er war, sein Leben dabei zu lassen, wählte er das weit logischere Verfahren, es handelnd nützlich aufs Spiel zu setzen. Er beschloß, in der Schlacht, die den Jakobinern geliefert werden sollte, sich auf den verlorenen Posten zu stellen und veröffentlichte zuerst eine Broschüre unter dem Titel: „Avis aux citoyens français, par Adam Lux, député extraordinaire de Mayence.“ Sie ist vom 13. Juli datiert, strömt über von Zorn und Anklagen gegen die Montagne, wie wir solche schon zur Genüge kennen, und schließt mit den Worten: „Après une telle déclaration, il sera de votre convenance de me faire l'honneur de vos cachots ou de votre guillotine.“ *)

Wenige Tage darauf, unmittelbar nach der Hinrichtung der Charlotte Corday, welche am 17. stattfand, veröffentlichte er seine zweite Flugschrift: „Charlotte Corday, par le dép. extr. A. Lux.“ Er erklärt zunächst, daß er im Prinzip den Mord verabscheue, will aber Charlottens edle Beweggründe in Betracht gezogen wissen.

„Le 17 juillet, jour de son exécution, je fus surpris de ce jugement précipité dont cependant je n'ignorais aucun détail. J'en savais à peu près assez pour conclure que cette personne devait montrer un courage extraordinaire. C'était la seule idée de ce courage qui m'occupait dans la rue Saint-Honoré en la voyant approcher sur la charrette. Mais quel fut

*) „Nach einer Erklärung dieser Art möget ihr mir je nach eurem Ermessen die Ehre eurer Kerker oder eurer Guillotine erweisen.“

mon étonnement lorsque, outre son intrépidité, que j'attendais, je vis cette douceur inaltérable au milieu des hurlements barbares, ces regards si doux et si pénétrants, regards d'anges qui pénétrèrent intimement mon coeur, qui le remplirent d'émotions violentes qui m'étaient inconnues jusqu'alors. Elle me laisse des douleurs et des regrets intarissables.“ *)

Es folgt eine pathetische Anrufung, welche mit den Worten beginnt: „Charlotte, âme céleste! ect.“, und folgendermaßen endet:

„La seule idée de cet ange allant à la mort me fera mépriser la puissance de ses bourreaux. Nota: S'ils me voulaient aussi faire l'honneur de leur guillotine qui désormais, à mes yeux, n'est qu'un autel sur lequel on immole les victimes, je prie ces bourreaux, de faire donner à ma tête abattue autant de soufflets qu'ils en firent donner à celle de Charlotte . . . . Je me réjouis de sa supériorité, car n'est-il-pas juste que l'objet adoré soit toujours plus élevé et toujours au-dessus de l'adorateur?“ 19 juillet 1793. **)

---

*) „Am 17. Juli, dem Tage ihrer Hinrichtung, wurde ich durch diese überstürzte Verurteilung überrascht, deren Einzelheiten mir dennoch sämtlich bekannt waren. Ich wußte ungefähr genug davon, um schließen zu können, daß dieses Mädchen einen außerordentlichen Mut zeigen würde. Nur allein der Gedanke an diesen Mut beschäftigte mich in der Rue Saint-Honoré, da ich sie auf dem Karren herannahen sah. Aber wie groß war mein Erstaunen, als ich neben der Unerschrockenheit, die ich erwartete, diese unwandelbare Sanftmut inmitten barbarischen Geheuls, diese so süßen und zugleich durchdringenden Blicke gewahr wurde. Engelsblicke, die ins Innerste meines Herzens drangen, es mit heftigen, bisher unbekannten Bewegungen erfüllend. Sie hat mir unversiegbares Leid und Sehnen zurückgelassen.“

**) „Der bloße Gedanke an diesem zum Tode geführten Engel wird mich die Macht ihrer Henker verachten lehren. Anmerkung: Gedächten sie mir gleichfalls die Ehre ihrer Guillotine zu erweisen, die fortan in meinen Augen nichts als ein Altar ist, auf welchem man die Opfer schlachtet, so bitte ich diese Henker, meinem abgeschlagenen Haupte ebensoviele Backenstreiche geben zu lassen, wie sie deren dem Haupte Charlottens geben ließen . . . .

Wer diese Flugschrift ganz gelesen hat, für den steht die Thatsache außer Zweifel, daß Lux sich Charlotten nie zuvor genähert hatte. Jenes erste Mal, daß er sie mit Augen sah, war zugleich das letzte, und wenn auch seine Begeisterung für sie gewisse Wendungen aus der Sprache der Liebenden entlehnt, so konnte doch dies Gefühl an den Motiven einer längst beschlossenen Handlungsweise im Ernst nicht den mindesten Anteil haben; beides ist sicher. Jedenfalls wird man ohne weiteres zugeben, daß der Verfasser derartiger Ausfälle gegen die Machthaber fest entschlossen sein mußte, zu sterben; denn es war mit Leuten nicht zu scherzen, welche nicht einmal solcher Anreizung bedurften, um einen Widersacher aus dem Wege zu räumen.

Auch wurde Lux fünf Tage später, am 24. Juli, in seiner Wohnung im Hôtel des Patriotes Hollandais, Rue des Moulins, verhaftet. Man nahm seine Papiere in Beschlag, bei welchen sich unter anderem eine gedruckte deutsche Uebersetzung der Verfassung vom 24. Juni 1793 vorfand. Er wurde noch an demselben Tage verhört und gestand mit wildem Freimut seine Ideen und seinen Haß ein. Nach seiner Aussage war er bemüht gewesen, mit Guadet und Pétion Verbindungen anzuknüpfen, diese aber hatten ihm gegenüber Zurückhaltung in einem Grade beobachtet, daß er sich verletzt fühlte. Ueber die Beweggründe zu seinem Selbstmordvorhaben befragt, antwortet er:

„Le projet n'est pas insensé, j'ajoute qu'il est un certain langage de la vertu que l'on ne saurait parler avec ceux qui n'en savent pas la grammaire.“*)

Ich freue mich ihrer Ueberlegenheit, denn ziemt es sich nicht, daß der angebetete Gegenstand immer erhabener und höher sei als der Anbeter?“ 19. Juli 1793.

*) „Der Plan ist nicht unsinnig, ich füge hinzu, daß es eine gewisse Sprache der Tugend giebt, die man mit denen nicht reden kann, welche deren Grammatik nicht kennen.“

Darauf setzt ihm der Richter hart zu wegen des Ungewöhnlichen und Verdächtigen seines Schrittes, den Vorsatz des Selbstmordes Guadet und Pétion im voraus mitzuteilen. Lux verwahrt sich energisch gegen eine derartige Unterstellung.

Vier Tage später wird er von dem Comité de sûreté générale vor das Revolutions-Tribunal geschickt. Am 30. August findet das zweite Verhör in Uebereinstimmung mit dem ersten statt.

IV.

Die erste Septemberwoche war reich an Zwischenfällen, die mit dem Schicksal des Gefangenen in Verbindung stehen. Erstens finden wir in den Akten den Brief eines Landsmannes, vom 4. datiert und an den öffentlichen Ankläger gerichtet, dem er in unterwürfigem Tone Vorwürfe darüber macht, daß Lux noch nicht verurteilt und hingerichtet sei:

„Quoi! cet écrivain téméraire vit encore, lui qui avait l'audace de traiter Marat en monstre et son assassin en Brutus! Moi. son compatriote, je me charge de sa poursuite, et par égard à votre patriotisme décidé, je vous préviens que je le denoncerai aux Cordeliers et aux Jacobins pour hâter son châtiment. Je suis avec respect

Le patriote Moschenberg." *)

---

*) „Was, dieser verwegene Schriftsteller lebt noch, er, der sich erfrechte, Marat ein Ungeheuer zu heißen und seine Mörderin mit Brutus zu vergleichen! Ich, sein Landsmann, nehme seine Verfolgung auf mich, und aus Rücksicht für Euren außer Frage stehenden Patriotismus lasse ich Euch hiermit wissen, daß ich ihn den Cordeliers und Jakobinern denunzieren werde, um seine Bestrafung zu beschleunigen. Ich bin mit Hochachtung

der Patriot Moschenberg."

Als ich diesen Brief und seine Absicht mit den Briefen verglich, in welchen der Gefangene drei Tage später fordert, daß man ihn richten möge, fiel mir ihre Aehnlichkeit auf, und ich glaube mich nicht zu täuschen, wenn ich annehme, daß Lux einen falschen Denunzianten erfunden hat, um die Aufmerksamkeit des Rächers auf sich zu lenken. Der Name am Ende des Briefes ist in den Annalen der Mainzer Revolution vollständig unbekannt und dieser gehässige Eifer durchaus unwahrscheinlich einem Manne gegenüber, der wohl keinen persönlichen Feind hatte.

Er besaß vielmehr — wie wir sogleich erfahren werden — Freunde, welche ihn gegen seinen Willen retten wollten und sich dadurch seinen Groll zuzogen. Als nach drei Tagen — so vermute ich wenigstens — der Brief des falschen Denunzianten nicht die gewünschte Wirkung that, schreibt Lux unter seinem eigenen Namen an den öffentlichen Ankläger. Er beschwert sich, daß er, seit dem 25. Juli in la Force gefangen gehalten, vergebens darum gebeten habe, gerichtet zu werden, und daß ihn jetzt gut- oder böswillige Menschen, wie er sie nennt, für närrisch wollen gelten lassen. Er beruft sich dieserhalb auf die Nummer 94 des Journal de la Montagne, und indem er sich gegen den Verfasser verteidigt, der ihn für irrsinnig ausgiebt, fordert er die Gerechtigkeit auf, über seinen geistigen Zustand und sein Schicksal zu entscheiden:

„Je demande à être jugé promptement, afin que le tribunal décide si je suis républicain ou contre-révolutionnaire, fou ou raisonnable . . . Car tout me parait préférable à l'opprobre injuste et immérité d'être nourri et enfermé comme inutile, pitoyable, méprisable . . . . Quelle que soit la suite du jugement, croyez que toujours vous m'aurez obligé.“*)

---

*) „Ich verlange schleunigst gerichtet zu werden, damit das Tribunal darüber entscheide, ob ich Republikaner oder Gegenrevolutionär, geisteskrank oder bei Sinnen sei . . . . . Denn alles scheint mir annehmbarer als die ungerechte und unverdiente

Denselben Brief schreibt er an demselben Tage an den Bürger Foucault, Richter im Revolutions-Tribunal, und 13 Tage später, am 20. September, stellt er sein Ansuchen zum dritten Male, indem er sich mit folgenden bittenden Worten an den Präsidenten wendet:

„Je ne l'ignore pas que c'est une immensité de travaux qui vous occupe; mais étant aux prisons depuis deux mois, j'ai l'honneur de vous faire ressouvenir de moi en vous priant de décider s'il y a lieu d'accusation contre moi et d'accélerer mon jugement."*)

Wer war wohl dieser Mann, der unter der Hülle der Anonymität behauptete, Lux sei wahnsinnig, und dadurch die Entrüstung des Gefangenen auf sich zog? Ich müßte mich sehr täuschen, wenn es nicht derselbe Dr. Wedekind wäre, welcher später Lux's Schriften herausgab, sein Kollege im Mainzer Konvent. Diesem war es gelungen, sich bei der Uebergabe der Stadt nach Frankreich zu retten und sich den barbarischen Verfolgungen zu entziehen, mit welchen die ehemaligen Herren ihren Rachedurst stillten, nachdem preußische Bajonnette sie in ihre Staaten zurückgeführt hatten. Selbst die Frauen der „Klubbisten", wie man sie nannte, erfuhren die schmachvollste Behandlnng; es war der reine „weiße Schrecken".

Nehmen wir nun jenes Journal de la Montagne vom 4. September zur Hand, so finden wir jenen Artikel, der,

---

Schmach, wie ein unnützes, erbärmliches, verachtenswerthes Wesen gefüttert und eingeschlossen zu werden . . . . . . Wie auch das Urtheil ausfallen möge, ihr werdet mich immer zu Dank verpflichtet haben"

*) „Ich weiß es wohl, daß eine Unzahl von Arbeiten Euch beschäftigt, aber da ich mich seit zwei Monaten im Gefängnis befinde, so habe ich die Ehre, Euch wieder an mich zu erinnern, indem ich Euch bitte, zu entscheiden, ob Grund zur Anklage gegen mich vorliegt, und mein Urtheil zu beschleunigen."

einen wohlgesinnten Freund unter der Maske eines Verlästerers bergend, ein seltsames Gegenstück zu der Kriegslist des Opfers bildet, das an demselben 4. September als sein eigener Ankläger auftritt.

Es sei mir gestattet, den Artikel noch anzuführen; er giebt ein lebendiges Bild von den Menschen und Dingen dieser merkwürdigen Zeit:

„Il y a dans les prisons de la Conciergerie un Allemand qui mérite vraiment la pitié des patriotes, parce que la tête lui a tourné et qu'il est devenu absolument fou. C'est le nommé Lux, membre de la Convention de Mayence. Cet homme, qui habitait le village de Kostheim, près Mayence, y vivait en philosophe d'un petit bien de campagne qu'il possédait. Lorsque les Français sont entrés dans le pays, il a embrassé la Révolution avec un zèle ardent, et c'est lui qui a fait prêter le serment civique à tous les cultivateurs de son canton. Cependant les malheurs de ses concitoyens, les siens ont fait une impression profonde sur son imagination déjà exaltée par la solitude et par l'étude profonde de la métaphysique. Ses possessions ont été brûlées et dévastées, sa femme et ses enfants sont tombés entre les mains des Prussiens, et il a perdu tout espoir de revoir sa patrie et de jouir avec ses concitoyens du bonheur d'être libre. Arrivé à Paris comme député de la Convention de Mayence, il a cru trouver dans cette grande ville les moeurs patriarcales et républicaines dont il s'était forgé dans sa solitude la délicieuse idée; moeurs qui lui paraissaient une suite nécessaire du principe de la révolution que son âme avait saisie avec tant d'ardeur. Mais ses malheurs et son caractère jettent sur ses yeux un voile sombre; il n'a vu dans cette grande ville que les crimes des aristocrates, que la scélératesse ou la coupable indifférence d'une multitude d'hommes chargés de sauver la patrie et d'établir la République; et ce tableau qui le frappait uniquement, joint au sentiment de ses malheurs et de ceux de ses concitoyens, a augmenté sa mélancolie et l'a fait dégénérer en une espèce de folie qui lui fait abhorrer le genre humain et désirer la mort.

„Une autre circonstance a complété cette folie. Lux aimait beaucoup sa femme et, quoi qu'il ait un tempérament extrêmement ardent, il a vécu depuis qu'il est séparé d'elle dans une chasteté sévère. Cette nouvelle situation a augmenté le trouble de ses sens, et la vue de Charlotte Corday, la seule femme peut-être qu'il ait remarquée depuis qu'il est à Paris, ayant fait sur lui une impression physique extrêmement forte, a porté au comble le trouble, la confusion et la noire mélancolie qui regnaient déjà dans son âme. Il a parlé à tort et à travers de Charlotte Corday, il a dit qu'il désirerait mourir pour elle; et à la suite de ces propos il a été mis en prison.

„Depuis qu'il y est enfermé, il ne désire autre chose que de mourir; il a dit à ses amis, qui peuvent le voir, qu'il n'y a d'autre bonheur pour lui que la mort, et qu'il veut faire tout ce qui dépend de lui pour être bientôt guillotiné! En effet, il écrit souvent aux Jacobins et leur envoie pour Robespierre, pour Danton, pour Hébert et pour quelques autres, des lettres dans lesquelles il débite tout ce qu'il croit propre à le faire paraître coupable.

‚Il faudrait pour guérir cet homme, si toutefois sa maladie n'est pas incurable, une petite maison des champs et une jolie compagne qui lui donnât bientôt un enfant. Les moeurs de nos bons cultivateurs patriotes lui feraient prendre une autre idée de l'humanité; et lorsque la Révolution serait achevée, il conviendrait qu'un grand peuple ne peut dégénérer en un jour et que le désordre et le choc violent des passions sont inséparables d'une grande révolution.

„Les Brissotins qui ont fait tout leur possible pour gagner les députés de Mayence n'ont pas peu contribué à tourner la tête de cet Allemand; ils lui ont peint avec les couleurs les plus noires les scènes terribles que la méchanceté des ennemis de la Révolution ont rendues nécessaires. Enveloppés de peaux d'agneau, ils ne se montraient à lui que comme des hommes purs, comme des amis de l'ordre, des lois, comme des philosophes, amis de l'humanité; l'on ne voyait pas les poignards que les monstres aiguisaient en secret pour égorger le peuple. Son imagination frappée troublait sa raison et il sentait sans raisonner

„Je tiens tous ces faits d'un médecin de Mayence qui connait Lux, qui plaint son sort et croit qu'il vaut mieux l'enfermer dans un hôpital jusqu'à sa guérison, ou le faire passer en Amérique, que de le guillotiner."

„L . . . . "*)

Solche Sprache glaubte man damals führen zu müssen, um ihn dem Tode zu entreißen, indem man den Machthabern schmeichelte. Die Angabe, daß sein Besitzthum verwüstet und seine Familie weggeführt worden sei, beruhte auf Erfindung. Aber dieser Kunstgriff vermochte eben-

*) „In den Kerkern der Conciergerie befindet sich ein Deutscher, welcher wahrlich das Mitleid der Patrioten verdient, weil sein Sinn verwirrt und er vollkommen verrückt geworden ist. Es ist ein gewisser Lux, Mitglied des Mainzer Konvents. Dieser Mann, der in dem Dorfe Kostheim bei Mainz wohnte, lebte dort als Philosoph von dem Ertrage eines kleinen Landgutes, das er besaß. Zur Zeit als die Franzosen in das Land einrückten, wandte er sich der Revolution mit glühendem Eifer zu, und auf seinen Antrieb leisteten alle Landwirte seines Bezirks den Bürgereid. Indessen hat das Unglück seiner Mitbürger, sowie sein eigenes, auf seine durch Einsamkeit und inniges Versenken in die Methaphysik bereits überspannte Einbildungskraft einen tiefen Eindruck gemacht. Seine Besitzungen sind verbrannt und verwüstet worden: seine Frau und Kinder in die Hände der Preußen gefallen, und er hat alle Hoffnung verloren, sein Vaterland wiederzusehen und mit seinen Mitbürgern das Glück der Freiheit zu genießen. Als Abgeordneter des Mainzer Konvents nach Paris gesandt, glaubte er in dieser großen Stadt die patriarchalischen und republikanischen Sitten zu finden, von denen er sich in seiner Einsamkeit ein liebliches Ideal zurechtgezimmert hatte, und die ihm aus dem Prinzip der Revolution, welche seine Seele so feurig ergriffen, mit Nothwendigkeit hervorzugehen schienen. Aber sein Unglück und sein Temperament legen ihm einen dichten Schleier vor die Augen; er hat in dieser großen Stadt nichts weiter gesehen als die Verbrechen der Aristokraten, die ausschweifenden Sitten der Freiheitsfeinde, die Spaltungen unter den Patrioten, die Schurkerei oder die frevelhafte Gleichgiltigkeit einer Menge von Menschen, denen die Rettung des Vaterlandes und die Begründung der Republik anvertraut ist; und dieses Bild, das sich ihm einzig darstellte, hat in Verbindung mit dem Gefühl

sowenig, ihn zu retten, wie derjenige, den er selbst in entgegengesetzter Absicht angewandt, es vermocht hatte, sein Verderben zu beschleunigen.

Sein Schicksal ward noch nicht entschieden. Chéron de Villers erzählt in seinem bereits erwähnten Buche, auf die Autorität eines Mitgefangenen von Lux gestützt, dessen Name nicht genannt ist, man habe dem Gefangenen die

von seinem und seiner Mitbürger Unglück seine Schwermut vergrößert und sie zu einem gewissen Wahnsinn ausarten lassen, welcher ihn das Menschengeschlecht verabscheuen und den Tod herbeisehnen lehrt.

„Ein anderer Umstand hat diesen Wahnsinn ausbilden helfen. Lux liebte seine Frau sehr und hat, obgleich er außerordentlich leidenschaftlich ist, seit seiner Trennung von ihr in strenger Enthaltsamkeit gelebt. Diese neue Lage vermehrte seine Sinnesverwirrung, und der Anblick der Charlotte Corday, vielleicht der einzigen Frau, die er seit seiner Ankunft in Paris beachtet, machte auf ihn einen äußerst starken, sinnlichen Eindruck und trieb die Verstörtheit, die Zerrüttung und düstere Schwermut, welche bereits in seiner Seele herrschten, auf ihren Gipfel. Er hat ins blaue hinein von Charlotte Corday gesprochen, ja behauptet, er wünsche für sie in den Tod zu gehen, und ist infolge solcher Reden eingekerkert worden.

„Seit seiner Gefangennahme wünscht er nur noch zu sterben; er hat gegen Freunde, die ihn besuchen dürfen, geäußert, es gebe für ihn kein anderes Glück als den Tod, und er wolle alles thun, was in seiner Macht stehe, um baldigst guillotinirt zu werden! In der That schreibt er oft an die Jakobiner und sendet ihnen für Robespierre, Danton, Hébert und einige andere Männer Briefe, in welchen er alles vorträgt, was ihm dazu angethan scheint, schuldig zu erscheinen.

„Um diesen Menschen zu heilen, wenn anders seine Krankheit heilbar ist, bedürfte es eines kleinen Landhauses und einer anmutigen Lebensgefährtin, die ihm bald ein Kind schenkte. Die Sitten unserer guten, patriotischen Landbevölkerung würden ihm einen andern Begriff von der Menschheit geben, und wäre die Revolution dann vollendet, so würde er eingesehen haben, daß ein großes Volk nicht in einem Tage entartet, und daß die Un-

Freiheit angeboten unter der Bedingung, daß er verspräche, über die politischen Vorgänge in Frankreich Schweigen zu beobachten. Diese Erzählung, die sich auch im Datum seines Todes um ungefähr einen Monat irrt, ist höchst unwahrscheinlich.

Die gerichtliche Zustellung der Anklage datiert vom 12. Brumaire des Jahres II, und die Verhandlung fand am 14. statt. Vor dem Gerichtshof, wo Dumas den Vorsitz führte, war die Haltung des Angeklagten schlicht, frei von aller Prahlerei. Auf die Frage des Präsidenten, ob er etwas zu seiner Verteidigung zu sagen habe, antwortete er nichts weiter als: „Je me soumets à la loi."*) An demselben Abend wurde sein Wunsch erhört; am 4. November 1793 fiel sein Haupt auf dem Schafott.

---

ordnung und das heftige Aufeinanderstoßen der Leidenschaften von einer großen Umwälzung nicht zu trennen sind.

„Die Brissotins, die ihr möglichstes gethan haben, um die Mainzer Deputierten für sich zu gewinnen, haben auch nicht wenig dazu beigetragen, diesem Deutschen den Kopf zu verdrehen, indem sie ihm die schrecklichen Scenen, welche die Bosheit der Feinde der Republik nötig gemacht hat, in den schwärzesten Farben malten. In Schafskleider gehüllt, stellten sie sich ihm einzig als Männer von lauterer Gesinnung, Freunde der Ordnung und des Gesetzes und menschenfreundliche Philosophen dar; die Dolche blieben unsichtbar, die sie heimlich schärften, um dem Volke damit ans Leben zu gehen. Seine erschütterte Phantasie trübte seine Vernunft, und er überließ sich gedankenlos seinen Gefühlen.

„Alle diese Thatsachen weiß ich von einem Mainzer Arzt, der Lux kennt, sein Schicksal beklagt und der Meinung ist, es sei besser, ihn bis zu seiner Heilung in ein Krankenhaus zu bringen, oder ihn nach Amerika zu schaffen, als ihn zu guillotiniren."

„L . . . ."

*) „Ich unterwerfe mich dem Gesetze."

Das kleine Portrait in Profil, welches Lux's Tochter*) von ihm besitzt, zeigt Freimut und Entschlossenheit in seinen Mienen ausgeprägt; der etwas vorspringende Stirnknochen und die ein wenig emporgebogene Nase verraten Lebhaftigkeit und Intelligenz, während der Mund mit den sehr festen Konturen einen höchst energischen Willen bekundet.

Seine Frau überlebte ihn bis zum Jahre 1814; sie wurde in Mainz vom Typhus hingerafft, den der Rückzug der großen Armee in die Stadt eingeschleppt hatte. Jener letzte Brief, durch welchen Lux ihr und den Kindern seinen Segen sandte, war nie in ihre Hände gelangt. Er ist bei den Akten geblieben, die ich vor mir habe, und mit vielen anderen zusammen in einem grauen Umschlag vergraben, der in einfacher und schrecklicher Zusammenfassung den Titel „Mort" trägt. Nie hat Sabine ihren Töchtern jenen Scheidegruß vorlesen können, durch welchen ihr sterbender Vater ihnen seine Denkungsweise, das Beispiel seines Lebens und Todes vermachte. Und dennoch trat — seltsamerweise! — die älteste von diesen Töchtern jene Hinterlassenschaft mit beklagenswerter Treue an. Sie hatte in gewissem Grade den Geist ihres Vaters geerbt, die Liebe zur Einsamkeit, die Freude am Studium, den überschwenglichen Kultus des Ideals, dem er sich zugewandt, den unwiderstehlichen Trieb zum Tode. Ihre Geschichte ist

*) Dies ist Lux's zweite Tochter. Zur Zeit, da dieser Artikel geschrieben wurde, im Jahre 1866, war sie noch am Leben: sie stand im Alter von 78 Jahren und wohnte in Nürnberg. Der Verfasser hat mehrere Einzelheiten, die in der Biographie vorkommen, von ihr erbitten lassen. Sie befand sich im vollen Besitz ihrer Fähigkeiten, und der Freund, der sie im Auftrage des Verfassers befragte, war überrascht von der Vornehmheit und Würde, welche sie trotz einer mehr als bescheidenen Existenz bewahrt hatte.

ziemlich bekannt; sämmtliche Biographen Jean Pauls haben sie wiedererzählt; besonders vollständig haben Förster und Otto die merkwürdigen Briefe abgedruckt, welche zwischen dem Dichter und der Tochter des Gerichteten gewechselt worden sind.

Jean Paul war damals in Deutschland für alles, was nach dem Zarten und Erhabenen trachtete, der auserwählte Schriftsteller. Ein geistiger Nachkomme von Lawrence Sterne, dessen Humor, sentimentale Ader und willkürliche Abschweifungen sich bei ihm wiederfinden, ist er ebenso mit spiritualistischer Philosophie durchtränkt, wie jener von realistischen Neigungen erfüllt war. Er bildet den Uebergang von den skeptischen Humoristen des achtzehnten Jahrhunderts zu den romantisch-katholischen Dichtern aus der Schule der Schlegel, Tieck und Stolberg. Indessen nähert ihn sein von Grund aus ehrenhafter und freisinniger Charakter weit mehr seinen Vorgängern als seinen Nachfolgern. Marie Lux, welche sich — mit Unrecht, wird uns gesagt — für zu häßlich hielt, als daß sie je darauf Anspruch hätte machen können, das Herz eines Mannes zu gewinnen, vergrub sich in ihre Bücher und verschlang Jean Pauls umfangreiche Werke. Der Dichter hatte damals die Fünfzig überschritten, aber das hinderte die Fünfundzwanzigjährige nicht, sich in den Mann zu verlieben, welchen sie nie gesehen hatte und nie sehen sollte. Sie trat in Briefwechsel mit ihm und erhielt zur Antwort auf ihre Briefe voll glühender Leidenschaft Zeichen eines zärtlichen Wohlwollens. Aber bittere Zweifel, die zu wiederholten Malen ihr Herz befielen, und zu denen sich Enttäuschungen anderer Art gesellten, versenkten sie zuletzt in düstere Traurigkeit; und der Gedanke, dem Tode entgegenzugehen, welchen das väterliche Beispiel in diese junge und von Kindheit auf vereinsamte Seele gelegt haben mußte, keimte und gewann von Tag zu Tag mehr Herrschaft über ihren Geist. Endlich, nachdem ein erster Versuch durch Freundesbemühungen vereitelt worden, gelang es ihr, den verhängnisvollen Plan auszuführen. Halbtot aus den Fluten des Rheins gezogen und ins Leben zurückgerufen, kämpfte sie in wildem Heroismus beharrlich gegen alle Sorgfalt des Arztes und errang den Sieg. Sie stand genau in dem Alter, welches ihr Vater erreicht hatte, als ihn der Kultus der Freiheit zum Tode trieb.

Ihre letzten Briefe an Jean Paul erinnern, zuweilen in wörtlicher Uebereinstimmung, an die letzten Schriften von Adam Lux. Zweifellos muß die Anlage zur Ueberschwenglichkeit und Hingebung, welche das väterliche Blut in ihre Adern hinübergeleitet hatte, an der heimlichen Gewalt, die ihr Dasein beherrschte, einigen Anteil gehabt haben. Das Andenken ihres Vaters, dessen edles Blut auf fremder Erde in einer Umgebung von sagenhaft gewordenen Ereignissen vergossen war, hatte gewiß nicht wenig dazu beigetragen, den Keim des ererbten Temperaments zur Entfaltung zu bringen. Da ich die Menschen und Dinge in keinem anderen Interesse als in dem der Wahrheit studiere, habe ich mich nicht gescheut, neben Lux's Bild das seiner Tochter zu stellen, obgleich mir wohl bewußt ist, daß das Geschick derselben das Urteil der Nachwelt über ihn leicht zu trüben vermöchte. Wenn uns indessen die genaue Kenntnis seines Lebens und seiner Schriften dahin führt, anzunehmen, daß er mit großer Ueberschwenglichkeit des Gefühls, wie sie übrigens seiner ganzen Zeit eigen war, ein ehrliches Herz, eine auf Gründe gestützte und, alles in allem genommen, ziemlich vernünftige Ueberzeugung vereinigte, so ermächtigt uns ein eingehendes Studium des Lebensganges seiner Tochter vollkommen, dieselbe vielmehr als von übergroßem Idealismus verzehrt, denn als das Opfer einer Geistesverwirrung zu betrachten. Sie war nach allen Zeugnissen eine zärtliche und hingebende Tochter und Schwester. Mit einer Ueberlegung, die zum mindesten auf ein zartes Gewissen deutet, wartete sie, um das Leben zu verlassen, bis ihre Mutter ihr ins Grab vorausgegangen und die jüngere Schwester verheiratet war.

Wenn man sieht, mit welcher Leidenschaftlichkeit dieser Kampf zwischen der Montagne und der Plaine noch jetzt, nach einem Jahrhundert, litterarisch geführt wird, so wird es nicht viel Mühe kosten, sich die furchtbare Wirkung zu vergegenwärtigen, welche dieser Kampf in der Wirklichkeit auf einen jungen, heißen, wenn auch im übrigen vollkommen gesunden Kopf hervorbringen mußte.

Lux stellt uns nicht nur jenen heutzutage so selten gewordenen Glauben an die Ideen vor Augen: er ist auch gleichzeitig der vollkommene Typus des edlen Weltbürgertums, das seinem Zeitalter zur Ehre gereicht. Damals erstreckte sich die Brüderlichkeit sozusagen bis in Verfolgung und Tod hinein. Wer einen Blick in die Akten des Revolutionstribunals gethan hat, dem wird sicherlich gleich mir aufgefallen sein, welche große Zahl von Ausländern vor dieser gefürchteten Behörde erschienen ist. Weder Richter noch Angeklagte kamen auf den Gedanken, sich um die Verschiedenheit der Herkunft oder der Sprache zu kümmern oder sich darauf zu berufen. Sterben um zu sterben! Jedenfalls kam die Menschenwürde bei diesen Hekatomben weit mehr zu ihrem Rechte, als bei jenen internationalen Zerfleischungen ohne Idee noch Größe, bei denen die Völker sich hassen lernen, weil ihre Herren es gebieten.

Moriz Hartmann.*)

(† 13. Mai 1872.)

---

*) Feuilleton der „Presse" vom 18. Mai 1872 (Morgenblatt).

Einer der schönst begabten Menschen ist vor der Zeit dahingegangen, seit vier Jahren ein herrlicher Dulder in des Wortes edelstem Sinne. Der körperlichen und der davon unzertrennlichen seelischen Qualen ohnerachtet war er einer der selten glücklichen Sterblichen. Wie groß muß danach sein Anteil an den wahren Schätzen des Lebens gewesen, oder auch wie gering und unvollkommen muß der Anteil sogar des Bestbedachten auf Erden sein! Beides ist wahr. — Er war geziert fast mit allem, was dem Menschen Wert giebt für sich und für andere: Klugheit, Charakter, Geist, Wissen, Anmut und endlich das wahrlich nicht gering anzuschlagende Geschenk der Schönheit. Es war eine Harmonie des Wesens, wie die Götter sie nur ihren Lieblingen bescheren. Die Persönlichkeit in ihrer einfachen Wirkung, in ihrem Gleichmaß und in ihrer Anziehungskraft war das Hervorstechende. So viele und schöne Eigenschaften der Dichter und Schriftsteller auch besaß, mehr noch als durch sie gewann und beherrschte der Mensch selbst durch die unmittelbare Ausstrahlung seines ganzen Ichs. Das Prädikat der Liebenswürdigkeit, auf so wenige Menschen, namentlich der nordischen Rassen, anwendbar, gebührte ihm ohne jeglichen Vorbehalt; er konnte wahrhaft als der Typus der Liebenswürdigkeit in allen ihren Feinheiten und Wirkungen aufgestellt werden. Nur bei den südlicheren Völkern ist solche bezaubernde Grazie nicht selten auch in Männern zu begegnen, und gerne mochte man glauben, was er manchmal halb im Scherze hinwarf, daß er von den unter Ferdinand und Isabella aus Spanien vertriebenen Juden abstamme, seine Vorfahren nach der Einwanderung in Deutschland den früheren Namen des bekannten Geschlecht der Dueros in die Sprache des adoptierten Vaterlands übersetzt hätten. Etwas von der gemessenen Würde des Spaniers war mit der Sanftheit der Erscheinung wohlthätig verschmolzen. Das Gefühl dieser Würde entsprang in seinem Gemüte aus einem hervorstechenden Bedürfniß nach Selbstachtung, welches den Stahl zum Charakter lieferte. Die Schule des Lebens gab ihm früh die Mittel, jenen Stahl zu härten, doch sie giebt nur dem, welcher zu empfangen weiß.

Er war der Sohn einer mehr mit Kindern als mit Gütern gesegneten Familie. Der Großvater, ein angesehener Mann, weit und breit im Lande wegen seiner Lebensweisheit und Menschenfreundlichkeit bekannt und geliebt, lebte noch in der andächtigen Erinnerung des Enkels, der den Stoff zu manchen seiner trautesten und fesselndsten Erzählungen an den Knieen des ehrwürdigen Alten in sich aufgenommen hatte. Der Vater betrieb einen Eisenhammer auf dem Fuße begrenzter ländlicher Gewerbsthätigkeit in dem böhmischen Dorfe Duschnik und trug in seinem Wesen Spuren von der Härte seines Berufes. Die Mutter, wie immer, war die Geberin des Guten und Bedeutenden in der Natur des Sohnes. Sie muß nach seinen Schilderungen eine vortreffliche Frau gewesen sein, gut, edel, klug und selbstlos wie nur Mütter sind. Er war ihr Augapfel, sie die sanfte Heilige, die er schmerzvoll im Busen durchs Leben trug; denn früh riß ihn das Exil von ihr hinweg und ihr Auge sollte brechen, ohne daß ihr vergönnt war, den lang Entbehrten noch einmal an die treue Brust zu drücken, noch einmal von Angesicht zu Angesicht zu schauen. Nur sterbend konnte sie ihn segnen, während er selbst im fernen Orient krank darniederlag.

Wie oft und sehnlich gedenken die besten seiner Lieder dieser entfernten süßen Mutter! Als zarter Knabe verließ er das elterliche Haus und kam zu Verwandten nach dem Städtchen Jungbunzlau, um daselbst das Gymnasium zu besuchen. Hier schon öffnete sich der Sinn für Dichtung und Historie; nur die exakten Wissenschaften wollten dem jungen Kopf nicht behagen. „Hartmann Moritz, von Mathematik keinen Begriff", sagte ärgerlich beim Examen der alte Pater, welcher der scholastisch geleiteten Anstalt vorstand. Dies Wort liebte der Gereifte im heiteren Freundeskreise mit Selbstironie zu zitieren. Von Jungbunzlau zog er nach Wien und, stolz wie er war, mochte er kaum den väterlichen Zuschuß in Anspruch nehmen zu seiner ferneren Ausbildung. Um lernen zu können, lehrte er, und auch nicht selten — hungerte er. Wie manchmal, wenn er mit uns — in ach so vielen guten Stunden! — zusammen war, hielt er uns vor, wie uns anderen das Leben und Lernen leicht geworden, im Vergleiche zu ihm; wie er so manche Nacht hungrig sich zu Bette gelegt oder nur mit einer trockenen Brotkruste die Begehrung des achtzehnjährigen Magens zur Ruhe gebracht. Diese Kunst im Entsagen, diese Selbstbeschränkung hat ihn im Leben nie verlassen, hat ihm Dienste vom tiefsten moralischen Wert geleistet. Denn er war eifersüchtig bis zum Peinlichen auf seine Unabhängigkeit; und ein Liebling der Menschen, wie wenige, hat er von der Gunst der Freunde und Bewunderer nur den kärgsten Gebrauch gemacht, auch dann mit Widerstreben. Seine Haltung ging ihm über alles. Darum war er stets darauf aus, hauszuhalten.

Einen besseren Oekonomen konnte man nicht sehen, als der Junggeselle war, noch zur Zeit als ihn, den berühmten Schriftsteller, die Verleger umwarben. Mehr als einmal fand ich ihn, mitten im üppigen Paris, wo Hunderte strotzender Häuser ihm dankbar ihre Gastfreundschaft boten, mit ein paar gedörrten Pflaumen frühstückend, die er um zwei Sous beim Krämer eingethan und eine nach der anderen aus der Tasche langte.

Der noch nicht zwanzigjährige Student ward in Wien Erzieher. Auch später noch lag er hier und da dieser schweren Kunst ob, und er war ein Meister darin wie wenige. Die Menschen, die er geformt hat, sind alle gelungen, alle vom Grund aus durchdrungen worden mit der Achtung vor den Idealen des Lebens. Nichts vielleicht war er in so reichem Maße, als ein Künstler in der Behandlung der Menschen, und dies Talent kam seinen Zöglingen zugute. Alle hängen noch heute mit kindlicher Dankbarkeit an ihm und seinem Andenken und weinen auf sein frisches Grab. — Von Wien ging er nach Leipzig, wo damals, gegen Mitte der vierziger Jahre, die ganze junge litterarische Welt zusammenlebte. Im Jahre 1845 erschienen die ersten Poesien, „Kelch und Schwert", welche, vom unmittelbarsten Erfolg begleitet, ihm sofort einen auserlesenen Standort im deutschen Dichterwalde sicherten.

Schon vor der Krise von 1848 mit der österreichischen Justiz in politische Konflikte geraten, wurde er zum ersten deutschen Parlament von dem böhmischen Kreise Leitmeritz gewählt. Von da an gehört er mit seinem Wirken und Schreiben der Geschichte unseres Vaterlandes und unserer Litteratur, und es ist heute nicht der Tag, dies reiche, schöne Leben, Weben und Leiden zusammenstellend, zu erzählen. Die holde Figur des Pfaffen Mauritius, Verfassers der Reimchronik (ein Wurf wie ihm kaum einer besser gelungen), die Schicksale des Reichsboten in den Oktobertagen Wiens, in denen er mit der knappesten Not dem Lose seines Gefährten Robert Blum entging, — das und so vieles andere taucht heute aus dem Letheschen Strom mit der bitteren Klage um den unwiederbringlich Verlorenen und ewig Unvergeßlichen in den lebendigsten Zügen vor der Seele auf.

Nach der gewaltsamen Auflösung des Stuttgarter Parlaments ging er in die Schweiz, und von damals an ergab er sich jahrelang dem poetischen Wandertrieb, der zu seinen charakteristischen Eigenheiten gehörte. Er war der geborene Tourist. Er verstand die Kunst des Reisens, des Schauens, Beobachtens, Beschreibens — und vor allem des mündlichen Erzählens aus dem Fundament. Ueberall fesselte es ihn, überall trieb es ihn weiter. Es gehörte zu seinen humoristischen Liebhabereien, an jedem schönen Fleck der Erde, vom Bosporus bis zum Kattegat, sich ein Haus auszuersehen, das er sich zu eigen wünschte. Wunderbar, dieser unermüdliche Nomade mit dem lebhaftesten Sinn für gefesselte Häuslichkeit! Noch im vierten und letzten Jahr seines furchtbaren Siechthums, wenige Monde vor seiner Auflösung, liebkoste er den Gedanken einer Reise nach Italien und eines Hauskaufes in Baden bei Wien zugleich.

Noch eins — denn ich muß schließen — sei berührt. Er war ein guter deutscher Patriot, obgleich ein Kosmopolit, der Freunde und Bewunderer auf der weiten Welt in Hülle und Fülle gesammelt hatte. Mit der gewaltsamen Lösung des deutschen Problems im Jahre 1866 wollte sein poetischer und rigoroser Sinn sich nicht befreunden. Er schmollte damals bitter den Ereignissen und vielfach ungerecht den Menschen. Denn er konnte, wenn nicht hassen, doch zürnen, und auch lieben mit der energischen Kraft eines ganzen Mannes, der er war vom Wirbel bis zur Zehe. Ganz ausgesöhnt mit der preußischen Politik hat er sich nie, obwohl er nach 1870 ihre Lichtseiten nicht mehr verkennen mochte. Und als der Sturm von Frankreich losbrach, da erhob sich noch einmal der Geist des Dichters und Patrioten mit Urgewalt, und aus dem bereits schier von der Krankheit verzehrten Leib loderte noch einmal die Flamme der begeisterten Seele für Recht und Vaterland glühend und ringsum erleuchtend zum Himmel auf. Ganz Deutschland las damals mit Wonnebeben und Dank die mächtigen Worte des Rufers im Streit. Das war sein Schwanengesang, sein letztes Ermannen. Dann entwand der schleichende Feind den Griffel der schönen Hand für immer. Er hinterläßt der dankbaren Anhänger zahllose, der trostlosen Freunde eine ganze Schar; er hinterläßt ein edles Weib, das zu loben niemand wert ist, einen holdseligen Knaben, in den er bereits durch seine wunderbare Lenkung den schönsten Keim gelegt hat. Der Rest ist Schweigen.

Reminiscenzen an Napoleon III.*)

(† 9. Januar 1873.)

---

*) Beilage zur „Augsburger Allgemeinen Zeitung“ vom 16., 18., 19. und 21. Januar 1873.

Immer wieder von neuem werden wir gemahnt, wie schwer es doch ist, unter die Oberfläche geschichtlicher Zusammenhänge zu dringen, wie unsicher alles erscheinen muß, was wir über längst vergangene Dinge zu wissen glauben, da schon ein ernster Versuch, nur denjenigen auf den Grund zu gehen, die sich vor unseren Augen abspielen, auf so viele Hindernisse stößt.

Jetzt ist ein Mann gestorben, auf den, solange er an der Spitze der europäischen Politik stand, d. h. während einundzwanzig Jahren, aller Augen gerichtet waren. Hunderte von Federn waren Tag für Tag geschäftig, über ihn zu berichten; auch das Geringfügigste in seinem Thun und Lassen, das einer auskundschaften und mitteilen konnte, war kostbare Beute. Dabei lebte der Gegenstand dieser Neugierde im geheimnißlosesten Lande der Welt, wo alle alles wissen, und jeder jedem erzählt, was er weiß; ein Land der Beobachter, Memoirenschreiber und angenehmen Plauderer.

Und dennoch, auf die Frage, ob jemand bis heute in überzeugender und erschöpfender Weise über das innere Leben, den Charakter, die Geistesanlagen dieses Mannes Aufschluß gegeben habe, muß die Antwort verneinend lauten. Aus demselben Grunde steht bis heute nicht fest, welchen persönlichen Anteil der Held des kaiserlichen

Romans an der Urheberschaft der geschichtlichen Vorgänge genommen hat, die in so langer Reihe und mit so tiefeingreifender Wirkung unter seinem Namen in dem großen Buch der Weltgeschicke figurieren. Von jenem Ueberfall des 2. Dezembers 1851 an bis zum unwiderruflichen Entschluß zum deutschen Krieg am 14. Juli 1870, von jener Nacht an, da der kaiserliche Purpur in den Straßen von Paris erbeutet, bis zu jenem Tag, da er nach zwanzigjähriger Herrlichkeit im Pulverdampf von Sedan verweht wurde — was von allem, so geschah, war das eigene Werk Louis Napoleons, was war das Werk Anderer? Wie verhielt er sich zu sich selbst in seinem Wollen und Handeln?

Bis heute hat niemand festgestellt, ob der Präsident selbst den Plan zum Staatsstreich ausgebrütet hat, ob er bei der Leitung der blutigen Aktion vorangegangen oder nachgefolgt ist? Bis heute läßt sich darüber streiten, ob er es gewesen, der den deutschen Krieg gewollt? Wie überhaupt hat er seine Rolle aufgefaßt? Reizte ihn am Thron nur der Vollgenuß des Lebens in Macht und Glanz und Ehren — oder gab er sich einen tiefern Beruf, eine Sendung zum Besten des Landes? Hat er an sich geglaubt? In diesem Augenblick, da sich das Totengericht niedersetzt über den Mann, den, wenn nicht sein Wesen, doch sein Schicksal zu einem der merkwürdigsten unserer Zeit gemacht hat, wiederholen Tausende ohne Zweifel das Urteil, das sie schon oft vorher über ihn gefällt haben: sie brechen den Stab über den Verbrecher, über sein Regiment und sein Andenken. Dem ist er ein gewöhnlicher Missethäter, jenem ein Spieler, noch andern ein Schwachkopf. Nicht selten konstatieren wir das Eigenthümliche, daß die, welche ihm alle geistige Begabung absprechen, ihn anklagen, er allein habe die 38 Millionen Franzosen während seiner

Herrschaft um alle Einsicht und Moralität gebracht. Ich bin fest überzeugt, daß niemand den Kaiser so tief verantwortlich macht für den sittlichen und intellektuellen Verfall der ganzen Nation als die, welche ihn tagtäglich einen „Imbécile“ nannten.

Werden wir jemals reine Wahrheit über ihn erfahren? Es ist überhaupt ein eigenes Ding um die Einschätzung dessen, was der einzelne Mensch aus der Anlage der Gesamtheit, und was die Anlage der Gesamtheit aus dem einzelnen Menschen macht. Neuerdings geht der Zug der Gedanken dahin: Gutes und Böses mehr auf Rechnung allgemeiner bestimmender Ursachen, als auf die Kräfte hervorragender Individuen zu schreiben. Sonst suchte sich die Vorsehung ein Werkzeug in einem Mann, jetzt bohrt sich die Natur der Dinge ihren Weg durch die Masse. Der „homme de la providence“ der alten Methode war eigentlich der größere. Er empfing direkt vom Himmel die göttliche Ausstattung, um seine Aufgabe zu erfüllen. Heute, da er in seiner Zeit und in seinem heimischen Boden wurzelt, und deren Quintessenz aus sich entfaltet, hat er ein größeres Teil von seiner Glorie an die Gesamtheit herauszuzahlen. Im ganzen, will mir scheinen, steckt im naturforschenden und demokratischen Zug der Gegenwart zu viel Neigung, den Werth und die Wichtigkeit der genialen Persönlichkeit zu unterschätzen. Das läßt sich stets am besten versinnlichen, wenn man die Probe auf die Litteratur macht. Shakespeare und Goethe wurzelten allerdings auch in ihrem Volk und ihrer Zeit, und vieles in ihnen war durch andere vorbereitet. Aber hätte, wären sie nicht geboren worden, ein anderer den Hamlet und den Faust geschrieben, etwa weil diese Werke in der Luft lagen? Und wenn nicht, wäre unsere geistige Welt dieselbe ohne die Verfasser des Hamlet und des Faust? Der embryologische Zufall, aus dem ein geniales Gehirn entsteht, spielt eine große Rolle in der Welt, und kein Satz ist falscher, als daß es keine unersetzlichen Menschen gebe.

Nun sind wir freilich abgekommen vom Gegenstand unserer Betrachtung; denn wie hoch oder niedrig er auch gestellt zu werden verdiene, ein Genie war Napoleon III. sicherlich nicht. Selbst zu der Annahme, daß er ein Mensch von mehr als gewöhnlicher Begabung gewesen, zwingt eher der Rückschluß aus seinen Schicksalen, als die Anschauung seiner Thaten. Bei dem geringen Grade von Wahrheitsliebe, welchen die Parteilichkeit der französischen Geschichtschreibung aufkommen läßt, werden wir vielleicht niemals aufrichtige Rechenschaft aus dem Munde scharfer Beobachter empfangen, welchen tiefer Einblick in die Natur dieses Menschen gestattet war. Schon daß er auf diese Weise geheimnisvoll bleiben konnte bis zuletzt, muß als ein Zeichen gelten, daß er nicht der erste beste war.

Sein mütterlicher Halbbruder Morny hat ihn wohl am genauesten gekannt, denn er hat ihn vielfach geleitet. Rouher, der einzige Hervorragende unter den Würdenträgern, der den Meister überlebt, und der beinahe von Anbeginn ihm zur Seite stand, wäre der Mann, vielleicht einmal in seinen Memoiren die Welt sattsam aufzuklären; denn er ist klug genug und, wo er die Emphase nicht geschäftlich für nötig hält, auch kühl genug.

In den künstlerischen Kreisen von Paris, auch zu der deutschen Welt nicht ohne Beziehungen, lebte eine zartsinnige Frau, welche als die beste Kennerin des verschwiegenen Herrn galt. Sie war die erste, sagt man, die das Herz des Jünglings besessen, und sie behielt zeitlebens einen im besten Sinn verwerteten Einfluß auf ihn. Viel von dem, was man in vertraulichem Gespräch über ihn vernahm, stammt von ihr her. Auch sie ist wahrscheinlich tot;

wenigstens war sie schon 1869 so krank, daß man an ihrem Aufkommen verzweifelte, und ich habe seitdem nichts mehr von ihr gehört.

Alles was über die Zeit vor der Präsidentschaft von biographischer Litteratur über den Sohn der Königin Hortense existiert, ist äußerst lückenhaft und hat wenig authentischen Wert. Die einen holten sich ihre Eingebungen aus den Tuilerien, die anderen brauten feindlichen Klatsch zusammen. Von der ganzen Jugendgeschichte ist so gut wie nichts in die Oeffentlichkeit gekommen, und mit dem Einblick in die Entwicklung fehlt der wahre Schlüssel zum Charakter. Zerstreute Angaben finden sich in Chateaubriands „Mémoires d'outre tombe," und in diesen jedenfalls unbefangene. Dagegen ist schon das, was in Vérons „Mémoires d'un bourgeois de Paris" vorkommt, unzuverlässig, denn die Aktenstücke wurden dem Verfasser von Mocquard, dem Geheimsekretär und Spiritus familiaris des Kaisers, geliefert. Zu gebrauchen, aber mit Vorsicht, ist die Schrift des ehemaligen Unterlieutenants Laity über den Putsch von Straßburg (1837), welche dem Verfasser eine Verurteilung durch den Pairshof eintrug; in gleicher Weise die Memoiren von Mademoiselle Cochelet über die Königin Hortense und Persignys „Relation de l'Entrepise du prince Napoléon" (1837). Paul Lacroix, der Bibliophile Jacob, hat 1853 eine „Histoire anecdotique de Napoléon III" veröffentlicht, die vermutlich auch Eingebungen von oben empfangen hat und nicht viel Wichtiges enthält. Taxile Delords Werk über das zweite Kaiserreich, vom entgegengesetzten Standpunkt geschrieben, und eine ältere „Histoire du second empire" von Fulgence Girard bieten über die kaiserliche Vorgeschichte nichts Erhebliches. Kinglakes bekanntes und pikantes Buch über den Krimkrieg, auch kein Evangelium, leistet in diesem Punkte nicht mehr.

Am unklarsten liegen die Zeiten vor uns, welche der Prinz in London verlebt hat. Er trieb sich dort viel in obskurer Gesellschaft umher, gerade in einer Zeit, in welcher er fortwährend mit seinen Prätendentenplänen schwanger ging und auch so weit schon zum Manne gereift war, daß dem Beobachter sein noch nicht vom Vorhang der Majestät verhülltes Wesen zugänglich gewesen wäre. Nach dieser Seite hin sollten die Nachforschungen, welche doch jetzt gewiß einen neuen Anlauf nehmen werden, sich vorzugsweise zu richten suchen.

Der Mann, der so lange Zeit den Psychologen und Politikern Verlegenheit bereitete, mußte jeden, der einigen Geschmack für solche Aufgaben hat, besonders an Ort und Stelle der kaiserlichen Herrlichkeit, immer wieder von neuem zum Nachdenken über das Problematische in seiner Natur reizen. Schon die bloße Begegnung auf offener Straße wirkte wie ein Stimulans zu Betrachtungen. Die äußere Erscheinung hatte etwas schwer zu Fixirendes, wie der innere Mensch selbst. Man mochte sich noch so sehr in dieses Gesicht einbohren, man drang nicht durch; um den unbestimmten, kurzen, weichen Blick des kleinen, lang geschlitzten, gleichsam fliehenden Auges von hellgrauer, nichtssagender Schattirung zu fassen, hätte man sich eine feine chirurgische Zange gewünscht. Ich habe dieses Gesicht wohl hundertmal scharf angesehen und oftmals beliebig lange, ich habe es nie als Ganzes in meine Vorstellung aufsaugen können. Etwas davon erfahren wir allerdings bei allen Gesichtern, mit denen wir bloß durch das Auge und nicht durch den mündlichen Gedankenaustausch verkehren. Die Züge eines Menschen werden uns aus der Bekanntschaft mit seinem Wesen klar, nicht sein Wesen aus der Anschauung seiner Züge. Aber alles in allem trug unleugbar die äußere Erscheinung das nämliche Gepräge wie die geistigen Leistungen des Mannes, das vorherrschende Gepräge nämlich einer starken Trivialität, unter deren Oberfläche jedoch ein Quantum geheimnißvoller Besonderheit leise dahin floß. Dieses Gesicht konnte dem ersten besten Lebemann angehören: der lackirte Schnauzbart, die starken Backenfalten zu Seiten der schweren Nase konzentrierten den Eindruck im unteren Teil der Physiognomie und ließen eine ganz nichtssagende, von glatt geschniegeltem Haar eingerahmte Stirn zurück, aus der keine Spur von Kraft des Denkens oder Erhabenheit des Wollens hervortrat. Der Blick, mehr nach innen als nach außen gerichtet, gab allein Zeugnis von einer Individualität, die nicht ohne Vorbehalt hingenommen werden durfte, die ein Eigenleben führte, welches sie möglichst zurückdrängte, man wußte nicht, ob um ihre Schwäche, oder um ihre Stärke zu verbergen. Schwer und phlegmatisch wie dieses Gesicht mit seinem tonlosen erdfahlen Kolorit — auch der Bart, obwohl oder weil künstlich gefärbt, spielte unentschieden zwischen grau, blond und dunkel — war der Körper anzuschauen. Sah man zu Zeiten seiner höchsten Macht den kleinen, dicken Mann mit dem weichen, großen Oberkörper, den Kopf zugleich nach vorn und nach rechts hängend, auf den Arm eines Getreuen mit sichtlichem Nachdruck gestützt, am Rande des Teiches im Boulogner Gehölz einherschleichen, wie er mühsam die kurzen Beine vor- und nachschob, so mußte man sich fragen, ob dieser ältliche, sanfte, schwerfällige Stutzer der abenteuerliche Mensch sei, welcher sich aus kümmerlichen Verhältnissen und niedriger Gesellschaft heraus, quer durch Gefängnis, Schulden und Verbannung, zum stolzen Gebieter des großen Reiches emporgeschwungen hatte, in dessen glänzendem Mittelpunkt er sich da als Wahrer und Mehrer sonnte und wiegte.

Schon dieser Anblick rückte die Frage nahe: ist er

nicht von Natur gemacht sich auf andere zu stützen? von anderen geführt und getragen zu werden? Stand er auf eigenen Füßen, so sah die Gestalt trivial aus bis zum Lächerlichen. Aber er gewann, wenn er zu Pferde saß, oder vom hohen Wagensitz herab die feurigen, wohl dressierten Rosse lenkte. Doch selbst dann brachte es die Erscheinung nicht zum Bedeutenden. Schon der schief sitzende Hut gab einen Anstrich von Plattheit. Die soldatische Uniform vollends, die er nur ausnahmsweise trug, paßte gar nicht zu ihm. Er sah darin aus wie ein Bürgergeneral, oder mehr noch wie ein Bereiter des Zirkus. Am militärischen Spiel hat er niemals Freude gehabt; es fiel ihm durchaus lästig. Er war viel zu sehr moderner Weltmann und zu weich für die Kaserne. Was er dennoch von Reiterstiefeln und Epauletten mitmachte, war bloße Berechnung. Er hielt — das hatte er dem Oheim abgelernt — sehr viel auf die Inscenierung und behandelte sein militärisches Auftreten als eine unentbehrliche Anforderung der kaiserlichen Komödie für Armee und Volk. Jetzt, da dieser seltsame Schicksalsmensch vom Schauplatz des Lebens abgetreten, nachdem er gerade eben noch Zeit gefunden, dem Gesetze der tragischen Gerechtigkeit zu gehorchen, im abgelegenen Exil zu sterben, während seine bittersten Feinde sich um die Erbschaft zanken — jetzt wandelt jeden, der sich einmal mit ihm beschäftigt hat, die Versuchung an, ihn wieder ins Auge zu fassen, ob es wohl gelingen möge, ihn zu einem abschließenden Urteil zu stellen.

So hab' ich beim Eintreffen dieser Kunde zurückgeschlagen in meinem Tagebuch, nach dem Kapitel, das ich ihm darin gewidmet hatte, um die Aeußerungen und Erzählungen eingeweihter Menschen, welche Beiträge zu seiner Charakteristik zu geben vermochten, am Abend oder Morgen nach dem Gespräch aufzuzeichnen. Die meisten meiner

Ueberlieferer sind selbst dem Gegenstand ihrer Mitteilungen ins Jenseits vorausgegangen. Ich unterdrücke was von Ueberlebenden herrührt, und gebe im folgenden von dem, was die auf immer der Verantwortlichkeit Entrückten mir vertraut haben, nur einige Bruchstücke, die sich für diesen Zweck unbedenklich gebrauchen lassen. Nur ein paar vereinzelte Striche und Punkte, ohne System und ohne entfernten Anspruch auf ein Gesamtbild, werden zum Vorschein kommen, zerstreut schwankende Lichter, welche höchstens solchen, die aus dem großen Material der Zeitgeschichte ein Verständnis zu gewinnen streben, kleine Hilfe zu gewähren hoffen dürfen. Endlich zu ganz richtiger Würdigung des Nachstehenden sei noch bemerkt, daß diejenigen, welchen ich diese hie und da aufgelesenen Belehrungen verdanke, meistens dem Kaiser freundlich gesinnt waren, aber natürlich so freien und vorurteilslosen Geistes, daß ihre Auffassung und Darstellung inneren Wert durch die Gesinnung nicht einbüßten. Ich nenne beispielsweise den liebenswürdigen, mitteilsamen, skeptischen, unendlich feinen St. Beuve.

Den Helden des Romans ergreift kunstgerechterweise das Geheimnis schon beim Eintritt in die Welt und folgt ihm in die Gruft. War er der Sohn seines Vaters und der Vater seines Sohnes? Letzteren Teil der Frage zu berühren, verböte schon die Schicklichkeit, solange die Mutter lebt und würde erst zeitgemäß sein, wenn einst unwahrscheinlicher- und deshalb möglicherweise Napoleon IV. den französischen Thron besteigen sollte. Die erste Frage hat die öffentliche Meinung von jeher ohne viel Kopfzerbrechen verneint. Unser trefflicher Johannes Scherr, welcher seinen „Emperör“ mit gesundem und gerechtem Zorn verfolgt, hat ihn ins farbige Buch seiner Geschichte unbedenklich als den jungen Holländer Verhüel eingeschrieben. Auch der vorsichtigste Censor wird ihm nicht zur Sünde anrechnen, daß er sich damit an dem guten Ruf von Madame Hortense Beauharnais vergangen habe, auf den diese selbst mit philosophischer Verachtung herabsah. Sie hatte den braven König Louis durchaus nicht heiraten wollen, sondern den hübschen General Duroc. Aber Stiefpapa, Kaiser der Erste, verstand keinen Spaß in irgendwelchen Dingen, und Gehorsam war die erste Pflicht einer Prinzessin von Geblüt. War aber der Form genügt, so nahm es dann der Meister in höchsten Regionen nicht mehr streng; nur für die Bürger und ihre Ordnung war er im Punkt der ehelichen Treue der Weiber äußerst moralisch, wie aus seinen Reden im Staatsrat bei Anfertigung des Gesetzbuches erbaulich zu lesen. Die Chronik der bösen Zungen behauptete sogar beharrlich, von einer ärgerlichen Scene zu wissen, die sich einst im Kabinet Sr. Majestät zwischen dieser und ihrem königlichen Bruder von Holland begeben habe, deren Ursache die schöne Hortensia und deren Ende gewesen sei, daß das Haupt der kaiserlichen Familie plötzlich seinen gesalbten Bruder an beiden Schultern gepackt, auf den Absätzen herumgedreht und zur Thür hinausgeschoben habe. Wie dem immer sei, es hat doch nicht wenige Leute von Urteil und ohne Vorurteil für echtes Geblüt gegeben, welche unsern Charles Louis Napoleon Bonaparte für den echten Sohn seines legitimen Vaters hielten. Einer derselben behauptete, eines Tages in den Tuilerien einem Manne begegnet zu sein, welcher ihm durch seine täuschende Aehnlichkeit mit dem damaligen Kaiser Napoleon III. im höchsten Grad aufgefallen sei. Die Sache, so berichtet mein Erzähler, ließ ihm keine Ruhe. Er frug und frug und geriet endlich in der Person des seligen Herzogs v. Persigny, der als einfacher Monsieur Fialin in die Welt und als Unteroffizier ins Leben eingetreten war, an eine mitteilsame Seele. Persigny, sagt er, versicherte mir aufs bestimmteste: jener Mann sei ein natürlicher Sohn des Königs Louis, also ein unehelicher Halbbruder des Kaisers, und lebe im Departement des Alpes maritimes, welches erst 1860 zu Frankreich kam. Ein anderer, welcher von dieser heimlichen Bruderschaft nichts wußte, von der aber viele Leute am Hofe Kenntnis gehabt haben sollen, stützte seine Vermutung der echten Sohnschaft auf die konstitutionelle Aehnlichkeit in beiden Generationen. Der alte König Louis hätte danach genau an denselben ab- und zu eintretenden Anwandlungen von plötzlicher, oft bis zur Ohnmacht gehender Erschlaffung gelitten, welche nachmals wiederholt die Börsen Europas in ähnliche Krampfanfälle versetzte, bis die Schlacht von Sedan der Quelle dieses Uebels eine Ableitung gab. Ein solcher Anfall dauernder Erschlaffung, sagte mein Erzähler, hatte sich des Kaisers im Sommer 1866 zur Zeit des großen deutsch-österreichischen Krieges bemächtigt; „und nur aus diesem physischen Vorgang müssen Sie sich erklären, daß wir alles geschehen ließen, was ihr Deutschen damals uns zu Hohn und Schaden mit der europäischen Karte angefangen habt.“

Ich habe stets eine gewisse Sympathie für den guten König Louis gehabt, und sollte er wirklich durch Vererbung seines Gangliensystems etwas dazu beigetragen haben, daß wir uns zu Nikolsburg und Prag so unbehelligt mit dem Hause Habsburg auseinandersetzten, und daß der Kaiser des großen Frankenreichs nicht dem Herrn v. Bernus zu Hilfe eilte, als dieser ihn im Namen der Zivilisation aufforderte, der frankfurtischen Nation gegen die preußische beizustehen, so könnten meine Gefühle für den königlichen und ehelichen Märtyrer dadurch nur wachsen. Gewiß ist, daß bei der Nachricht der Schlacht von Königgrätz Drouyn de Lhuys im Ministerrat beantragte, unverzüglich von Preußen eine territoriale Kompensation zu verlangen und als unterstützende Demonstration 80 000 Mann an die Rheingrenze zu schicken. Der Kaiser präsidierte der Beratschlagung in seiner schweigsamen Weise, und ließ es ohne Widerspruch geschehen, daß die übrigen Kollegen sich mit der Maßregel einverstanden erklärten. Aber in der Nacht darauf beschied sich das Staatsoberhaupt zu friedlicher Gesinnung. Drouyn de Lhuys nahm seine Entlassung; an seiner Stelle erschien Graf Lavalette als Minister der auswärtigen Angelegenheiten und mit ihm, statt der Kompensationen und der 80 000 Mann, das berühmte Rundschreiben, welches den Nutzen der „großen Agglomerationen" für die europäische Völkerfamilie verherrlichte. Hätte mein seliger Freund Recht gehabt, so käme das alles von dem Unterleibe des längst verstorbenen Königs von Holland her, und könnte von dem Historiker Michelet zu einem schönen Kapitel verarbeitet werden. Monsieur Fialin meinte es bei jener Verwicklung weniger bös mit dem deutschen Volk. Er mochte ihm nicht zumuten, das linke Rheinufer brutalerweise an Frankreich abzutreten, sondern hatte einen Plan ausgearbeitet, demzufolge aus den westlichen Provinzen des deutschen Bundes (Rheinland und Westfalen) ein selbständiger Staat unter einem „unabhängigen Fürsten" gebildet werden sollte, der seinerseits mit Belgien und Holland einen Zollverein abzuschließen, und dieses immer „selbständige" Zollgebiet durch innige Verträge an Frankreich anzulehnen hätte. Wäre dieser geniale Plan zur Ausführung gekommen, der später noch oftmals auftauchte und manchem französischen Politiker sehr einleuchtete, so würde vielleicht Herr v. Mallinckrodt heute dem Bischof Dupanloup in Sachen contra obligatorischen Schulunterricht nützlichen Beistand leisten.

Der Roi Louis seinerseits, behauptet meine Quelle, habe seinen zweiten Sohn stets für Fleisch von seinem

Fleisch gehalten. Er führte nach der Gewohnheit der Leute aus dem vorigen Jahrhundert ein Tagebuch und schrieb in dasselbe besonders peinlich alle Data seines körperlichen Befindens ein. In diesem Tagebuch kommt auch die Geburt des Prinzen Charles Louis vor, und ohne jede bedenkliche Randglosse. Dieses Tagebuch figurierte eine Zeitlang im geheimen Archiv der Tuilerien. Eines Tages fand der Kaiser einen seiner Vertrauten über dem Lesen besagten Manuskripts. „Qu'est ce que c'est que cela?“ rief er überrascht, nahm es dem Leser aus den Händen, und niemand hat es seitdem wieder gesehen. Bei der Inventur, nach dem 4. September 1870, muß es auch nicht zum Vorschein gekommen sein. Aus diesen Aufzeichnungen ging u. a. hervor, daß König Louis immer bemüht war, die jungen Prinzen dem Einfluß ihrer nicht sehr prinzipfesten Mutter zu entziehen, aber ohne Erfolg; namentlich der jüngere fühlte sich stets lebhaft zu ihr hingezogen. Seine „Prinzipien“ hatte er jedenfalls eher von ihr als von ihrem Gemahl.

Der orthodoxen Genealogie stand nur Eins besonders im Wege: die gänzliche Unähnlichkeit des Prinzen Louis mit allem, was man sonst von Napoleonischer Familie je mit Augen erblickt hat. Die Brüder und Schwestern des Kaisers hatten, freilich mit Ausnahme Louis', viel von dem bonapartischen Kopfe; Hieronymus, der lustige König von Westfalen, und sein Sohn, genannt „Plonplon“, trugen ganz die Maske des alten Cäsaren, ebenso Lucian und Joseph, und der italienische Typus war bekanntlich bei Pauline, Elisa und Karoline Bonaparte in großer Schönheit zum Ausdruck gekommen. Warum sollte just dieser providentielle Enkel so boshaft von der Natur enterbt worden sein? Die Orthodoxen der Genealogie hatten auch dafür ihre Erklärung. Es ist sehr möglich, daß Louis

Napoleon kein Bonaparte, obwohl der Sohn des Königs von Holland ist. Die Abzweigung ist wahrscheinlich schon auf den Vater zurückzuführen, denn Madame Lätitia, die fromme Dame, welche ihre Tage zu Rom in heiligen Uebungen beschloß, war auch in jungen Jahren nicht aller Sünden bar. Mit dieser Exegese des imperialistischen Mythus wäre allerdings das napoleonische Geblüt nicht gerettet, aber doch das Ramolinische; das Wortspiel, das sich daraus machen ließe, will ich Scherr nicht vor dem Munde wegnehmen. Schließlich wurde aufs bestimmteste versichert, daß der Kaiser sich für den wahren Sohn des Königs von Holland halte, trotzdem, daß ihm die landläufigen Versionen nicht unbekannt, sogar gelegentlich im Streit von seinem Vetter ihm vorgehalten worden seien. Ob er, bei gegenteiliger Ansicht, wohl jemals einem Dritten dies zugestanden hätte?

Als es sich darum handelte, dem jungen Prinzen, der bekanntlich teils in der Schweiz, teils in Augsburg erzogen wurde, einen Lehrer zu geben, wandte sich die Mutter nach Frankreich an den alten Anhänger des kaiserlichen Hauses, Herrn Vieillard, Freund Bérangers, und gleich ihm Repräsentant der gemütlich-poetisch-liberalen Sage vom kleinen Korporal, der sein Frankreich über alles liebte. Vieillard, der unter dem zweiten Empire Senator wurde, und, wo er konnte, die Liberalen beschützte und gegen den Klerus hielt, suchte auch einen Menschen von freisinnigen Antecedentien und glaubte ihn in dem Sohne des Konventsmitgliedes Philippe Lebas gefunden haben, der, seinerzeit mit St. Just in enger Freundschaft verbunden, neben diesem als Kommissär des Konvents im Elsaß gestanden. Obwohl die Familie gegen diesen königsmörderischen Namen protestierte, folgte doch Hortense dem Rate des Freundes. Ueber den pädagogischen Wert dieses Erziehers wird nicht viel Rühmliches berichtet. Die einen sagen: er sei ein unwissender, selbstgefälliger, schöner Mann gewesen (un bellâtre); die andern wollen ihm zwar einige Gelehrsamkeit zugeben, fügen aber hinzu: er habe sie nur für sich gepflegt und den Zögling sich selbst überlassen. Uebereinstimmende Zeugnisse besagen, daß der Verfasser des „Lebens Julius Cäsars" eine sehr unvollkommene Kenntnis des klassischen Altertums besessen. In einzelnen Materien, die er besonders eifrig aufgesucht, wußte er auffallend genau Bescheid, wie ein Kuriositätenliebhaber, der zu technischen Zwecken auch die historischen Anhaltspunkte gerade im Detail handhaben muß. Es giebt Gemmensammler, welche die Boudoirgeschichten der römischen Kaiserzeit mit stupender Gelehrsamkeit zu beherrschen scheinen, und die nicht wissen, was der punische Krieg war. In ähnlicher Weise hatte sich Louis Napoleon mit der Zeit allerhand Details angeeignet, die er für sein litterarisches Lieblingsgeschäft, das Werk über Julius Cäsar, brauchte. Doch konnte man dabei plötzlich im Gespräch mit ihm in die tiefsten Löcher fallen. Ein Gelehrter klassischer Philologie, der zu den ländlichen Festen von Compiègne eingeladen war, beteuerte, daß der Kaiser eines Tages von einem Briefwechsel zwischen Cicero und Titus gesprochen habe — letzteren mit dem Atticus verwechselnd. Ich würde dieses unglaubliche Citat nicht zu wiederholen wagen, wenn nicht ein sehr glaubwürdiger Mann es in der ernstesten Weise vorgebracht hätte. Napoleon selbst klagte bei Gelegenheit über die Lücken, welche Lebas in seiner klassischen Bildung gelassen habe, und manchmal, wenn er auf etwas ganz Elementares stieß, das ihm neu war, rief er aus: „Ce Lebas ne m'a jamais rien dit de cela!"

Zwei Epochen seines Lebens haben ihm einen gewissen Vorrat von Kenntnissen und von Ideen zugeführt: der

Aufenthalt im Gefängnis von Ham und der Aufenthalt in England. Der erstere brachte ihn zur ernsteren Lektüre, der letztere zur Anschauung eines praktischen und frei regsamen Volkslebens. Sein Umgang mit der Bücherwelt bewegte sich vorzugsweise in Werken über Artilleriewissenschaft, die er auf der Kriegsschule von Thun studiert hatte, und in sozialistischen Abhandlungen, die er in seinen Schriften propagandistisch verwertete, wie der Graf von Paris auch in unseren Tagen gethan hat. Von seinem Gefängnis in Ham aus lieferte er Korrespondenzen in die Zeitungen (z. B. in das „Journal du Pas de Calais"); zeitlebens hat er mehr vom Journalisten (und nicht der besten Kategorie) an sich gehabt, als vom Herrscher. Von seinem Aufenthalt in Amerika hatte er nicht viel übrig; nach der Affaire von Straßburg hatte ihn Ludwig Philipp mit diesem Exil begnadigt, zu dem er sich verpflichtete, von dem er sich aber nach kurzer Unterwerfung wieder unter nichtigen Vorwänden entband. Gelöbnisse haben ihn nie belästigt.

In England trieb er sich viel in dem übelsten Zigeunertum der aristokratischen Gesellschaft umher. Der Herzog Karl von Braunschweig, zinnobrischen Angedenkens, gehörte dort zu seinen Beschützern, schoß ihm auch, heißt es, Uniformen und Geld vor für die Expedition von Boulogne. Die Uniformen sollen früher einmal für eine Invasion des Herzogtums Braunschweig angefertigt und mit Hilfe kunstfertiger Hände in die Uniformen der heroischen Kaiserzeit umgewandelt worden sein. Ein Theil der Wechsel, welche dem Herzog damals ausgestellt waren, wurde sehr bald nach der ersten Präsidentschaftswahl durch die Vermittlung eines Londoner Bankiers eingelöst. Den größeren Teil der Unkosten von Boulogne bestritt aber die schöne Miß Howard, die den Prinzen wirklich liebte. Die kleine

Novelle dieser Liebe und dieser Staatsanleihe, die Schilderung wie die zärtliche Freundin schwankte zwischen dem Entschluß ob sie dem Prinzen aus Liebe treu bleiben und dem Entschluß, ob sie ihm aus Ergebenheit untreu werden sollte — dies hier wiederzugeben, wie es vor Jahren in London am Kaminfeuer vorgetragen wurde, geht über die historische Notwendigkeit. Die schöne Miß wurde für ihre Treue und ihre Untreue nachmals reichlich belohnt. Undankbarkeit gehörte nicht zu den Fehlern unseres Mannes. Natürlich ist es immer leicht dem Zug seines Herzens zu folgen, wenn man die Finger im großen Staatssäckel hat. Aber es wird lebhaft bezeugt, daß eine weichmütige Anhänglichkeit an alte Beziehungen zu den unbestrittenen Zügen im Charakter Louis Napoleons gehörte.

Mit einer eigenen Mischung von Lyrik und Komik schilderte mir Frau S. in Paris ihre intimen Erlebnisse aus diesem Kapitel. Der junge Prinz hatte sie in Arenenberg kennen gelernt und sich sterblich in sie verliebt. Sie war damals Gouvernante in einer englischen Familie, bereits Wittwe und Mutter mehrerer Kinder, folglich viel älter als er, eine große feurige lebendige Person, von Grund des Herzens eine gutmütige leichte Grisettennatur. Dieser kleine Roman spielte noch zur Zeit Karls X. Im Anfang der Julimonarchie wohnte Frau S. wieder in Paris, als eines Tages die Thür ihres im vierten Stock eines sehr bescheidenen Hauses gelegenen Gemaches aufgeht, und zu ihrem Entsetzen der unter dem Proskriptionsgesetz stehende Prinz hereinstürzt. Er war heimlich gekommen, um ihr eine Liebeserklärung zu machen und die Heirat vorzuschlagen. Der naive Ton, in dem sie selbst das alles wieder zu erzählen pflegte, ist zu charakteristisch als daß nicht, wenigstens im fremden Urtexte, ihre Antwort bewahrt zu werden verdiente: „Y pensez-vous,

Monseigneur, c'est tout à fait superflu, je suis veuve avec quatre enfants, à quoi bon m'épouser?" Als er später im Februar 1848 (er wartete nach dem 24. nicht einmal das Ende des kurzen Monats ab, um sich als Prätendent zu melden) nach Paris kam, war einer seiner ersten Besuche bei der alten Liebe. Er hielt noch als Kaiser die Beziehungen zu ihr aufrecht und stattete jedes ihrer Kinder mit hunderttausend Franken aus. „Toujours il me reçoit bien," schloß sie tief gerührt ihre Erzählung, „et je vous demande un peu ce qu'il peut faire d'une vieille femme comme moi!" Die Hunderttausende, welche diese alte Flamme verzehrte, wurden bei Miß Howard zu Millionen. Sie wurde Frau v. Beauregard und bewohnte in der Nähe von Versailles das Schloß gleichen Namens, welches zum Ankauf und Ausbau allein fünf Millionen gekostet hat. General Schmidt residierte darin während der Belagerung. Die herrlichen Möbel und köstlichen Nippsachen standen unangetastet auf ihren Plätzen, nur die Orangerie war verdorrt und verwildert. Die Schäferei war von einigen Offizieren mittelst eleganter Vorhänge und Sofas zu einem Pariser Boudoir eingerichtet worden, und in demselben aß ich deutsche Kartoffelklöße, vom Regimentskoch gar vorschriftsmäßig zubereitet. Madame de Beauregard war damals schon gestorben. Das Schloß gehörte zur Zeit des Krieges einer legitimistischen Prinzessin, und jüngst ist es unter dem Hammer um 800000 Franken in die Hände eines deutschen Finanzbarons gekommen.

III.

Eine Atmosphäre, wie sie uns aus diesen und vielen anderen Beziehungen anweht, war nicht geeignet den Sinn für die Erhabenheit des Thrones vorzubereiten. Auch schleppte sich das Uebel unausrottbar alle Jahre hindurch in der Geschmacksrichtung des Hofes und selbst in ernsteren Dingen nach. Auf eine liederliche und frivole Mutter, einen unfähigen Lehrer und Liebschaften zu Frauenzimmern niedrigen Schlags folgten im Laufe der Zeiten eine schöne, weltliche, bigotte Frau und die cynisch gewissenlosen Helfershelfer des Staatsstreichs, deren Joch nicht mehr abzuschütteln war; es gehörte doch wohl ein beträchtlicher Grad von Umsicht und Sammlung dazu, um dem erabenteuerten Regiment trotz alledem etwas von jenem großen Anstrich und Einfluß zu geben, mit dem es sich jahrelang auf der Höhe der europäischen Politik behauptet hat. Der Krieg in der Krim, der Krieg in Italien, die freie Handelspolitik, die Bekämpfung des eingewurzelten französischen Hasses gegen England, das energische Bestreben mit diesem Land dauernd verbündet zu bleiben, das sind lauter Thatsachen, die nicht wegzuleugnen sind, ebensowenig wie die Lösung der Aufgabe: zwanzig Jahre Monarch von Frankreich zu bleiben, wenn man alle politischen Parteien gegen sich hat — ein Problem, dessen Schwierigkeit zu beurteilen wir von jeher Gelegenheit hatten, dessen Schwierigkeit uns zu dieser Stunde mehr als je einleuchten muß. Man ziehe von der Beweiskraft dieser Thatsachen noch so viel ab, es wird immer etwas übrig bleiben, das zu Gunsten der in ihrem Autor liegenden Potenz spricht. Daß nach den aufsteigenden Jahren die abwärts führenden kamen, war hier mehr als je Naturgesetz. Mit dem Ende des mexikanischen Krieges war Napoleon ein gebrochener Mann. Il était au bout de son rouleau, wie einer seiner Freunde von ihm sagte. Der Krimkrieg und das Bündniß mit England, wie die moderne Handelspolitik, waren sein eigenes Werk gewesen. Sie waren das Produkt des besseren Teils seiner Eindrücke vom englischen Leben. Die freihändlerische Ueberzeugung hatte er ebenso wenig wie andere leitende Gedanken aus tiefen und ernsten Studien, sondern viel mehr aus allgemeinen Intuitionen, in denen sich seine geistige Thätigkeit bewegte. Ein Hang zu stillem Brüten und Nachsinnen muß als das meist hervortretende Merkmal seiner geistigen Konstitution bezeichnet werden. Scharfes exaktes Arbeiten war seine Sache nicht, dazu war er nicht erzogen worden, und selbst Talente ersten Ranges lernen das selten noch spät im Leben aus sich selber. Hätte er die Kunst besessen, sich durch eigenen Fleiß Rechenschaft von den Dingen zu geben, so würde er sich nie jene traumartige Gewißheit von der vollendeten Kriegsbereitschaft haben beibringen lassen, mit der er von seiner Umgebung in den deutschen Krieg hineingehudelt worden ist. Aber er liebte es seinen Weg still voranzutasten. Von Menschen, die schwierige Aufgaben lösen, hatte er ganz entschieden die Eigenschaft an sich, daß er einen Gedanken zäh, unabweichbar festhielt; er ließ sich nie darin irre machen und wollte nicht darin irre gemacht sein. Rathgebern, welche seinen Hauptplan zu durchkreuzen unternahmen, wendete er sich unwillig ab; er wollte nur Ratschläge, die seiner Idee zu Hilfe kamen, nicht solche, welche sie für falsch oder unausführbar erklärten. Er ist, sagte mir eines Tages ein feiner Beobachter, wie ein Erfinder, der unablässig seinem Problem nachhängt; in allen anderen Dingen läßt er sich gern von andern leiten, vertraut sich ihnen an, nur in seinen besonderen Gedanken ist ihm die Opposition unerträglich, da sucht er nur Leute, die ihm beistimmen und an der Ausführung mithelfen wollen. Er will keine Einwände, sondern

Ratschläge. Geht ihm etwas schief, so kommt er eben deshalb leicht aus dem Gleichgewicht und verliert den Faden. So weit war sein Willensinstrument ganz richtig für seine Zwecke gestimmt, und hätte er nie die Maxime vergessen, die ihm einer seiner Verehrer in den Mund legt, daß die Welt dem intelligenten Phlegma gehöre, so wäre er wohl in den Tuilerien gestorben. Die Idee, daß er einst Kaiser werden müsse, beherrschte ihn bekanntlich von dem ersten Erwachen seines Bewußtseins an und blieb unerschütterlich, trotz der tiefen Demütigungen, welche das klägliche Scheitern wiederholter Versuche ihm bereiten mußte. Nicht Selbstgewißheit, sondern die Konzentration des Mühens und Denkens auf den einen Punkt hin war seine Stärke. Als er nach dem Putsch von Boulogne vor dem Pairshof stand, sagte er in einer Pause der Gerichtsverhandlungen zu seinem Advokaten, auf die Knöpfe der vor ihm stehenden Gendarmen zeigend: „Wenn ich Kaiser sein werde, werde ich die ändern." Dabei war sein Auftreten nicht ruhmredig oder dreist, sondern das Gegenteil. Man erinnert sich, wie ungeschickt und verlegen er sich als Mitglied der konstituierenden Versammlung des Jahres 1848 ausnahm, ein blasser, befangener, schwerfälliger, stotternder, unansehnlicher Mensch; so schildern ihn die Leute, welche Zeugen seines ersten Redeversuches waren. Zusammengehalten mit den lächerlichen Anläufen von Straßburg und Boulogne vereinigte sich alles, ihm den Schein eines unfähigen und unschädlichen Menschen aufzudrücken. Auch er galt einmal für den Politique moquable, für den seine Umgebung 1866 den verderbenbringenden Gegner erklärte. Die Natur hatte ihn auf diese Brutus-Rolle von selbst zugeschnitten: es war keine Verstellung dabei im Spiel. Wer so fest an die Erreichung eines beinahe unerreichbaren Ziels glaubt, wird selten frei von Aberglauben sein. Ihm floß die Anlage dazu von allen Seiten zu. Seine Mutter, als die galante Tochter der Creolin Josephine, die stets bei der Wahrsagerin Mamsell Lenormand lag, mußte natürlich abergläubisch sein bis in die Fingerspitzen. Vom Oheim ging auch die Sage eines gewissen Fatalismus. Die Mischung von Freigeisterei und Furcht vor dämonischen Mächtën ist in Frankreich stärker als irgendwo. Prosper Mérimée, der begabteste Schriftsteller, aber wohl auch der krasseste Nihilist der französischen Neuzeit, unternahm nichts an einem Freitag. Ich sprach einmal mit dem verstorbenen Eugène Forcade, dem äußerst talentvollen Politiker der „Revue des deux Mondes,“ über den Glauben an das böse Auge; er erzählte mir scherzend allerhand Geschichten darüber und nannte unter anderen Pio Nono und den Komponisten Jacques Offenbach als bekannte Gettatori. Bei Erwähnung des einen und des andern Namens bemerkte ich, wie er unter dem Tisch das Beschwörungszeichen mit dem ausgestreckten kleinen und Zeigefinger machte. Was machen Sie da? sagte ich. Ich glaube nicht daran, sagte er lachend, aber ich kann doch nicht umhin, wenn ich einen Gettatore sehe, oder erwähne, dieses die Gefahr abwendende Mittel zu gebrauchen. So wunderlich es klingen möchte, es wurde bestimmt behauptet: Eugenie sei weniger abergläubisch als ihr Mann. „Als ich noch in Spanien war,“ hatte sie gesagt, „lehrte man mich an eine Masse Zeugs (un tas de choses) glauben, an Reliquien u. dgl. m., aber ich halte nichts mehr davon.“ Sie bewahrte nur ihre strenge Frömmigkeit. Napoleon dagegen, der keine religiöse Ueberzeugung hatte, sagte eines Tages zu einem mit ihm vertrauten Gelehrten, indem er auf ein längliches vor ihm stehendes Kästchen deutete: „Sehen Sie, mein lieber X., darüber ist nichts zu sagen, der, welcher über dieses Ding gebietet, ist der obersten

Gewalt sicher." Das Ding war angeblich das Reliquarium Karls des Großen. So hielt er auch große Stücke auf den Geisterbeschwörer Home, der auf solchem Fuße mit ihm stand, daß er noch während der Belagerung in Versailles erschien, um als wahres Medium seinen Vermittelungsberuf zu versuchen. Irre ich nicht, so endete dieser Spuk mit einer Ausweisung. Napoleon glaubte fest an Home. Einer aus seiner Umgebung spottete über das Klopfen und die unsichtbaren Ohrfeigen, deren der Kaiser mehrere gläubig eingesteckt hatte, und machte sich anheischig, beide Mirakel auf natürliche Weise zu erklären. Die Hofleute baten ihn, doch dem Kaiser selbst seine Entdeckung mitzuteilen, und veranstalteten es, daß er bei der Tafel in der Nähe des Souveräns war, als der Gegenstand aufs Tapet kam. Aber der Kaiser wurde sehr verstimmt über den Versuch der Aufklärung, wollte nichts davon hören und sagte schließlich: „Ich weiß schon, so seid ihr gelehrten Leute, was ihr nicht regelrecht beweisen könnt, daran erlaubt euch euer Stolz nicht zu glauben." Es war überhaupt ein kurioser Hof, an dem Leute wie Home, die Bänkelsängerin Teresa, der Possenreißer und Hornist Vivier eine Art Vertraulichkeit genossen, und der Leibzahnarzt eine politische Rolle spielte. Vielleicht braucht man sich den Höflingsstoff legitimer Regionen nicht viel anders vorzustellen, aber er bietet den Vorteil, sich nicht nach außen so buntscheckig abzuspiegeln. Ein Zug des Hoflebens, welcher dieser Mischung der Elemente entsprach, war die freie und natürliche Bewegung. Nur bei großen Repäsentationen ward das auf Wahrung der Würde berechnete Ceremoniell beobachtet. Sonst blieb jede Steifheit fern. Die lächerliche Figur, welche schon des Morgens um neune in Frack und weißer Halsbinde über die Straße läuft, wie ein Dorfbräutigam, kennt man überhaupt nur bei uns, wo auch der Offizier gestiefelt und gespornt mit dem Säbel an der Seite, im bunten Rock den friedlichen Theeabend durchschreitet, und damit einen schreienden Klecks in die Gesellschaft macht, der ihr und ihm die schlechthinig menschliche Empfindung raubt.

Der Kaiser war ein sanfter einsichtiger Mensch; sanft und einsichtig schritt er zu blutigen Gewaltthaten, wenn sie ihm dienlich schienen. Für die korrekte und unverfrorene Durchführung dienten ihm jene hartgesottenen fashionablen Briganten, denen jede Rücksicht auf etwas anderes als ihren Vortheil eine wahre Lächerlichkeit schien. An der Spitze sein mütterlicher Halbbruder, der Sohn Hortensias und des Grafen Flahaut, äußerlich sein schöneres Ebenbild, Morny nämlich, das Muster eines Sacripant, un homme de sac et de corde, wie ihn einmal ein Freund des Kaisers nannte. Er kann für den Hauptorganisator des Staatsstreichs gelten. Es war eine Welt voll Bastarden. Neben dem kaiserlichen Bruder Morny der Sohn des ersten Napoleon Walewski, auch etwas napoleonischer Kopf von außen, aber nicht von innen, dessen natürliche Söhne mit der Schauspielerin Rachel wieder zu Grafen von Etioles gemacht wurden. Daneben der natürliche Sohn des Königs von Westfalen Jérôme David, korsikanische Maske und korsikanische Natur. Auch in den Ministerien, z. B. der Finanzen, gab es Dynastien natürlicher Abstammung. Die Persigny, Fleury, St. Arnaud, L'Espinasse — eine Gesellschaft auserlesener Art, stets bereit zu allen halsbrechenden Streichen gegen Gott und Menschheit und mit unersättlichem Geldbedürfnis; auch der Marschall Magnan gehörte dazu, der mit Mirès Geschäfte machte, und vor allen Mocquard, des Kaisers Sekretär. Man kann annehmen, daß Morny und Mocquard seine beiden Hauptwerkzeuge waren, der eine für die That, der andere für die Feder; am Tage des jüngsten Gerichts möchte keiner von beiden dem andern etwas vorzuwerfen haben. Als Morny tot war, verlor der Kaiser die Steuerung; als Mocquard starb, verlor er den Stil. Der letztere, Unterpräfekt zur Zeit der Juli-Monarchie, war ein feiner Kopf, ein ausgezeichneter Lateiner und Grieche, ein Meister des Stils. Wie viele der großen Stilisten in Frankreich, hatte er den Grundsatz, nicht bloß selbst seine Aufsätze unzählige Mal zu überlesen, sondern auch nie etwas zu veröffentlichen, ohne es von einem Dritten durchsehen zu lassen. (Man sagt: Ernst Renan korrigiere seine Druckbogen zuweilen vierzehnmal). Mocquard prüfte alles, was Napoleon machte, und verbesserte mit dem größten Freimut. Nur an seine Hauptideen ließ der Verfasser nicht rühren.

Persigny, der eigentliche Prophet der Gesellschaft, war in dieser Eigenschaft auch ein bischen verrückt. Von Zeit zu Zeit, wenn ein extravagantes Vorgehen angezeigt war, holte man ihn herbei; machte er es dann zu bunt, so wurde er wieder auf sein Schloß Chamarande geschickt, das der Kaiser drei- oder viermal bezahlte, und das noch nicht bezahlt war, als der Duc starb. Dieser konnte sich wälzen vor Lachen, wenn er schilderte, wie man es angefangen, um die Republik in den Sack zu stecken. „Um diese Zeit — erzählte er einmal — brauchten wir besonders Generale, die uns helfen sollten. Ich ging eines Tags aus dem Elysée hinaus, gerade in Gedanken versunken, wo ich einen höheren Offizier erkunden könnte, der sich uns verkaufen möchte. So schlenderte ich das Wasser entlang, als auf einmal der General Regnaud de St. Angély auf mich zukam. Ich blieb bei ihm stehen und fing ein Geplauder an. Er sprach mir sehr sympathisch vom Präsidenten. Wie sich das trifft! rief ich aus, eben hat der Präsident beschlossen, Ihnen ein großes Kommando zu geben. Kommen sie gleich mit in den Palast. Gesagt, gethan. Nun handelte es sich aber darum, dem Prinzen im voraus beibringen zu lassen, daß er Regnaud ernannt habe, ehe ich mit demselben vor ihm erschien. Es gelang mir, ihn in den Vorzimmern zu verlieren, und erst wiederzufinden, als der Prinz verständigt war." Regnaud hieß übrigens ganz einfach Regnaud und war aus dem Dorfe St. Angély gebürtig. Ein Pariser Holzhändler desselben Namens, aus demselben Dorfe, hielt es nicht für schädlich noch verboten, seine Firma gleichen Inhalts auf seinen Karren zu setzen. Die Gerichte, welche der General anrief, legten sich aber dazwischen und erklärten: ein Holzhändler dürfe sich nicht nach seinem Dorfe nennen.

IV.

Heute glauben wenig Unbefangene mehr an die Schätze, welche Louis Napoleon in England und Amerika aufgehäuft haben sollte. Wer annähernd die richtige Vorstellung von seinem Wesen hatte, konnte diesen Angaben niemals innere Wahrscheinlichkeit einräumen. Er war kein Haushälter und kein Rechner. Darum saß Achille Fould als Finanzminister so fest bei ihm, der ihn der Mühen und der Langweile des ziffermäßigen Einsehens überhob. Fould wußte immer Mittel herbeizuschaffen; nach dessen Tod nahmen die Verlegenheiten der Zivilliste manchmal einen akuten Charakter an. Sie lief stetig ihren Einnahmsterminen mit ihren Ausgaben voraus, und mehr als einmal wußte der Beamte des Privatschatzes sich keinen Rat, wenn der Kaiser auf ihn anwies. Er gab gern und leicht bis zur Schwäche, wie jemand, dem Geld nur eine Nebensache ist, und der nie darum gearbeitet hat. Gegen seine Umgebung war er weich, liebenswürdig und anspruchslos; jemanden aus seinem Dienst zu entlassen, war ihm entsetzlich unangenehm; er entschloß sich nur im unvermeidlichsten Fall dazu. Die Dienerschaft betete ihn an; Eugenie soll sich nicht des Gleichen rühmen können, behauptet die Chronik. Von Mocquard ließ er sich am meisten gefallen, manchmal wahre Unschicklichkeiten. Für geleistete Dienste blieb er lebhaft dankbar. Nur den Hauptdienst, den ihm Ludwig Philipp geleistet hatte, als er ihn nicht erschießen ließ, hat er schlimm vergolten. Sobald es an die Staatsraison ging, gab es keine Skrupel, worin ihm wohl die meisten Gewaltigen der Erde von jeher ähnlich waren. Zu Arenenberg, als er noch ein Knabe war, nannte ihn seine Mutter: mon doux entêté, mein sanfter Hartkopf. Menschenkenntnis hatte er wenig, Menschenverachtung ziemlich viel, aber vor Gelehrsamkeit und Kunst aufrichtigen Respekt, doch guten Geschmack im höheren Sinne gar nicht, für Musik totale Unempfindlichkeit. Die gemeinsten Witzstücke des Palais Royal wurden in den kaiserlichen Schlössern aufgeführt und mit dem größten Erfolg. Seine Menschenverachtung entsprang vornehmlich dem Umgang mit dem abenteuerlichen Gelichter, unter dem er sich namentlich in London umhergetrieben, und das er für seine halsbrechenden Unternehmungen brauchte. Alle staken vor dem Staatsstreich in Schulden und waren nach demselben nicht satt zu machen. Mit Geldspenden allein war da nicht auszukommen, keine Zivilliste und keine Bestallung hätte für den Durst der Bande ausgereicht. Das Konzessionswesen allein konnte helfen, indem es eine Schleuse von der Börse in den Palast legte. Das war ein Gründen sondergleichen. Es gab eine Zeit, da jedes neue Unternehmen, Eisenbahn, Kanal, Docks, Straßen u. s. w. mit einem Prolog anhob, gesprochen von einem eleganten Herrn oder oft auch von einer eleganten Dame: „Mein Herr, der Kaiser, möchte mich gern eine Million oder zwei verdienen lassen, und hat mir beigehende Konzession überlassen." Uebrigens hat die große und kleine Gesellschaft in Frankreich von jeher solche finanzielle Staatskünste mit Virtuosität praktiziert, unter den Boubonen wie unter Gambetta in Tours und Bordeaux; das ganze System der Schutzzölle und namentlich der darauf basierten Rückvergütungen ist die organisierte Hintergehung des Fiskus durch die großen Fabrikanten. Die Kunst der Zuckerfabrikation besteht in der Geschicklichkeit mehr Rückvergütung für Zoll zu erzielen als man ausgelegt hat, und wenn erst einmal das Thierssche System durchgeführt wäre, allen Rohstoffen Zölle aufzulegen und allen verarbeiteten Waaren bei der Ausfuhr sie wieder zu erstatten, so würde man seine Wunder an Ausbeutung des Staates durch die Industrie erleben. Im Sinne des Schutzzolles ist dieses auch gar kein Betrug, sondern die Art, wie Handel und Wandel begünstigt werden müssen. So dachte man im Palast von den Leuten, welchen das Geld im Konzessionswege geschenkt wurde, und die es in bunter Weise verpraßten. Der Ladenbesitzer denkt noch heute nicht anders und sagt: ça fait marcher le commerce, das bringt das Geld unter die Leute.

Mit dem Mangel an Sinn fürs Detail hing es zusammen, daß dem Neffen die große und wertvolle Kunst versagt war, welche der Onkel so geschickt handhabte. Er verstand gar nicht, zu fragen. Wenn der Alte an einen neuen Ort oder über einen neuen Menschen herkam, so prasselte ein Donnerwetter von Fragen herab, eine schärfer als die andere, geradezu auf den entscheidenden Punkt losgehend. Der Neffe rauchte, drehte seinen Schnurrbart, hörte zu, wenn man sprach und wenn man nicht sprach. So kam es ihm auch nicht darauf an, daß ein Mann gerade an den Platz gesetzt ward, zu dem er durch Spezialkennisse paßte. Rouland, der ein ausgezeichneter Jurist ist, ward alles, nur nie Justizminister. Leute, die vieles zugleich verstehen und zu expediren wissen, entsprachen daher am meisten seinen Bedürfnissen. Das Ideal eines solchen Menschen war Rouher, der von 1848 bis 1870 bald in dieser, bald in jener Eigenschaft ihm diente. Rouher ist ein ausgezeichneter Geschäftsmann, der alles beim ersten Wort kapiert, eine echt französische, behende, man möchte sagen fingerfertige Intelligenz, dabei eine riesige Arbeitskraft und die Urform der advokatischen Beredsamkeit, stets bereit mit kaltem Blute das heißeste Pathos ausströmen zu lassen, schlagfertig, bombastisch; war die Sache recht schlecht, dann strotzte er von Anmaßung und betäubte mit Poltern. Er war immer ein Anhänger des Friedens und vorsichtiger Politik, die zu Fuße geht. Siegte aber die Kriegspartei, so hatte er unter seinem Gepäck natürlich auch eine Trompete für diesen Fall. Mit welcher Sicherheit hat er die trostlose mexikanische Expedition verteidigt, verherrlicht bis zuletzt! Wäre er an der Spitze des Kabinets geblieben, er hätte vielleicht den David, Gramont und Cassagnac den Bruch mit Deutschland erschwert. Als der Krieg entschieden war, hielt er die Anrede, welche den Spaziergang nach Berlin prophezeite. In den letzten Jahren seines Ministeriums war er dem Kaiser weniger angenehm als früher. Er hatte sich mit Würden gesättigt und das Regieren so sich zur zweiten Natur gemacht, daß er unbequem für andere und zu bequem für sich selbst wurde. Man nannte ihn den Vizekaiser. Napoleon und mancher seiner Ergebenen fingen an, ihn mit unliebsamen Empfindungen zu betrachten, und das erleichterte Olliviers Emporkommen.

Wenn der Kaiser etwas wollte, was Rouher nicht zusagte, so ließ er es nach Möglichkeit hängen und in der Ausführung auf Abwege geraten. Mag er sich herausziehen (qu'il s'en tire!), warf er dann manchmal ungeduldig hin. Von allen Grundpfeilern des zweiten Empire war er einer der solidesten, und er ist unter den Getreuen der einzige Mensch von Wert und großer Nützlichkeit, der den Kaiser überlebt. Dabei hat er in Geldsachen sich nie eine Blöße gegeben — ein Punkt, in dem auch der Sohn Jérôme's, Plonplon, sich immer rein gehalten hat.

Louis Napoleon brauchte Leute, die für ihn arbeiteten und redeten, und besonders auch solche, die ihn mit ihrer Verantwortlichkeit deckten. Wohl führte er in Paradereden die Phrase von seiner eigenen und alleinigen Verantwortlichkeit im Munde, aber er war in Wirklichkeit äußerst empfindlich für ein Mißlingen und sehr dankbar, wenn sich jemand für ihn in die Bresche stellte. Das war Haußmanns große Tugend in seinen Augen. Paris mit reißender Schnelligkeit in höchster Vollendung und Pracht auszustatten, lag ihm gewaltig am Herzen. So geduldig er sonst sein konnte, hier ging es ihm nie schnell genug. Wurde dann einmal ein Gottesgericht gegen die Janitscharenherrschaft in den städtischen Finanzen losgelassen, so stellte sich Hausmann vor den Riß und nahm alles auf sein Haupt. Dafür durfte er sich nach allen Richtungen hin schadlos halten.

So wenig wie der Kaiser zu fragen verstand, so wenig verstand er zu diskutieren; er hegte und pflegte seine Ideen im Stillen, dialektische Mittel hatte er nicht für sie übrig. Das brachte ihn auch mehr unter den Pantoffel, als man hätte annehmen sollen. Die Störung seiner Beschaulichkeit mit Erklärungen, die man ihm abnötigen wollte, war ihm gehässig, und wenn ihm — wie nicht gar zu selten — eine Szene gemacht wurde, versuchte er, durch Nachgeben sich Ruhe zu schaffen. Auf einer Reise in Algier soll er zu seinen Adjutanten gesagt haben: „Ach, wie wohl ist mir ohne Frau und ohne Minister zu sein!" Aus den Skandalpapieren, welche nach dem 4. September veröffentlicht wurden, hat die Welt erfahren, wie unschuldig er sich von Marguerite Bellanger, einer Pariser Tapezierersfrau, hatte einfangen lassen, und welche häuslichen Stürme er dafür zu bestehen hatte. Zwei- oder dreimal endeten diese Stürme mit einer stillosen Flucht der Gattin nach England, Schwalbach u. s. w. Ihr politischer Einfluß erfuhr im Laufe der Jahre eher Steigerung als Sinken. An Mexiko und Sedan hat sie wohl ihre moralische Mitschuld. Ersteres hatte aber zunächst einen ganz praktischen Ausgangspunkt, die gemeinsame Spekulation Morny's und Jeckers. Erst als Juarez sich weigerte, die Millionen fiktiver Schuldscheine zu bezahlen, ward der Plan zu einer politischen Aktion entworfen. Einige mexikanische Familien, z. B. die Errazu, welche intim mit der Kaiserin waren, unterstützten Almonte in dem leichtsinnigen Gerede, daß man das Land im Flug erobern werde, und Napoleon ließ sich überreden. Der Grundgedanke, der alle anderen Berechnungen dabei durchzog, war der Glaube an den Sieg der amerikanischen Südstaaten, unklare Wahrscheinlichkeitsberechnungen, wie sie auch dem Krieg gegen Deutschland vorangingen.

Louis Napoleon empfand weder Haß noch Verachtung für fremde Nationen. Darin besaß er entschieden einen freieren Blick als seine Unterthanen, schon auf Grund des Vorzugs, mit den Sprachen und dem Leben anderer Völker näher vertraut zu sein. Die geschichtliche Kritik wird es sicherlich nicht übernehmen, den offenen und brutalen Rechtsbruch zu verteidigen, durch den er sich des Thrones bemächtigt hat. Jede Erörterung seines Charakters als Mensch und Regent kann erst einsetzen an der Stelle, wo dieser Akt als ein Gegebenes angesehen und daran die Frage gereiht wird: ob er, von dem verhängnisvollen Fundament aus, auf dem er stand, sich schlimmer bewährt habe als, mit der Last solcher Vergangenheit beladen, unvermeidlich war. So betrachtet, darf er vielleicht hoffen, vor dem Urteil der Geschichte der äußersten Verdammnis zu entgehen, welcher ein Teil seiner Zeitgenossen ihn überliefern will. Daß es ihm noch mehr auf den Schein hoher Verdienste im Regiment als auf die Wirklichkeit ankam, ist nicht zu bezweifeln; doch fehlt es nicht an Anhaltspunkten für die Vermutung, daß er gern auch den sachlichen Nutzen gestiftet hätte. Jede Regierung in Frankreich ist verurteilt, eine militierende Partei zu sein und aller Kunstgriffe sich zu bedienen, mit denen ihr auch der Gegner zu Leibe geht. Wer den Staatsstreich unternahm, konnte sich nicht einbilden, daß er sich behaupten werde, wenn er die Presse und das Stimmrecht frei walten lasse: Was die Rechte noch jüngst von Thiers verlangte, ein streitbares Regiment, un gouvernement de combat, dies war Napoleons zugewogenes Teil. Gewalt, Knebelung, Korruption waren davon untrennbar. Aber man wird noch nicht behaupten können, daß mit Wollust oder Grausamkeit mehr gewütet worden sei, als nötig war, um die Frucht der Erbsünde, des Staatsstreichs nämlich, in Händen zu behalten. Nach dem 2. Dezember, nach dem Orsinischen Komplott ward ein Schreckensregiment geführt, wie es der eigene Schrecken immer eingiebt; die cynischen Genossen des Staatsstreichs beuteten solche Momente aus, um ihre Macht und Sicherheit zu stärken. Doch kehrte immer wieder die Neigung zurück, es mit gelinderer Herrschaft zu versuchen, die schließlich auch den Untergang beschleunigte. In seinem Privatcharakter war Louis Napoleon sanfteren Regungen entschieden zugänglich: Rachsucht, Bosheit, Grausamkeit lagen seinem Wesen ganz fern; gegen die, welche im Palast oder in den Staatsgeschäften mit ihm zu thun hatten, ließ er sich nie hartes oder übermütiges Benehmen zu Schulden kommen. Mangel an moralischem Mut läuft bei solchem Verhalten allerdings nicht selten mit unter. Es giebt Menschen, die, ohne gütig zu sein, niemandem etwas Unangenehmes ins Gesicht sagen können. So kam es auch hier vor, daß der Kaiser des Abends noch freundschaftlich mit einem Minister verkehrt hatte, welcher des andern Morgens in einem Handbillet die Aufforderung erhielt, seine Entlassung zu verlangen. Einmal passierte dies sogar dem nützlichen und ergebenen Fould.

An allgemeinen Gesichtspunkten hat es dem kaiserlichen Regierungssystem nicht gefehlt; es produzierte deren eher zu viele, denn alles und jedes war mit Dilettantismus und Charlatanerie vermengt. Bald die Ideen Napoleons des Ersten, bald europäische Entwaffnung; bald Entfesselung der Agiotage, bald soziale Arbeiterpolitik; bald Nationalität, bald Eroberung; bald Italien, bald Papst — so stak in dieser Regierung zuletzt immer der Journalist, der für jegliche Situation seinen Leitartikel zu schmieden bereit ist. Zu kleinen sozialen Experimenten hatte er immer mehr Lust als seine Minister; er fand, daß sie alle, sogar Morny, mehr „Bourgeois" seien als er.*)

*) Eine ihrer Zeit für wohl beglaubigt angenommene Anekdote erzählte, der Kaiser hätte eines Tages im Kreise seiner Vertrauten gesagt: „An meinem Hofe sieht es sonderbar aus: Die Kaiserin ist legitimistisch gesinnt, Morny orleanistisch, ich selbst bin eigentlich Republikaner, nur Persigny ist Bonapartist."

Das Schwierigste, was ihm gelungen, ist nicht sowohl der Staatsstreich als die fünfzehn Jahre machtvoller Herrschaft, welche darauf folgten. Mit Hilfe der heutigen französischen Zustände können wir uns erst recht lebhaft eine Vorstellung von der Ratlosigkeit der Lage zur Zeit der zweiten Republik machen. Man denke sich das rein persönliche Gezänke der Parteien der Gegenwart ohne einen Mittelpunkt wie Thiers, ohne die Fremden im Lande, ohne den Belagerungszustand in der Hälfte der Departements, und man kann sich denken, wie der bürgerliche Ordnungsmensch bereit war, sich Einem in die Arme zu werfen, welcher der Sache ein Ende machte, indem er sich die Kaiserkrone aufs Haupt setzte, welche ihm durch die Wahl vom 10. Dezember 1848 faktisch angeboten war. Napoleon war gewählt worden als Neffe des Kaisers. Die Legende lebte und wäre nicht so bald umzubringen gewesen ohne eine zweite Niederlage in Fleisch und Blut. Hätte Frankreich nicht sein zweites Empire von 1850 bis 1870 bekommen, so hätte es sich dasselbe ein anderes Mal gesucht; der Glaube mußte sich ausleben, das Land war davon durchsättigt. Man weiß, was Louis Philipp selbst alles gethan, um diesen seinen Feind durch Schonung groß zu ziehen, weil er dessen Macht fühlte. In die Verschwörung von Straßburg waren eine Menge Generale und höhere Offiziere verwickelt, der König drückte die Augen zu, um nicht sehen zu müssen, mit wie vielen Verrätern er umgeben war. Den General Excelmans, seinen Adjutanten, der sich beinahe selbst denunziert, machte er zum Pair, und nach allen Komplotten ließ er schließlich noch durch seinen Sohn die Asche von St. Helena holen. Diesen tiefsitzenden Glauben an den Ruhmes- und Soldatenkaiser dem französischen Bürger und Bauer auszutreiben, war in der That ein historischer

Beruf, und vielleicht ist bei Sedan ausgetilgt worden, was nach Leipzig und Waterloo zurückgeblieben war.*)

Von Anfang bis zu Ende hat das Verhängnis den ihm Verfallenen ganz korrekt überall hin verfolgt in Gestalt seiner ersten Gewaltstreiche. Er konnte keine Freiheit geben, weil auch nach zwanzig Jahren seine und des Landes Ohren noch nicht die offene Kritik jener Anfänge und die der dabei beteiligten Personen vertrugen. Ist es erlaubt nachzurechnen, wie viel der Einzelne auf die Verkettung der Begebenheiten einzuwirken vermocht hat, so kann man wohl sagen, daß Thiers und die Leute, welche nach langem Harren an des Kaisers Stelle gekommen sind, einen Teil ihres Erfolges jenem Henri Rochefort verdanken, den sie jetzt nach Neu-Caledonien schicken. Seine „Laterne" und das Buch von Thenot über den Staatsstreich haben vielleicht am meisten dazu beigetragen, daß Napoleon in dem Versuch sich einschüchtern ließ, mit freierem Regiment zu wirtschaften, in dem er nur von dem schwachen Ollivier und zweideutigen Orleanisten sekundiert wurde. Hätte er drei bis vier Jahre lang ausgehalten, daß das öffentliche Gehör am Durchhecheln seines alten Sündenregisters sich abstumpfte, so war vielleicht — freilich nur vielleicht — seine Herrschaft bei freier Diskussion nicht länger unmöglich. Aber die Camarilla fand dabei nicht ihre Rechnung und hatte keinen Glauben an eine solche Möglichkeit. Sie machte den schwachen Friedens-Ollivier zum Narren und drängte den Kaiser in den Krieg, von dem seit langen, langen Jahren mit stiller Brunst das Geflüster umgegangen war. Unzählige Mal war einem zugebracht worden, daß bereits alle Offiziere ihre Kampagnepferde gekauft hätten.

*) Aber doch jetzt, 1893, im Theater und in der Litteratur abermals eine Auferstehung erlebt.

Im Mai 1869 müssen die Aussichten sehr blühend gewesen sein. Ich finde in meinen Notizen die authentische Mitteilung verzeichnet, daß große Personnagen vom Hof systematisch ungeheure Verkäufe an der Börse machen ließen und Auftrag gaben, sie mit den stärksten Opfern offen zu halten, weil diesmal der bewußte Krieg unfehlbar kommen müsse. Endlich kam er. Noch jüngst sagte ein deutscher Parlamentsredner, dieser Krieg sei seit zwanzig Jahren das Ziel gewesen, auf das Napoleon losging. Mit besserm Recht könnte man sagen: zwanzig Jahre lang hat sich Louis Napoleon gegen die Versuchung dieses Krieges gewehrt, den ihm das Land in die Wiege gelegt hatte, und den ihn seine Umgebung unablässig in die Ohren schrie. Krankheiten, wie die, welcher er unterlag, brechen die moralische Kraft des Menschen. Er hatte seinen eigenen Willen verloren, als er sich in diesen Krieg begab, und er ließ sich vom Thron gleiten in demselben träumerischen Fatalismus, mit dem er ihn erstrebt und behauptet hatte. Nach abermals zwanzig Jahren, während deren Aumale oder Gambetta ihre Regierungsmoral und Regierungskunst an Frankreich werden erprobt haben, wird die Zeit gekommen sein, die Rechnung Napoleons III. endgiltig abzuschließen. So viel man vernehmen konnte, haben die bedeutenden Staatsmänner, welche ihn am Werk gesehen, Bismarck und Cavour inbegriffen, niemals so verächtlich über ihn abgeurteilt, wie die grimmen Scharfrichter, die jetzt auf ihren Nekrologen seinen Leichnam zum Galgen schleifen.

Eduard Lasker.*)

*) Rede gehalten in der Singakademie zu Berlin am Abend des Begräbnißtages, 28. Januar 1884.

Wer jene größte Bitternis im menschlichen Leben gekostet hat, daß der schwere Augenblick über ihn kam, da er zum letzten Male das Antlitz eines geliebten Menschen in sich aufzunehmen verlangte, wer jenes tiefschmerzliche Sehnen kennt, mit dem wir noch einmal in unser Auge die Züge eines Theuern, den uns der unerbittliche Tod entführt, festzusaugen verlangen, der weiß auch, daß, nachdem auf immer die Scheidewand getreten ist zwischen den Anblick des geliebten Wesens und unser Auge — daß dann von neuem der Wunsch, die Sehnsucht entsteht, uns ein festes Bild zu machen von den Zügen, die uns der Tod entrissen hat. Dann ruft menschliche Phantasie die Kunst, dann ruft sie Pinsel und Palette, Thon und Meißel herbei, um wenigstens im Abbild noch das sich zu bewahren, was der Kraft lebendiger Vorstellung festzuhalten versagt ist. Aber, wie wir die sichtbaren natürlichen Züge eines teuern Wesens festzuhalten verlangen, ganz so, vielleicht noch mehr, fühlen wir das Bedürfnis, auch den geistigen Inhalt, die Seele, den Kern, das ganze Wesen eines Menschen in dem Augenblicke, da er für immer von uns scheidet, vor uns hinzustellen, und diesem Bedürfnis Befriedigung zu verschaffen, darum, meine geehrten Versammelten, sind wir heute hierher gekommen. Möge es mir, so schwer die Aufgabe ist, so ungenügend ich meine Kräfte für dieses große Beginnen fühle, möge es mir gelingen, wenigstens aus dem Innersten meiner Empfindung und meines Denkens schöpfend, Ihnen in kurzen Zügen den Inhalt jenes reichen, großen Lebens für den Augenblick wieder vor die Seele zu führen, damit Sie den heutigen Tag nicht beschließen, ohne auch in dieser Weise sich ein Gemälde von dem bewahrt zu haben, von dem dieser Tag uns so schmerzlich getrennt hat. Zwar ein solches Bild ist heute morgen schon an uns vorübergezogen, ein Bild, in seiner Würdigkeit großartiger, mehr bedeutend als alles, was meine Worte sagen können: das Bild einer großen Bürgerschaft, einer politischen Gemeinschaft, einer ganz Deutschland in seinen edelsten Elementen vertretenden Begleitung, die andächtig diesem Zuge folgte, die andächtig sich um die Bahre sammelte. Einfach, ohne Gepränge, wie es ihm anstand, und namentlich ohne das offizielle Gepränge, von dem er stets sich fern gehalten hat und das wir auch heute, als es nicht seinem Sarge folgte, nicht vermißt haben, weil es nicht zu seinem Wesen gehörte, der ganz Bürger, ganz auf sich selbst gestellter Mann, ganz Volksvertreter war, der nie andere Stützen verlangte, als die, deren Rechte er vertrat. Möge es mir nun gelingen, vor allem den Menschen zu zeichnen, der so viele Herzen an sich zu fesseln vermochte.

Wenn ich mich frage, was wir heute mit unserm teuern Freunde in die Erde gelegt haben, so giebt mir mein Nachdenken vor allen Dingen die Antwort: es war ein Stück deutscher, vaterländischer Geschichte, und es war ein Stück der besten deutschen Geschichte, das wir heute zu Grabe geleiteten. Wo immer seit beinahe zwei Jahrzehnten Großes in Deutschland geleistet worden ist für das gemeinsame Ganze, da glänzte der Name Laskers in erster Reihe, da wurde auf seine Mitwirkung in erster Reihe gezählt. Jene Begeisterung, die das Volk zu großen Thaten führte, er hat an ihr mitgearbeitet, jene Ernte großer Thaten, die sich zu Ergebnissen fester Gebilde im deutschen Staatsleben herausarbeitete, sie trägt vor allem die Spuren der Hand dieses großen politischen Künstlers, der unser teurer Freund war. Er war es, der wohl mehr als irgend einer seiner Genossen so ununterbrochen, so allseitig thätig im Vordergrunde dieser politischen Wirksamkeit dastand. Vielleicht, daß einzelne seiner Freunde und Mitarbeiter in einzelnen Zweigen des politischen Berufs mehr geglänzt haben; einzelne mögen formvollere Beredsamkeit, andere eine strengere staatsmännische Haltung entfaltet haben; aber in allem zugleich so stetig wirksam, so immer und immer auf der Bresche, redend, arbeitend, schaffend, in der Volksvertretung wie im Volke selbst, vorarbeitend und nachsorgend, so mit allem untrennbar verknüpft in allen Fibern, wie er seit 1865 bis kurz vor seinem Tode mit dem öffentlichen Leben Deutschlands verbunden war, so, darf ich sagen, tritt mir auch bei allem Besinnen keine Figur aus unserm öffentlichen Leben entgegen. Wunderbarerweise haben wir es erleben müssen — und ich stehe ja da, um heute das Andenken dieses Mannes in allen Stücken wieder aufleben zu lassen, deswegen unterdrücke ich auch diesen Gedanken nicht — wunderbarerweise haben wir es erleben müssen, daß in den letzten Jahren der Kranz des Ruhmes, der so strahlend und blühend jahrelang auf seinem Haupt geprangt, ihm entrissen werden zu sollen schien. Zwar ist dies im Leben der Völker und im Walten der Volksgunst nichts Unerhörtes; wir dürfen uns hier nicht beklagen, da wir beim Nachschlagen in den Büchern der Geschichte nicht selten Aehnliches verzeichnet finden, und gewiß, er selbst war Kenner der politischen Dinge und Geschichte genug, um in jenen vielleicht prüfungsvollen Momenten, in denen er die Wendung der öffentlichen Gunst gewahren mochte, sich zu erinnern an Beispiele dieser Art. Dürfen wir doch z. B. daran gemahnen, daß in einem Lande von so viel höherer politischer Entwicklung, in Großbritannien, ein Mann, der ihm würdig, ja sogar in der Aktion noch bedeutsamer an die Seite gestellt werden kann, auch einmal diese Wendung der Volksgunst erlebt hat, Richard Cobden, der, ähnlich wie unser Freund, für die Rechte des Volkes in den Fragen der Ernährung gegenüber den Privilegien der Aristokratie seines Landes gekämpft hatte. Auch er mußte es nach zehn Jahren glänzender Triumphe erfahren, als er mit der kriegerischen Politik des mächtigen Palmerston nicht übereinstimmte, daß die Laune des Volks sich von ihm wendete. Und wie unser verewigter Freund bei den letzten Wahlen kein Mandat zum Hause der Abgeordneten Preußens, dessen Zierde er so lange gewesen war, erlangen konnte, so erging es auch Cobden. Im Jahre 1857 konnte er kein Mandat zum englischen Unterhause finden. Diese Wendung der öffentlichen Laune darf uns nicht betrüben, sie ist kein Makel an dem Bilde eines Mannes, der gewohnt war, in Sturm und Wetter auch die schweren Tage des öffentlichen Lebens kennen zu lernen. Doch was wir uns sagen müssen, das ist, daß ein Volk sich selber schwer verkennt, indem es vergißt, daß der Mann, dem es seine Gunst entzieht, ein Stück, wie ich vorhin sagte, nicht bloß seiner Geschichte gewesen, sondern seiner besten Geschichte, daß er dagestanden in den Reihen der Vordersten unter den Kämpfern und Arbeitern in der Zeit, da Deutschlands höchste und heiligste Wünsche ihre Erfüllung fanden; daß, wenn irgend einer, er es war, der die Fahne hinübertrug aus der halbhundertjährigen Zeit, da Deutschland nach der Verwirklichung seiner Ideale strebte, daß er die Fahne, auf welcher alle diese Ideale verzeichnet standen, hinübertrug in die neue Zeit des neuen Reiches. Und wenn ein solcher Mann verkannt wird, wenn versucht wird, ihm den Kranz des Ruhmes von der Stirn zu nehmen, dann reißt ein solches Volk sich selbst den Ruhmeskranz vom eigenen Haupte, dann verleugnet es seine eigene beste Geschichte.

Aber, meine werten Zuhörer, es war auch nur das Werk vorübergehender Trübung, wenn die öffentliche Meinung in ihrem Verhalten anzudeuten schien, daß die Anerkennung der großen Verdienste dieses großen Patrioten für immer in Verfall, in Vergessenheit geraten wäre. Der Tod ist ein großer Meister; indem er das Endliche am Leben vernichtet, erhebt er das Leben auch über die Befangenheit der zeitlichen Schranken, in denen es sich bewegte, er faßt es als Ganzes vor dem Auge der Ueberlebenden zusammen in einen Moment. Und dieses Meisterstück hat auch der Tod vollbracht, als die Kunde von jenseits des Ozeans zu uns herüberdrang: Lasker ist tot! In diesem Moment war die Wolke, die in den letzten Jahren sich auf Laskers Namen in einigen Schichten der Nation gelagert hatte, durchbrochen. Und wie dieser wehklagende Ruf und der Ruf der Bewunderung von jenseits des Ozeans herüberdrang, so drang auch durch das deutsche Volk von Nord nach Süd, von Ost nach West der Ruf der Teilnahme, der Dankbarkeit, der Bewunderung und der Trauer um Lasker. Und wir können wohl sagen, daß dieser Moment des Todes allein schon wieder die Gerechtigkeit hergestellt hat, die ihm eine Weile versagt zu sein schien.

Wohl hat heute an seiner Bahre jede amtliche Vertretung gefehlt; allein wir Deutschen haben glücklicherweise historischen Sinn genug, um nicht darin so lenkbar zu sein wie unsere Nachbarn, denen jede neue Regierung vorschreibt, daß die alten Namen alter Straßen und alter Gebäude verändert werden müssen nach jeder Laune der neuesten zur Herrschaft gekommenen Richtung. Wir lassen uns dergleichen nicht befehlen, und keine amtliche Enthaltsamkeit, keine Verleugnung von oben wird das deutsche Volk des Bewußtseins berauben, daß Eduard Lasker einen großen, unvergeßlichen und wohlverdienten Platz im schönsten Teile seiner Geschichte einnimmt. Und wenn wir es hätten vergessen können, meine verehrten Zuhörer, haben wir nicht eben durch den Ruf, der von jenseits des Ozeans zu uns herüberdrang, schon von selbst gewahrt, was die Geschichte einst urteilen wird? Ganz ähnlich, wie die Trennung in der Zeit, wirkt die Trennung im Raume. Wie wir sicher sein können, daß entfernte Geschlechter, frei vom Dunst der Vorurteile, der sich gesammelt über diesem ruhmvollen Haupte, ihm das Verdienst richtig zumessen werden, so haben wir schon dank der räumlichen Entfernung gewahrt, wie die Welt urteilt. Männer, die Deutschland ehren ohne Unterschied der Partei, die Deutschland lieben, die die innigsten Wünsche für Deutschland hegen, und die es aus eigener Erfahrung auf das genaueste kennen, Männer, wie Karl Schurz und Andrew White, der einst als Gesandter der Nordamerikanischen Staaten viele Jahre Berlin bewohnt und als Gelehrter wie als Staatsmann Deutschland zu würdigen gelernt hat, sie haben zuerst Zeugnis gegeben von Laskers Universalruhm; und der Kongreß der amerikanischen Repräsentanten — denen, wie ich glaube, Deutschlands freigesinnte Männer hier ihren Dank durch meinen Mund aussprechen dürfen — dieser Kongreß hat in dem ehrenvollen Votum, welches er zum Andenken unseres Freundes abgab, uns gezeigt, wie nicht nur die räumlich, sondern auch die zeitlich entfernte Welt, die Nachwelt, über ihn urteilen wird.

Und wie sollte es anders sein! wie sollten, wenn wir das Wirken des Mannes, ich meine seine Wirkung auf seine Mitbürger, uns in Erinnerung rufen, wie sollten wir anders dies uns erklären, als dadurch, daß auch er aus dem innersten und besten Herzen der deutschen Nation heraus zu sprechen und zu handeln wußte. O, er war nicht angethan mit den Mitteln des Volksverführers, niemand konnte weniger von einem Demagogen an sich haben, niemandem war weniger das wilde Element verwandt, welches die Leidenschaften einer leichtbeweglichen Menge durch das Blendwerk der Rede mit sich fortreißt. Nichts ebnete ihm von Hause aus die Wege, nichts unterstützte ihn äußerlich in seiner Wirkung auf die Welt; er hatte nichts weniger als jenen Vorzug aristokratischer Geburt, die noch in Deutschland zu besonderer Gunst leicht verhilft. Was er hatte, was ihm die Herzen gewann, was machte, daß sein Wort mehr galt als das Wort von Tausenden, das war, daß er aus dem Innern eines ganzen Volks heraus sprach; das machte ihn gewaltig, und es giebt nur diese eine wahrhafte Redegewalt; ein Redner kann bestechen, kann gefallen; aber wer über ein Jahrzent lang die Sinne, die Gedanken, die Entschlüsse und die Anschauungen seiner Mitbürger bestimmt, dem gelingt es nur dadurch, daß er eins mit ihnen ist, daß er in dem tiefsten Grunde ihrer Seele gelesen hat und das Wort immer auszulösen vermag, das ihnen ungelöst vor ihren Gedanken schwebte. Das war seine Kunst, das sein Geheimnis; nicht er, die deutsche Nation in ihrer Mehrheit hat mehr als zehn Jahre lang durch seinen Mund gesprochen. Und wenn ich noch Eins herbeiführen darf zur Erklärung des unwiderstehlichen Zaubers, den er so lange ausgeübt hat im Kreise der höchsten politischen Körperschaften, wie in der großen Menge populärer Versammlungen, so war es, daß jeglicher von ihm das Gefühl hatte: hier ist ein vollkommenes Zusammenstimmen von Sein, Denken und Handeln. Die volle Ein=

heit des Wesens, jener tiefe Ernst, der jedes Wort und jede Handlung zum Ausdruck dessen machte, was in der Seele des Mannes lebte, das war es, was ihm Gewalt über die andern gab; denn dafür hat das Ohr und das Auge des öffentlichen Lebens einen gar feinen Sinn; es läßt sich bestimmen von Manchen, denen Geistesgaben, denen Klugheit und Gewandtheit behülflich sind, und die vielleicht im Innern, verzeihlicher- und begreiflicherweise, nicht immer frei sind von jenen Anwandlungen der Selbstironie, die an den Dingen, und gerade an denen des öffentlichen Lebens, auch die andere, die Schattenseite sehen; — aber so war er nicht, er ging ganz auf in dem, was er wollte und was er sagte, hier gab es keine Zweiheit, keinen doppelten Gedanken, alles war eins und identisch in ihm, und das war die wahre Kraft, durch die er die Meinungen und die Sinne seiner Mitbürger bezwang, das Vertrauen derselben gewann, welches man nicht erschleicht zehn Jahre lang, welches man nicht durch Berückung sich erwirbt, sondern dadurch, daß man die volle Einsicht und die volle Ernsthaftigkeit hat für des Volkes Wirken und Streben.

Noch Eines lassen Sie mich aussprechen, denn ich habe mir bei der Schwierigkeit der Aufgabe, die mir die Freunde heute auferlegten, gesagt: ich will bei dem Bilde, das ich zu zeichnen unternehme, auch nicht der Gefahr erliegen, daß ich etwas der Wirkung oder der Stimmung zu Liebe verschönere; er hat der guten und der schönen Seiten, der herrlichen Eigenschaften so viele geboten, daß ihm Unrecht gethan wäre, wenn man eine Kritik herausfordern wollte dadurch, daß man sich von der strengen Wahrheit entfernte. Wir wollen ihn ganz vor uns sehen, auch mit dem, was hier oder da sich weniger glänzend ausnehmen könnte. Doch, was ich jetzt von ihm schildern will, was eine so sehr anziehende Kraft auf die Nation ausübte, mag kaum als eine Unvollkommenheit angesehen werden: es war dies jene eigentümliche Mischung des kleinlebigen Daseins mit großen Geistesthaten, welche, wenn mich nicht alles trügt, überhaupt das Abzeichen des deutschen Lebens ist; das deutsche Leben, welches gipfelt in der gelehrten Forschung, in dem wissenschaftlichen Denken und in der Hingebung fürs Vaterland, es hat von jeher diesen eigentümlichen Charakter an sich getragen, daß große Geistesthaten vollbracht wurden von Männern, die nichts verlangten, als dem erhabenen Geist der Wissenschaft und des Vaterlandes zu dienen, ohne dafür einen Anteil an der Macht und Herrlichkeit der praktischen Welt zu begehren. Dies Gepräge des deutschen Lebens, das vielleicht noch zu sehr auch unserm politischen Leben aufgedrückt ist, dies Gepräge trug Lasker ganz in seinem Wesen. Es hatte etwas Rührendes — und dies Rührende gewann ihm die Herzen der Menschen — es hatte etwas Rührendes, diesen, wie ja heute schon von anderen Rednern gesagt worden ist, kindlich anspruchslosen Menschen bald als einen streitbaren Kämpfer in schwerer Rüstung den höchstgestellten und gewichtigsten Männern des Staates mutig entgegentreten, und bald wieder in der harmlosesten Form der bescheidenen Lebensführung mit seinen Mitbürgern verkehren zu sehen. Dies ist ja noch das Siegel unseres deutschen öffentlichen Lebens vielleicht zu sehr, daß das Volk und seine Vertreter noch nicht gelernt haben, sich den praktischen Anteil an der Leitung der Staatsgeschäfte zu vindizieren, der jedem politisch freien Volk gebührt; daß sie zufrieden sind, wenn sie die geistige Arbeit gethan, wenn sie ihr Blut auf dem Schlachtfelde gelassen, wenn sie in der Gesetzgebung sich, wie unser hingeschiedener Freund, zu Tode gearbeitet haben; daß die Ernte an Macht und die Verfügung über den Staat denen bleibt, die durch irgend ein Privilegium der Stellung von jeher die Staatsmacht in Deutschland einseitig in Händen gehabt haben. Diese eigentümliche Mischung von kleinbescheidenem Wesen mit hohen, ernsten, kühnen Aspirationen und Triumphen, diese war es, die Lasker während eines Jahrzehnts, man darf es ohne Uebertreibung sagen, in weiten, weiten Gebieten des deutschen Vaterlandes zum Liebling der Nation gemacht hat.

Und wenn ich nun frage, was war der Kern dieses Kämpfers, dieses Mannes, der sich so hervorthat in Staat und Volk? Ich möchte nicht sagen, daß er eigentlich das war, was man einen Mann der Freiheit nennt, auch nicht „der Mann des Volkes" deckt und erschöpft den Begriff. Ganz gewiß, von beiden war viel, ein gut und reichlich Teil in ihm; aber wenn ich aufgefordert würde, mit einem einzigen Worte den Mann zu zeichnen, die Flamme, die am stärksten in ihm loderte und von Grund aus der spiritus rector seines ganzen Denkens und Thuns war, wenn ich dies nennen sollte, so würde ich sagen: Er war ein Mann des Rechts! Recht und Gerechtigkeit, das war die Gottheit, die in seiner Seele lebte, aus der sein ganzes Thun und sein ganzes Denken und Wirken zu begreifen war. Ich selbst fand dieser Tage in den Aufzeichnungen, die ich nachschlug, um mir diesen reichen Lebenslauf wieder zu vergegenwärtigen, die ersten Spuren seines öffentlichen Auftretens verzeichnet, und ich fand sie in einem Akt der Vindikation des Rechts und der Gerechtigkeit. Es handelte sich darum, in einem Berliner Wahlbezirke einen liberalen Kandidaten für das Abgeordnetenhaus zu Anfang des Jahres 1865 aufzustellen; vorgeschlagen war ein Staatsanwalt mit Namen Schwarck. Da trat aus der Versammlung ein noch von niemand gekannter, unscheinbarer Mann auf und opponierte gegen diese Ernennung; er brachte in Erinnerung, daß der Kandidat im Prozeß Stieber eine eigentümliche Rolle gespielt hatte, er stellte ihn zur Rede vor der Versammlung; mit der ganzen Schärfe und Behendigkeit seines juristischen Vermögens nahm er ihn in ein Kreuzverhör, und der Erfolg war, daß nicht mehr als drei oder vier Stimmen für diesen Kandidaten abgegeben wurden, der intakt in die Versammlung getreten war; ein erster Akt zur Sühne der öffentlichen Gerechtigkeit war es, mit dem unser Freund im öffentlichen Leben debütierte, und diesem Berufe ist er treu geblieben bis zu seinem Ende.

Und so auch ist die größte und unvergessenste That, mit der sein Wirken eingeschrieben ist in das Buch deutscher Geschichte, die Herstellung einer einheitlichen und gemeinschaftlichen Rechtsgesetzgebung. Er war es, der im Bunde mit Miquel den Antrag stellte auf Ausarbeitung eines gemeinsamen deutschen Rechtsgesetzes, von dem ein beträchtlicher Teil schon vollendet ins Leben getreten ist und an dessen Rest unablässig fortgearbeitet wird. Mögen wir an dem, was bereits fertig ist, dies und jenes auszusetzen haben, so ist es doch, auch wenn es Fehler in sich bergen sollte, eine große Eroberung für die ganze Nation, die wahre einigende Klammer derselben; und selbst mit Mängeln behaftet, wäre es immer noch besser als eine Menge selbst besserer kleiner Einzelgesetzgebungen.

Und nicht bloß in der Rechtsgesetzgebung wollte er Gerechtigkeit dem Volke sichern. Es ging sein Sehnen darin noch weiter; ja er legte das eigentliche Schwergewicht seines Berufes, zu kämpfen für die Herstellung der Gerechtigkeit, nicht so sehr in die Rechtsprechung, als er sie legte in die Gerechtigkeit auf allen Wegen der Verwaltung. Er war der erbittertste, unerbittlichste Feind dessen, was man den Polizeistaat nennt. Die Willkür der Verwaltung war es, die am meisten zu bekriegen er für seine Aufgabe hielt, und darum legte er noch viel mehr Gewicht als auf Rechtsgesetzgebung auf die Herstellung der Provinzial- und Kreisverfassung, in der er nach seinem Sinne hinter jedem Akt der Verwaltung auch eine Berufung, einen Weg des Rechts und der Gerechtigkeit erschließen wollte. Ich erinnere mich noch sehr gut der Zeit, da er hoffnungsvoll an dieser Arbeit thätig war, da er unermüdlich bis zur Uebersättigung der Freunde die Herrlichkeit eines solchen Zieles darstellen konnte: daß niemand von irgendwelcher Behörde ein Unrecht sich brauchte gefallen zu lassen, daß überall der Weg des Rechts im Verkehr, in der Verwaltung den Behörden gegenüber gesichert sein sollte. In jenen langen, ernsten Studien, denen er in England obgelegen, hatte er diesen Geist des Rechts gerade in Sachen der Verwaltung in sich aufgenommen. Sein Ideal war, daß jeder von sich sagen könne: in keinem Falle bin ich der Willkür ausgesetzt. Er hatte sich vollgesogen mit diesem Gedanken.

Natürlich war auch, daß er bei diesem Drange, der ihn so ganz erfüllte, nicht frei von derjenigen Uebertreibung blieb, welche einen Menschen überkommt, wenn er mit seinem ganzen Eifer sich einer Sache hingiebt. Er war ein Mann der Gerechtigkeit und des Rechts, er hatte einen Zug, den man in Erinnerung an eine klassische Figur den aristidischen nennen könnte, einen Zug jener Sinnesart, die überall in den verschlungenen Wegen des Lebens allzu sehr die gerade Linie des Rechts angewendet zu sehen verlangt. Er hatte sich aus dieser Anschauung des Rechts, und nicht immer würdigend die Anforderungen des Lebens, nicht bloß das Ideal eines Rechtsstaats, er hatte sich auch das Ideal eines Richters 'gebildet, und er war geneigt, diesen Richter in einem Lichte zu sehen, das in ihm wohl loderte und leuchtete, das aber von jedem Richter, der auch nur Mensch ist wie andere Menschen, zu verlangen zu viel wäre. Wenn irgend eine Täuschung in seinem öffentlichen Wirken mit unterlief, so war es vielleicht diese Ueberschätzung der richterlichen Geisteskraft, — nicht der richterlichen Unbestechlichkeit, denn ich glaube, wir dürfen sagen, daß es keinen reinern und makellosern Richterstand giebt als den unserigen; aber die Geistesschärfe, die Geisteskraft, die Unabhängigkeit des Denkens, die zu einem unfehlbaren Richter gehören, sie wurden als thatsächlich bestehend von ihm vorausgesetzt in einem Grade, welchem die Wirklichkeit nicht entsprechen kann. Hier vielleicht sind Spuren seiner Wirksamkeit in der Gesetzgebung, welche die Erfahrung wieder verändern wird. Und mit derselben Ideenrichtung hängt es zusammen, daß er zu Zeiten das richtige Maß nicht eingehalten haben mag in der Verfolgung gewisser Mißbräuche.

Er war Volksanwalt. Jeder, der eine Klage hatte, jeder, dem ein Unrecht geschehen war, kam zu ihm, ihm sein Leid vorzutragen; und die Höhe seiner Popularität und Wirksamkeiten fiel in jene Zeit, da der Rausch eines großen Erfolges und eines unerhörten Aufschwungs in der Erwerbsthätigkeit der ganzen Welt, nicht bloß Deutschlands, auch die Lust zu Erwerb und Gewinn in unbändigem Maße entfesselt hatte. Damals machte er Bekanntschaft mit jener Verletzung der Redlichkeit und geradezu des Rechts in manchen Kreisen, — und wie es dem geht, der mehr Kranke als Gesunde vor sich sieht, er unterlag der Gefahr, das gesunde Leben etwas zu sehr nach dem kranken zu beurteilen. Er wurde ergriffen von heftigem Unwillen gegen das ganze Geschäftsleben einer gegebenen Periode, der ihn in seinen Anklagen gegen gewisse Excesse mehr anfeuerte, als dem Bedürfnis der gesunden Gesellschaft entsprach. Was ihn dabei antrieb, das war der reine

Rechtssinn; was ihn dabei anstachelte, war gerade, daß er die Macht des Staates, die Macht hoher Geburt, die Macht besonderer Stellung im Lande dazu verwertet sah, auf unredliche Weise die Rechte des Staats auszubeuten für Privatzwecke. Das waffnete ihn damals zu jener denkwürdigen Attacke gegen das Eisenbahn-Konzessionswesen im Abgeordnetenhause des preußischen Staates. Gewiß, bewundernswert war der Mut, mit dem er den einflußreichsten Leuten des Landes entgegentrat; er wußte wohl, daß er es nicht mit ungefährlichen Gegnern zu thun hatte, er wußte wohl, wohin er traf; aber den unerschrockenen Mann beirrte nichts in seinem Unterfangen, nichts in der Ueberzeugung, daß er dem Rechte zum Siege verhelfen müsse in der Verwirrung der öffentlichen Angelegenheiten.

Das war die gewiß auch heilsame Thätigkeit, die ihm damals so ungeheuere Popularität eintrug. Aber er berücksichtigte dabei nicht, daß das Uebel, das er sah, durchaus nicht den Charakter des allgemeinen Erwerbslebens wiedergab, daß die große Masse des Volks, des großen und kleinen Erwerbslebens sich bewegt nur auf Pfaden eines ungeheuern Vertrauens, einer großen Sicherheit, einer Redlichkeit, die zwischen Mein und Dein tausend- und hunderttausendmal am Tage den einzelnen auf die Probe stellt und ihn beinahe immer bewährt findet. Bei der Glut der Anfeuerung, die er damals mit seinen Schilderungen verband, geschah es, daß er einen Anhang nach sich zog, der nicht von Laskers Begeisterung, aber von Haß und andern Motiven bewegt, ihn zum Schild nahm, um unlautere Zwecke zu erreichen. Wenn ich hierin etwas von einem Mißgriff erblicke, so gehe ich vielleicht nach der Vorstellung vieler meiner Zuhörer zu weit; ich thue es, weil ich, wie gesagt, mich bemühen will, allen Gedanken gerecht zu werden, die sich mit der Vorstellung dieses bedeutenden Mannes verbinden, und weil ich lieber einem Einwurf gegen meine Auffassung Raum gewähren will, als ihn dem Verdacht aussetzen, man habe, um ihn zu erheben und zu preisen, auch verdecken müssen, was nicht vollkommen war an ihm.

Kehren wir nun zurück zu seiner politischen Thätigkeit, so finden wir, daß auch auf einem andern Gebiete, das scheinbar dem Rechte fremd ist, für ihn der Gesichtspunkt der Gerechtigkeit der bestimmende war. In den letzten fünf Jahren hat die Verkehrspolitik des Deutschen Reiches, wie Sie wissen, einen bedeutenden, von ihm oft beklagten Umschwung erfahren. Als es sich darum handelte, diese Verkehrspolitik aus der freien, die sie bis dahin gewesen war, zu einer unfreien zu machen, war mein Freund Lasker im Anfang wenig von der Sache berührt. Er sympathisierte wohl im ganzen mit der überlieferten deutschen Handelspolitik, die den freien Austausch der Produkte unter den Völkern zum Grundsatze genommen hatte; er sympathisierte damit schon aus der allgemeinen humanen Anschauung heraus, welche den Frieden im Verkehr der Völker untereinander fördern will; aber das Für und Gegen der einzelnen wirtschaftlichen Erwägungen rührte sein Herz eigentlich wenig, und er war in Privaterörterungen über diese Frage oft geneigt, zu glauben, daß ich und manche seiner Freunde auf diesen Punkt wohl zu viel Gewicht legten. Aber als er daran ging, die rechtliche Seite dieser Umwälzung ins Auge zu fassen, als die nötigsten Nahrungsmittel des Volkes besteuert werden sollten, als das tägliche Leben des bedürftigen Mannes erschwert werden sollte zu Gunsten bevorzugter Klassen; als er merkte, daß es galt, die Großindustrie und den Großgrundbesitz zu begünstigen unter dem Scheine, dem armen Manne Wohl=

thaten zu erweisen, da faßte er den Gegenstand mit der ganzen Wärme seines Gerechtigkeitsgefühls, da hielt er vielleicht die heftigste Rede, die ich je von ihm gehört habe, die Rede über den Petroleumzoll, dem er vorwarf, das Licht der Arbeiter zu besteuern. Von dieser Seite ergriff ihn auch in ökonomischen Fragen das Feuer, wurde er ganz der Anschauung gewonnen, die im freien Verkehr allein den wahren Weg der Volksernährung sieht. Und davon weitergehend bemerkte er mit seinem scharfen Blick sofort, welches der Kernpunkt in dem Umschwunge der innern Politik des Deutschen Reiches seit 1879 geworden war. Da sprach er das charakteristische Wort: „Wir haben jetzt eine aristokratische Politik." Diese Tendenz der „aristokratischen Politik," die wir in den neuen Gesetzen sich immer mehr entfalten und entlarven sehen, griff er mit dem ihm eigentümlichen Scharfblick heraus aus den noch unfertigen Entwürfen, und er traf damit so sehr das Richtige, daß das Wort an der Stelle, wohin es gesandt war, den höchsten Unwillen erregte; denn ein guter Taktiker weiß sehr wohl, daß man an der schwächsten Stelle auch die stärksten Kanonen auffähren muß, und deshalb erregte das Wort von der neuen aristokratischen Politik, welche 1879 inauguriert war, auch die höchste Indignation.

Im übrigen war er vielleicht von allen denen, welche die neueste Zeit entfernt hatte von dem mächtigen Staatsmanne, der Deutschlands Geschicke leitet, derjenige, welcher am meisten mit gewissen herrschenden Zügen seiner neuern Politik sympathisierte. Er war es, der ihm eigentlich zu dem verholfen hatte, was ihm am meisten Macht gab, seine innere Politik in den letzten Jahren durchzusetzen; ohne Lasker wäre wohl die Eisenbahnverstaatlichung nicht durchgesetzt worden. Sein Einfluß war es, der im Abgeordnetenhause in seiner Fraktion die Eisenbahnverstaatlichung vorbereitet hatte. Und wie wir wissen, daß im öffentlichen Leben nur mit Undank bezahlt wird, namentlich wenn man mit den Großen der Welt zu thun hat, so ist ihm auch für diese große Hilfeleistung kein Dank zuteil geworden. Ja, er war, wenn man so will, von uns allen am ehesten ein Stückchen von einem Staatssozialisten. Er hatte in seinem konstruktiven Geiste und seinem Gerechtigkeitsbedürfnis die Vorstellung, es müsse über die Zufälligkeit des Kampfes um Mein und Dein hinaus auch durch die Macht, durch die Weisheit des Staates dafür gesorgt werden, daß, natürlich in vernünftigem und bescheidenem Maße, bei Verteilung der Güter dieser Erde nicht soviel der Zufall wirke, wie es im freien Verkehr geschieht. Er hatte viel Sinn für diese sozialistische Regung der modernen Welt; er war vielleicht der Nächste darin zu den Gedanken des leitenden Staatsmannes, aber vielleicht deshalb war er ihm am wenigsten sympathisch; denn darüber dürfen wir uns nicht täuschen, obgleich er selbst eine kurze Zeit in diesem holden Irrtum gelebt hat: sympathisch war er dem Kanzler niemals, auch in seinen besten Zeiten nicht. Aber ich glaube zu wissen, daß er neben der großen Bewunderung und Verehrung, die jeder deutsche Patriot dem großen Staatsmann zollt, noch eine menschliche Empfindung hegte, die etwas mehr für die Persönlichkeit übrig hatte, die aber gewiß von jener Seite nicht erwidert wurde. Darin glich er nicht seinem Freunde Twesten, der sehr wohl wußte, woran er war mit seinem großen Gegner, der ihm eine herzliche Antipathie widmete, weil er wußte, auch jener bleibe ihm nichts schuldig. Und damit will ich durchaus keinen Mißton in meine Rede gebracht haben, keine Kritik üben an der menschlichen Seite dieser Verhältnisse; denn wer so mächtig die Staatsgeschäfte führt, für den giebt es keine andere Empfindung im Verhältnis zum politischen Menschen als die Staatsraison. Wenn heute wir, durch einen wunderbaren Zufall vielleicht, nicht einen einzigen Vertreter der öffentlichen Macht am Sarge Laskers sahen, — wenn dies aber doch nicht bloß Zufall war, sondern vielleicht eine Vorsehung hinter diesem Zufall waltete — so geschah es offenbar, weil diese Vorsehung sich sagte: der Geist Laskers ist mir so gefährlich, daß ich ihn noch in seinem Tode nicht ehren darf, indem ich mich ihm scheinbar nähere. Fürwahr, meine Verehrten, ich will nicht sagen eine schönere, aber eine dankenswerthere und bezeichnendere Huldigung konnte der Geisteskraft Laskers nicht gegeben werden als durch die Abwesenheit, die heute unter uns glänzte, da wir ihn begruben; denn sie zeigt uns, was wir in ihm besaßen; sie zeigt uns, daß für nötig erachtet wird, die Gedanken, das Streben, den Geist, der in ihm wirkte, noch weiter zu bekämpfen, weil der tote Lasker noch weiter lebt und wie ein Lebender uns führt. Er war der Mann des Volkes, der nicht vom offiziellen Staate irgend etwas verlangt, auch keine Anerkennung oder Huldigung. Und wenn er das war, so war er es durch Leistungen unvergleichlich an Größe und unvergleichlich an Zahl.

Wie gern möchte ich Ihnen, wenn ich an Ihre Geduld die Anforderung stellen dürfte, ein kleines Bild nur entrollen von jener unvergleichlichen Fülle der Thätigkeit, die dieser Mann unter den Augen derer, die mit ihm zu arbeiten das Glück hatten, entfaltete. Man hat ihn einen großen Redner genannt. Gewiß, er war ein Redner, wenn nicht in vollkommenster Bedeutung des Wortes, — denn wer wäre das? — aber er war ein Redner von den größten Gaben. Er hatte nicht das Blendwerk einer großen bilderreichen Sprache, wiewohl er manchmal treffende Bilder in seine Rede wirkte, er hatte nicht Phantasie mit allen ihren Chören, um seine

Zuhörer fortzureißen; aber er hatte jene Fülle, jenen Vorrat von Gedanken, aus dem in jedem Augenblick ohne Besinnen geschöpft werden kann, und der wurde bedient von einer Geistesgegenwart ohnegleichen, welche die ihm Nächststehenden im entscheidenden Augenblicke immer von neuem überraschte. Ja, wenn er an etwas litt in seiner Beredsamkeit, so war es eine zu große Fülle von Gedanken, die ihm aufsprangen in dem Augenblicke, wo er sich erhob, um einen Gegner zu bekämpfen. Dann begegnete es ihm wohl, daß an den ersten Gedanken in der Mitte sich ein zweiter einschob, an den zweiten ein dritter, an den dritten ein vierter. Und wenn er zu Ende kommen wollte und den Weg zurückfinden, so hatte vielleicht der erste oder zweite Gedanke in der Verwicklung einen Arm oder ein Bein zurückgelassen; man mußte sich mit einer unvollendeten Periode begnügen. Aber so geistesgegenwärtig, so überraschend, wie ich ihn im entscheidenden Augenblicke habe reden hören, so kenne ich nicht viele.

Und doch, meine Verehrten, doch war die oratorische Leistung das Wenigste an ihm. Die Parlamente sind gewissermaßen nur der gedeckte Tisch, an den man sich zum fertigen Mahle setzt, wenn in der Küche vorher die große Arbeit gethan ist. In dieser Küche mußte man ihn sehen, um zu wissen, was er leistete; hier gab es die wahre Arbeit, den wahren Geistesaufwand, die wahre Thätigkeit. Man mußte ihn in der Fraktion sehen, wie ich ihn sah. Man hört oft, er sei kein praktischer Mann gewesen. Gewiß, etwas Wahres ist an diesem in die Allgemeinheit hinausgegangenen Urteil, insofern er das praktische Leben manchmal zu sehr aus der Fülle des Geistes konstruierte und ihm nicht immer in allen Verschiedenheiten gerecht wurde. Aber wo er anfaßte, wo er genau hinsah, da hat er praktisch gewirkt. Wie hat er in den Kommissionen gewirkt, wo das tüchtigste Werk gefördert werden muß! Ich habe in diesen Tagen eine Zusammenstellung der Kommissionen, in denen er gearbeitet hat, mir machen lassen. Von seinem Eintritte in das Abgeordnetenhaus, bis er zuletzt von uns schied, hat er in siebenundfünfzig Kommissionen gesessen! Siebenundfünfzig Kommissionen, d. h. wohl über tausend Sitzungen angestrengter Art, in denen sicherlich niemand thätiger, angestrengter, beredter war als Lasker. In dreizehn Kommissionen hat er die Referate übernommen, dabei die schwierigsten, und das alles war noch lange nicht seine gesammte Thätigkeit. In diesen Kommissionen arbeitete er auch für das, was ihm am meisten am Herzen lag, vor allem für das, was man sozialpolitische Angelegenheiten nennt. Er war es, der mitwirkte, im Anfange des Deutschen Reichstages schon, in den Kommissionen für Gewerbefreiheit, Freizügigkeit, Aufhebung der Beschlagnahme des Lohnes der Arbeiter, Bildung des Gesetzes für freie Erwerbsgenossenschaften. Dann kamen die großen Justizkommissionen und die Kommission für das Hypothekenwesen. Auch in den Aufgaben der Provinzialverwaltung war er bald Referent, bald thätigstes Mitglied. Ferner in der Kommission für das Militärstrafgesetz und das eigentliche Militärgesetz, das Gesetz über die Heeresdienstleistung, hat er gesessen. Ja, auch in der Kommission für die Bankgesetzgebung war er mein tüchtigster Mitarbeiter; da habe ich erfahren können, was wahr ist an jener sonderbaren Behauptung, daß er keinen praktischen Sinn gehabt habe. In Bezug auf die beiden Dinge, über welche ich ein Urteil zu besitzen glaube und in denen man glauben könnte, daß er ein Fremdling gewesen sei, die Münzgesetzgebung und die Bankgesetzgebung, kann ich sagen, er war mein bester und nützlichster Mitarbeiter. Wenn es darauf ankam, einen Gesichtspunkt herauszugreifen, der wichtig und entscheidend war, niemand sah ihn schneller als Lasker, niemand war schneller behilflich, die Verbesserungen zum richtigen Ende zu führen.

Die Thätigkeit in den Kommissionen giebt aber noch lange nicht ein Bild der Wirksamkeit, die ich vor Ihnen entrollen muß. Ich möchte Ihnen nur einmal zeigen, wie es war, wenn man morgens in die sogenannte Fraktionssitzung kam. Der erste war er sicherlich! In dem großen Saale saß er schon oben allein am Tisch, beladen mit Aktenstößen. Dann sammelte man sich, dann kam das Präsidium und nannte die Tagesordnung. Irgend ein großes wichtiges Gesetz sollte geprüft werden, aber es waren noch vier oder acht Tage bis zur Debatte in der Plenarversammlung. Einige hatten die Vorlage gelesen, von diesen hatten wenige schon gewagt, sich ein Urteil zu bilden, die meisten hatten überhaupt noch keine Kenntnis davon. Dann eröffnete das Präsidium die Beratung und fragte, ob jemand zur Vorlage sprechen wolle. Allgemeine Stille; man weiß schon, wie es kommen wird. Nach einer Anstandspause erhebt sich Lasker und bringt die ganze Vorlage so faßlich, so deutlich nach all ihren Gesichtspunkten zusammengestellt unter die Augen der Anwesenden, daß nun mit einem Male eine Menge von Meistern ersteht, die ganz gut Bescheid wissen, und die Debatte entwickelt sich. So, ich rufe jeden, der mit ihm gearbeitet hat, zum Zeugen auf, verliefen die Dinge, und ich habe die große Freude und Befriedigung, daß ein ehemaliger Parteigenosse, der sich jetzt so weit rechts gewendet hat — vielleicht auch haben wir uns etwas weiter nach links gewendet —, daß er beinahe zu einem Gegner geworden ist, aber mit treuem Schwabenherzen, in einem süddeutschen Blatte eine mit dieser meiner Erinnerung ganz zusammentreffende Schilderung giebt aus jener ersten Zeit, da er unter Laskers

Kommando in der Fraktion war. Lasker war nicht nur ihr Generalstabschef, er war auch ihr Feldwebel, er sorgte für jeden; der neue Ankömmling konnte versichert sein, unter seine Obhut und seine Flügel genommen zu werden. Wer einen Antrag zu stellen, ein Amendement zu formulieren hatte, wer sich zum Wort melden wollte, wandte sich an Lasker. War die Sitzung zu Ende, so konnte man sicher sein, der letzte, der aus dem Hause ging, war Lasker. Ich, der ich in derselben Straßenrichtung wohnte wie er, hatte oft Lust mit ihm heimzugehen; aber zu meinen größten Geduldsproben gehörte es, wenn ich auf Lasker warten mußte, bis er fertig war, Audienz zu geben. Er hörte jeden an; wenn er in einer halben Stunde fertig war, so war das schnell. Wie viele Menschen kamen nicht zu ihm mit allerlei Anliegen! es gab nichts, was er verachtete. Wer ihm einen Gedanken, ein Projekt vorschlagen wollte, konnte sicher sein, Gehör zu finden. Er entschied nicht im voraus, er untersuchte, ob nicht ein Körnchen Möglichkeit in dem, was man bringen wollte, vorhanden sei. Er war von einer unerschöpflichen Langmut, auch für die schlimmsten Querulanten. Mit diesen außerordentlichen Fähigkeiten verband er einen Scharfsinn im Erraten, des Taktes in leitenden politischen Angelegenheiten, der wahrhaft staunenswert war. Zunächst hatte er ausgezeichnete Sinne, was ja auch nicht die Eigenschaft eines unpraktischen Menschen ist; er hatte ein vortreffliches Auge, er kannte, ich glaube, jedes Mitglied des Parlaments dem Gesicht und der Gesinnung nach, und wenn wir vor einer entscheidenden Abstimmung standen, bei der wir mit Herzklopfen warteten, wie es gehen würde, wobei es sich oft um wenige Stimmen handelte, da hatte er sein Tableau schon gemacht und berechnet, wie jeder stimmen mußte, und selten hat er sich betrogen. Sie werden mir zugeben: das war kein unpraktischer Mann, der so die parlamentarische und politische Maschine zu führen wußte. Er war auch kein Utopist; nur in einem Punkte vielleicht, in seiner Wohlthätigkeit. Man hört manchmal von einem Menschen, der einen großen Aufwand in der Lebensführung macht, sagen: woher nimmt er die Mittel zu solchem Aufwande? Bei Lasker konnte davon freilich nicht die Rede sein, aber ich, der ich in seine Verhältnisse hineingeblickt habe, ich habe mich manchmal gefragt: woher nimmt er die Mittel für alle seine Wohlthätigkeit? Für irgend einen Hilfsbedürftigen, wenn ein Jüngling im Studium, oder wenn eine herabgekommene Familie zu unterstützen war, immer war Lasker unter denen, die sich selbst am höchsten besteuerten. So vom Größten bis zum Kleinsten war er voller Aufopferung, voller Menschlichkeit und Hingebung, und dies ist auch für ihn das schönste Bewußtsein, der schönste Lohn in seinem Leben für seine Thaten gewesen. Vielleicht hat er in den letzten Jahre auch der schmerzlichen Gefühle mancherlei durch seine Seele ziehen fühlen — wem wäre dies erspart geblieben?

Unter dem, was ihn drückte, darf nicht verschwiegen werden jener eigentümliche Zug, der sich in Deutschland seit einigen Jahren kenntlich gemacht hat, und der, weil die Zeit nicht mehr den Fanatismus des Glaubens verträgt, einen neuen Fanatismus für das Bedürfnis der Fanatiker erfunden hat, den Fanatismus der Rasse. Vielleicht hat er unter diesem Uebel mit am meisten gelitten, aber es wäre ein Irrtum, zu glauben, daß es ihn um seiner selbst willen, um seiner ihm Nächststehenden willen besonders bekümmert habe. Wenn er alle diese unschönen Erscheinungen schmerzlich empfunden, so war es, weil er sie empfand als einen Fleck auf dem Ehrenschilde der ganzen Nation, weil er glaubte, daß die Nation vor sich selbst und noch mehr vor der ganzen Welt dadurch herabgesetzt werde; auch übersah er nicht, daß das, was künstliche Anfachung zu jener traurigen Bewegung gethan hat, wohl mit der Absicht zusammenhing, ihm selbst Hindernisse im öffentlichen Leben zu bereiten. Das Bitterste davon hat er wohl schwerlich empfunden, denn seine Seele war so edel geartet, daß er für das Element von Gemeinheit, das in dieser Bewegung liegt, nicht die ganze Empfindung hatte. Er stand so hoch, daß er das Niedrigste in dieser Bewegung, die nicht selten ja auch einen vornehmen Mantel umhängt, gar nicht empfand. Man sagt, er sei am gebrochenen Herzen gestorben. Meine verehrten Herren, Männer, die so für die Gesammtheit mit Hingebung arbeiten, sterben nicht an gebrochenem Herzen; sie haben einen Vorrat von Glauben in Brust und Herzen, der nicht auszurotten ist durch vorübergehende Erscheinungen. Er hatte ein Herz, viel zu tapfer, um durch eine kurze Periode der Ungunst sich anfechten und abschrecken zu lassen, ein Herz, kühn und tapfer und fest bis zum letzten Augenblick. Wenn Sie wissen wollen, woran er gestorben ist, sofern wir Menschen davon überhaupt Rechenschaft geben können, so sage ich, er ist an Ueberarbeitung gestorben. Er hat das Wort „Schonung“ nicht gekannt; die Pflichterfüllung war bei ihm im besten Sinne des Wortes des großen deutschen Philosophen, der unsere Sprache mit dem hehren Begriff des kategorischen Imperativs bereichert hat, das unwiderstehliche Gebot. Er war so ganz identifiziert und verkörpert mit der Pflichterfüllung, daß er in anderen die Nachlässigkeit nicht begriff. Hatte jemand bei einer wichtigen Sitzung gefehlt, er glaubte mit kindlicher Einfalt die fadenscheinigste Ausrede, weil es ihm nicht in den Sinn kam, daß ein anderer leicht in seiner Pflicht fehlen könne. So hat er sich aufgearbeitet, zuletzt gerade, indem er der Regierung des Deutschen

Reiches einen schätzenswerten Dienst leistete, für den allein sie ihm dankbar zu sein verpflichtet wäre. Er hat sich krank gearbeitet an dem Gesetz, welches die Krankenkassenvorlage gebracht hat. Er allein hat das Verdienst, wenn anders es eines war, daß es zu Stande kam. Es wurde vorgelegt verwickelt mit dem Unfallversicherungsgesetz, das uns noch in der Zukunft beschäftigen soll. An einem jener Tage ging ich mit Lasker spazieren, und ich warf ohne weiter viel dabei zu denken — und vielleicht bereue ich es heute — die Worte ins Gespräch: „Von diesem Gesetze wäre ein Teil möglicherweise zu retten, wenn man die Krankenkassen herausschälte.“ Sofort widmete er sich diesem Gedanken, sofort ging er nach Hause und arbeitete ihn aus, und allein seinen riesigen Anstrengungen in der Kommission war es zu danken, wenn das Gesetz zu Stande kam, wenn es aus dem Wust herausgearbeitet wurde. Seine letzte Rede, welche er vor uns gehalten hat — sein Geist war noch frisch und klar, nur erlahmt waren die Schwingen – galt eben diesem Gesetz; damit hauchte er seine letzte Kraft aus.

Dann war es ihm noch vergönnt, sich einen Wunsch zu erfüllen, den er seit langen Jahren im Herzen getragen. Er wollte jenes große, frei aufstrebende Land sehen, dem er einen großen Teil der Zukunft der Welt zuteilte; es ward ihm vergönnt, es zu sehen nicht nur, sondern es übte dasselbe an ihm noch einen Teil jener Gerechtigkeit aus, die ihm sein eigenes Land in den letzten Jahren versagt hat. Aber so wenig auf äußern Schein, auf Eitelkeit und Ruhmesgepränge war er versessen, daß er in keiner einzigen Meldung, die von dort herüberkam, dessen erwähnte. Was hatte er auch an Ovationen in Deutschland in bessern frühern Jahren genossen! Wer an seiner Stelle hätte sich nicht die Brust höher schwellen lassen, sich stolzer gefühlt, als er es that bei allen Huldigungen, die ihm in den Jahren von 1870 bis 1875 dargebracht wurden? Heute muß man daran erinnern, daß zwei deutsche Universitäten, Freiburg und Leipzig, ihn zum Doctor honoris causa machten, die eine zum Doctor juris, die andere zum philosophischen; heute muß man daran erinnern, wo unsere Universitäten nicht mehr um den Ruhm ringen, die Gerechtigkeit in der Person eines oben unliebsamen Abgeordneten zu ehren.

Ja, verehrte Anwesende, wenn ich an jene Zeit denke, wenn ich denke, wie bei jeder Gesetzesvorbereitung Minister und Bundesräte aufhorchten auf Laskers Aeußerungen; wie sie wußten. das Geschick des Gesetzes hinge ab von seiner Entscheidung, so z. B., daß ein Minister zu seinem Sekretär sagte: „Lasker hat sich zustimmend geäußert, nun bin ich dicke durch", — derartige Aeußerungen könnte ich mehr citiren; — ich bin dabei gewesen, als ein hoher Staatsbeamter, der die Unabhängigkeit von seiner eigenen Gesinnung heute dadurch gezeigt hat, daß er bei der Trauerfeier ebenfalls fehlte, gelegentlich seiner Beförderung in ein höheres Amt zu Lasker sagte: „Ich hoffe, daß Sie mir in meinem neuen Amt dieselbe Unterstützung leihen werden wie in meinem frühern"; sie begaben sich zu ihm, die drei Treppen hinauf; er begab sich nie zu einem von ihnen, um etwas von ihnen zu verlangen. Er empfing auch jenseits des Oceans von denen, die nicht von Parteileidenschaft und Parteihaß verblendet waren, die Huldigungen, die er verdiente und die ihm Deutschland in Zukunft auch nicht schuldig bleiben wird. Jene große Nation ehrte ihn, und ihm war es dadurch vergönnt, die Sonne seines Ruhmes, welche diesseits ein wenig verdunkelt war, noch einmal, gleichsam wie auf einem hohen Berge stehend leuchten zu sehen; und in diesem schönen Abglanz der kommenden und wohlverdienten Unsterblichkeit ging er dahin. Dann wurde seine entseelte Hülle zu uns herübergebracht, und ein sinniges Geschick fügte es, daß gleichsam drei Genien an dieser Liebespflicht sich betheiligten. Das Boot, das ihn hinübertrug, hieß der „Neckar" — es rief damit zurück die Erinnerung an jenes Land **Baden**, wo in seinen besten Zeiten niemand so geliebt war wie Lasker, jenes Land, dessen Eintritt in den Bund er verlangte, als das geeinigte Deutschland noch am Main aufhörte, mit dem er durch tausend Fäden zusammenhing, und das damals das Prototyp jener Gesinnung war, die man nationalliberal nannte. Dann landete das Boot, das seine Hülle trug, im Hafen der guten Stadt **Bremen**, einer Stadt, die durch ihre freie Gesinnung, durch ihren großen Blick ins Weite hinaus, durch echte Reichstreue ausgezeichnet ist, die jetzt vielleicht in der großen Mehrheit ihrer Bürger dieselbe Parteistellung hat wie Lasker, und dieselbe Ungnade an hoher Stelle; und endlich empfing ihn hier, um ihn zur ewigen Ruhe zu bestatten, die gute Stadt **Berlin**, deren Gedeihen und rüstiges Emporblühen ebenfalls um ihres Freisinns willen den Zorn des Mächtigen hervorruft, und die jenen Teil der öffentlichen Meinung repräsentiert, die nicht als seine eigene Partei, aber als nahe verwandte, nach links hin, ihm zur Seite steht. Diese drei Parteien, die wir am besten repräsentiert sehen in Baden, in Bremen und in Berlin, zu vereinen, eins zu sehen in demselben Geiste, in produktiver Kampfgenossenschaft für die Güter der Nation, das war der Traum seines Lebens, der Traum, mit dem er von uns schied. Vielleicht wird es uns gegeben sein, die Erfüllung dieses Traumes doch noch zu erleben, daß wir sehen können, es war kein eitler Traum!

Und nun, meine Verehrten, nur noch ein Gedanke zum Schluß dessen, was sich alles hier zusammendrängt und von dem ich nur einen kleinen Teil anführen konnte im engen Raum einer solchen Abendstunde: Wenn ein solches reiches, hingebendes Wesen mit der ganzen Fülle seines Inhalts von uns scheidet, so ergreift uns vernichtend der Gedanke der Vergänglichkeit. Was ist aus allem dem geworden, was in Laskers Kopf, was in seinem Herzen vereinigt war? Es ist heute nicht mehr, es ist bewußtlos, es ist zerstört. Doch nein! das ist es nicht! Der wahre, einzige, befriedigende und klärende Sinn des Lebens, er liegt nur darin, daß das Leben des Individuums, und gerade der höchsten Individuen, ein sinn-, ein wesenloses und unbegreifliches wäre, wenn wir nicht lebten im innigen Zusammenhange mit allen Zeiten. Das ist der Sinn des einzelnen Lebens, und so paßt auf unsern dahingeschiedenen Freund herrlich, was unser großer Schiller nannte Unsterblichkeit:

Vor dem Tode erschrickst du? Du wünschst unsterblich zu leben?
Leb' im Ganzen! wenn du lange dahin bist, es bleibt.

Laskers Briefwechsel aus dem Kriegsjahre.*)

*) Aus der „Nation" Jahrgang IX. Nr. 26.

„Es würde die von mir infolge der Handelsverträge erwartete Entwickelung und die daraus sich ergebende Mäßigung des Interessenkampfes zwischen Schutzzoll und Freihandel wohl dazu führen können, daß eine größere Annäherung zwischen liberalen Männern und Parteien wieder einträte. Es würde das, wie gesagt, nach meiner Meinung, der ich selbst stets liberal gewesen bin und bleiben will, für die weitere Entwickelung in Deutschland nur förderlich sein, für das liberale Bürgerthum in Stadt und Land; die liberalen Anschauungen haben einen Anspruch auf größere Geltung, als sie zur Zeit besitzen."

Mit diesen Worten trat in der Reichstagssitzung vom 22. Februar 1892 Herr v. Bennigsen persönlich in den Kampf gegen das Volksschulgesetz ein. Was ließe sich nicht alles sagen über das Wie und Warum jenes traurigen Niedergangs des bürgerlich liberalen Einflusses! Die ganze Geschichte des Deutschen Reichs von 1876 bis heute ist darin zusammengefaßt. Von 1867 bis 1876 stand die deusche Politik im Zeichen des bürgerlichen Liberalismus. Von da an wandte sie sich, um beim Abgang des Fürsten Bismark im Zenith des konträren Gestirns — Adel und Geistlichkeit — zu stehen. Als Schutzzoll und Zunftgeist auf der Höhe ihrer Bahn angelangt waren, bediente sich die Reaktion der Zöllner und Zünftler mit Vorliebe der Wendung, der Liberalismus sei bankrott geworden.

In der Antwort, welche Herrn von Bennigsen aus den Reihen der Freisinnigen am folgenden Tage auf seine am Schluß der vorhergehenden Sitzung gehaltene Rede gegeben wurde, fand sein Entgegenkommen die wohlverdiente bereitwillige Aufnahme, und die Betrachtungen, die sich an die rückwärts liegenden Dinge knüpfen ließen, wurden nur leicht gestreift. Ganz mit Recht! Denn, wenn es gilt sich zu einigen, muß das Trennende schweigen.

Aber um das Erworbene für die Zukunft zu sichern, ist es doch auch unumgänglich nötig, einen tieferen Blick in die Vergangenheit zu werfen.

Bankrott ist der Liberalismus nie gewesen, aber in breiten Schichten des Bürgerthums hatte er lange Jahre hindurch sich selbst aufgegeben, und damit sank er herab tief und immer tiefer und verlor seinen Einfluß.

Was dazu gehört, damit er etwas vermöge, hat sich jetzt*) gezeigt, nämlich nur, daß er wolle! Dies ist die Lehre. Daran ändert auch nichts die Thatsache, daß die plötzlich wiedergefundene Energie nicht rein liberalen Ursprunges ist. Denn man darf sich keiner Täuschung darüber hingeben: es steckt mehr religiöses und konfessionelles Element in dem riesig angeschwollenen Widerstand, als reiner Liberalismus. Aber der Beweis bleibt darum nicht minder geliefert: wenn das Bürgertum wollte, so könnte es im Sturmschritt seine Macht und seinen Einfluß wieder gewinnen. Es brauchte nur so stark liberal zu empfinden, wie es religiös oder konfessionell empfindet. There's the rub. Hier ist der springende

*) Bei dem im Lande gegen das Projekt eines frömmlerischen Volksschulgesetzes und die ihm günstige Mehrheit des preußischen Landtags losgebrochenen Sturme.

Punkt. Ich bin stets der Ansicht gewesen, auch Fürst Bismarck hätte nicht den Liberalismus mit Füßen niedergetreten, wenn sich die bürgerlichen Parteien in breiten Schichten nur hätten wehren wollen. Die Verantwortlichkeit für den Niedergang des liberal bürgerlichen Einflusses ruht nicht auf Bismarcks Haupt. Jetzt muß sich's zeigen, ob die Lehren der Vergangenheit aus der neuesten Gegenwart mit dauerndem Nutzen gestärkt hervorgehen und beherzigt werden.

* * *

Kein Zeitpunkt seit Laskers Tod konnte für die Publikation seiner Briefe*) aus dem Kriegsjahr günstiger sein, als der jetzige. Alles, was hier oben gesagt wird, findet darin seine thatsächliche Beglaubigung. Die gewaltige Mitarbeit des liberalen Bürgerthums und seiner namhaften Vertreter an der Gestaltung des deutschen Gesamtreichs tritt uns hier in allen Einzelheiten authentisch verzeichnet unter die Augen. Nicht im Sinne der Streitfrage, ob der Anteil Bismarcks an der welthistorischen Erneuerung größer oder kleiner sei, ist dieser Hinweis aufzufassen. Im Gegentheil werden diese Mitteilungen dazu dienen, zu zeigen, in welchem Grade sich Bismarck dem Einfluß des bürgerlichen Liberalismus in seinen Thaten anpaßte, wenn er sich nur stark zeigte.

Als Bismarck mit König Wilhelm in den Krieg zog, war sein Sinn natürlich beinah ausschließlich auf die Besiegung des Gegners gerichtet und auf die Verhinderung einer europäischen Koalition, welche diesem hätte zu Hilfe

*) Deutsche Revue. April 1892. Aus Eduard Laskers Nachlaß. Sein Briefwechsel aus den Jahren 1870—71. Briefe von und an Bamberger, Barth (München), v. Bennigsen, Delbrück, Elben, v. Forckenbeck, Hölder, Kiefer, Marquardsen, v. Mittnacht, Simson, Völk u. a.

kommen können. Den liberalen Führern dagegen lag die Pflicht ob, aus diesem Krieg die Konsequenz der politischen Gestaltung Deutschlands nach innen zu ziehen. Unter denen, die von Anbeginn, noch vor den ersten Schlachten, hiervon durchdrungen waren, stand Lasker voran; er nahm hier, wie lange Zeit in vielen anderen großen Fragen; die führende Stellung ein. Mit Recht hat jüngst Bennigsen an Laskers hervorragendes Verdienst um die Einheit der Rechtsgesetzgebung erinnert. Nicht minder hervorragend tritt aus diesen Briefen seine Mitarbeit an dem Werk der inneren Verfassungseinheit hervor. Vor allem galt es, die Mainlinie aus der Welt zu schaffen. Und das war selbst unter der Gunst dieses Geschicks nicht so einfach, wie man denken sollte. Die famosen Reservatrechte geben ja noch heute lebendiges Zeugnis davon. Auch saß das Hindernis nicht bloß in den süddeutschen Fürsten, es verlief sich hinein bis in die Reihen des gemäßigten Liberalismus. Manches, was wir in diesen Briefen lesen, erinnert an die Enthüllungen in Kaiser Friedrichs Tagebuch, welches wieder einmal aufzulegen auch sehr an der Zeit wäre. Es ist ja wohl jetzt keine Gefahr mehr, daß man, wie unter Bismarck, wegen Landesverraths ins Gefängnis geworfen werde, wenn man ans Licht bringt, daß ein deutscher Königssohn der Meinung war, die deutsche Einheit müsse, so es nicht mit gutem Willen gehe, auch mit etwas Gewalt den entgegenstehenden Sonderinteressen abgerungen werden.

Lasker hatte schon vor dem Krieg mit Frankreich immer das Ziel verfolgt, die Mainlinie zu durchbrechen und namentlich die Aufnahme Badens in den neuen Bund beantragt. Bismarcks diplomatische Vorsicht glaubte sich diesem Ansinnen mit Schroffheit widersetzen zu müssen. Möglicherweise ruhte dies auf richtiger Berechnung. Doch jetzt lagen die Dinge anders. Aus diesen Briefen geht hervor, daß neben der großen Thätigkeit der Bearbeitung, Belebung und Zusammenfassung der öffentlichen Meinung auch die bis ins Kleinste sorgende Mühe um die Formulierung der Verfassungsbestimmungen nötig war, um sicher und schnell zum Ziele zu kommen. In dieser Vorarbeit der Verständigung mit den Ministern und Volksvertretern der süddeutschen Staaten hat Laskers juristischer Scharfsinn, angefacht von seinem patriotischen Eifer, Bedeutendes geleistet und sich bleibende Verdienste um das endgiltige Zustandekommen erworben.

Sehr interessant ist unter anderen in dieser ersten Serie der Briefe (denen noch eine beträchtliche Zahl in den vier folgenden Heften der „Deutschen Revue" sich anschließen soll) die Schattierung der politischen Charaktere, wie sie aus ihrem Verhalten zu den zwei damals die Geister bewegenden Fragen hervortritt, der Schaffung des Einheits-Reichs und der Einverleibung Elsaß-Lothringens. Denjenigen, welche später den Typus der württembergischen sogenannten deutschen Partei liefern sollten, geht die Eroberung nach außen weit über die innere Gestaltung. Hier zeichnet sich schon jener ausgesprochen chauvinistische Zug, der mit „staatsmännischer" Weisheit alle Verfassungs- und Freiheitsfragen verachtet. Andere dagegen, und zu ihnen gehören vor allem Lasker und Forckenbeck, weisen die Frage der Eroberung weit zurück in den Hintergrund als eine, die mit der Aufgabe der Herstellung eines parlamentarisch geordneten Reichs nicht in die gleiche Linie gehört. In einem Brief Forckenbecks an Lasker vom 20. August heißt es z. B.:

„Ich werde lebhaft von der Besorgnis gequält, daß durch das unbedingte Verlangen nach dem Erwerb der ehemals deutschen Lande die eigentliche Aufgabe des Krieges, der einzige wirkliche Lohn, den das deutsche Volk aus demselben erhalten kann, die vernünftige einheitliche Organisation des deutschen Staates, schwere Einbuße erleide . . . . Das unbedingte Verlangen, welches gleich nach dem ersten großen, aber noch nicht entscheidenden Erfolge auftrat, welches gar nicht berücksichtigte, was die betreffenden Bevölkerungen jetzt sind, und welches nur allein ohne Rücksicht auf die deutsche Einheit sich breit machte, hat mir gewaltig vor den Kopf gestoßen und ist von mir unter Freunden bekämpft worden. Aber nur die Fortschrittler stimmen mir bei. Also lieber Freund, sorgen wir mit allen Kräften dafür, daß die Hauptaufgabe wenigstens in der Presse alsbald und kräftig in den Vordergrund tritt. Noch eins! In den Zeiten, die folgen, wird der unabhängige Liberalismus nur Mühe, große Mühe haben, seinen Einfluß zu behalten. Er wird sehr besonnen, sehr vorsichtig, vor allen Dingen sehr einig sein müssen, und diszipliniert in der Einheit. Sorgen wir schon jetzt dafür, daß dies erreicht werde."

Eine Mittelstellung zwischen beiden Richtungen nimmt Bennigsen ein. Aber wenn man entscheiden sollte, nach welcher Seite er stärker neigte, so zieht es ihn doch mehr zu denen, welche für die Aneignung der eroberten Provinzen sich erwärmen. Einen Brief an Lasker vom 22. August beginnt er mit der Darlegung der unbedingten Notwendigkeit der Einverleibung der beiden Provinzen. Die Einigung mit dem Süden will er, so sehr sie ihm am Herzen liegt, doch mit großer Vorsicht behandelt wissen. „Zwang können wir Süddeutschland nach dem Kriege, in welchem es sich vollständig bewährt hat, noch weniger, als vorher anthun."

Unter dem Eindruck dieser seiner vorwiegend mit Elsaß-Lothringen beschäftigten Gedanken faßte er auch den Sinn eines von mir herrührenden Schreibens irrig auf, welches ihm Veranlassung zu dem Briefe an Lasker gab.

Das Schreiben war von mir an einen Parteifreund, den damals in Alzey lebenden Anwalt Finger (den jetzigen Staats-Minister in Darmstadt) gerichtet. Unter dem Eindruck meiner Gespräche mit dem Fürsten Bismarck hatte ich an Finger geschrieben, er möge in der öffentlichen Meinung dafür sorgen, „daß die Siege im Felde dem deutschen Volke zu gute kommen; es wird sehr nötig sein. Mir kommt es halb vor, als drohe uns eine Enttäuschung wie 1815". Das legt Bennigsen in seinem Schreiben an Lasker so aus, als hegte ich Besorgnis wegen Fahrenlassens von Elsaß-Lothringen. Ganz mit Recht hatte ihm dagegen schon Finger geschrieben: „Ich glaube nicht zu irren, wenn ich annehme, daß Bamberger bei seinen Bemerkungen vor allem die von einem siegreichen Ausgange des Krieges erhoffte Fortbildung der staatlichen Einigung der Nation im Auge hatte, daß ihm bei denselben die Wiedervereinigung ehemals deutscher Lande mit unserem Vaterlande vielleicht weniger vorgeschwebt hat, daß dagegen die freiheitlichen Anforderungen wohl nur die zweite Rolle in seinen Gedanken spielten" . . . . . . und nach längerer Ausführung über diesen Punkt schließt er den Absatz mit den Worten:

„Hiermit dürfte ich kurz die Richtigkeit meiner Annahme, daß Herrn Bamberger bei seinen Bemerkungen vorzugsweise die deutsche Frage vorgeschwebt habe, motiviert und ich dürfte hierin um so mehr recht haben, als bei den massenhaften Truppendurchzügen und dem mehrtägigen Aufenthalt des Hauptquartiers der II. Armee dahier das Vorhandensein spezifischen Preußentums in den politischen Ideen hoher militärischer Kreise leicht erkennbar war". —

Ganz gewiß hatte damit die Auslegung meiner Worte das Richtige gefunden, und ganz gewiß hätten die „politischen Ideen" militärischer oder auch nicht militärischer hoher

Kreise nicht darauf bestanden, daß Deutschland mit einer Reichsverfassung und einem Parlament geeinigt aus dem Krieg hervorgehe. Wer es verlangt und wer es betrieben hat, das war vor allem das vereinte liberale Bürgertum. Daran zu erinnern könnte überflüssig scheinen, wenn die Alten nicht so leicht vergäßen und die Jungen sich nicht so leicht was vorgaukeln ließen. Wer die Jahre 1867 und 1870 mit erlebt hat und heute die nationale Fahne so stolz und zweifelsohne über dem konservativen Lager flattern sieht, der kann zu solchem Anblick nur bitter lachen. Diese Usurpation konnte erst gelingen, nachdem es dem Fürsten Bismarck gelungen war, die eine Hälfte des Bürgertums der anderen zu entfremden. Noch heute ist das Bürgertum der wichtigste Faktor im Deutschen Reiche, vorausgesetzt, daß es einig sei und Selbstachtung besitze. Dann braucht es weder Sozialdemokratie, noch Zentrum, noch Feudale zu fürchten. So war es in der Zeit, in welche die in diesen Briefen sich abspiegelnde Mitarbeit des liberalen Bürgertums an der Einigung Deutschlands fällt. So könnte es vielleicht wieder werden, wenn der Schiffbruch des Kartells von 1887, das an dem letzten Ereignisse dieser Tage vollends zu Schanden ward, ein definitiver würde. Aber die Rettungsversuche sind schwerlich aufgegeben, und ein Wagnis wäre es, zu behaupten, die rechte Seite der Liberalen sei entschlossen, das jetzt geborstene Kartellschiff nicht wieder zu besteigen, sofern der Versuch gemacht würde, es wieder zusammen zu fügen und abermals national aufzutakeln. Es giebt eine Ansicht, welche behauptet, die Menschen lernten nur aus der Erfahrung, aber auch eine andere, welche meint, sie lernten selbst aus dieser nicht. Welche wird diesmal Recht behalten?

Zur Erinnerung an Friedrich Kapp.*)

---

*) Aus der „Nation“ Jahrgang II. Nr. 5.

Zwei seiner auserlesensten, treuesten Söhne hat Deutschland im Laufe weniger Tage verloren.*) Möge es darum vergönnt sein, dem älteren und zuletzt Dahingegangenen der beiden edlen Freunde hier Worte des Andenkens zu widmen, die, wie es nicht anders sein kann, unter der noch heftig nachzitternden Erschütterung solch herben und zwiefachen Verlustes von einer Beimischung des persönlich Empfundenen und Erlebten sich nicht ganz frei zu halten vermögen.**)

In diesem Frühling waren es vierzig Jahre, daß ich mit Kapp bekannt wurde. Wir waren Studenten in Heidelberg, und seit jenen Tagen des Sommers 1844 sind wir ohne Unterbrechnng verbunden geblieben im Leben und Streben, auch während der Ozean zwischen uns lag. An der Bahre des Lehrers, der uns damals zusammenführte, hat sein ehemaliger Schüler Kapp vor vier Jahren tiefbewegte und ergreifende Worte gesprochen. Wer der Umstehenden hätte damals gedacht, daß der herrliche, noch immer in Jugendfrische prangende Mann so bald, so früh den Weg wandeln würde, wie Heinrich Bernhard Oppenheim! Dieser, im Jahre 1844 selbst noch ein blutjunger, von Geist und anregender Ideenfülle sprudelnder Dozent, hielt uns die Vorlesung über deutsches Staatsrecht, führte uns in die Welt des politischen Dichtens und

*) Kapp † 27. Oktober 1884. — Karl Hillebrand † 18. Oktober 1884.

**) In Nr. 22 der „Gartenlaube“ vom Jahre 1869 habe ich bereits eine Biographie und eine Uebersicht von Kapps schriftstellerischen Leistungen veröffentlicht, denen ein wohlgetroffenes Bildniß beigefügt ist. L. B.

Trachtens ein, aus welcher 1848 erstehen und 1870 sich aufbauen sollte. Und zum Zeichen, daß die Zeiten sich erfüllt hatten, fanden wir drei uns im Reichstage des Jahres 1877 wieder zusammen. Aber was lag alles zwischen jenen Anfängen und diesem Abschluß, welche geschichtlichen Vorgänge und welche persönlichen Schicksale!

Bald nach Ausbruch der achtundvierziger Bewegung traf ich mit Kapp in Frankfurt zusammen. Im Septemberaufstand kompromittiert, mußte er ins Ausland flüchten, wandte sich nach Paris, wo er mit Alexander Herzen bekannt ward, der ihm die Erziehung seines Sohnes anvertraute und ihn zur Bearbeitung der deutschen Ausgaben seiner Schriften heranzog. In dieser Stellung fand ich ihn im August 1849 in Genf wieder, als auch mich der Strom der Emigration dahin geführt hatte. Bei dem leichtlebigen, radikalen, von deutscher Philosophie durchtränkten russischen Aristokraten hatte der jugendliche, gewandte und anmutvolle deutsche Flüchtling ein gutes Leben. Es ward ihm besonders auferlegt, seinen Zögling von allen Glaubenslehren frei zu halten, und der Präzeptor ließ sich das nicht zweimal sagen, hat es auch später im eigenen Hause so gehalten und in seinen letzten Verfügungen bewährt. Es war keine uninteressante Gesellschaft, in der wir uns damals bewegten. Georg Herwegh, Moritz Hartmann, James Fazy gehörten zum täglichen Umgang Herzens, dessen Konversation und Humor nie versiegten. Kapp bearbeitete zu jener Zeit die deutsche Ausgabe von Herzens „Vom andren Ufer".

Auf die Dauer jedoch konnte diese Stellung ihm nicht genügen. Er hatte noch besondere Gründe, sich eine feste, unabhängige Stellung zu suchen. Nach alter Studentensitte hatte er sich zu Hause im Vaterlande still verlobt. Auch darin trafen wir zusammen, und so schmiedeten wir den Plan einer gemeinschaftlichen Zukunft, die, wie es sich damals von selbst verstand, auf amerikanischem Boden wachsen sollte. Uns zwei jungen, noch wenig im Leben geschulten Juristen gesellte sich ein alter Praktikus zu, gleichfalls ein Flüchtling, mein biederer Landsmann Zitz, ehemals der renommierteste Advokat von Mainz, der im Jahre 1848, wie Franz Ravaux und später noch mancher andre Rheinländer, aus dem Präsidium der Karnevalsgesellschaften in die politische Rolle hineingeraten war. Wir drei wollten gemeinsam eine juristische Agentur in New-York errichten. Aber es sollte doch anders kommen; ich blieb unterwegs in London hängen und an meine Stelle trat Julius Fröbel. So wurde dann die Firma „Zitz, Fröbel und Kapp" in New-York errichtet. Zitz oder „der Alte," wie er bei Kapp stets hieß, war ein liebenswürdiges Original. Das Mißgeschick, aus einer glänzenden Stellung und einem opulenten Leben in ein entbehrungsvolles Exil versetzt zu sein, ertrug er wie ein Stoiker; eine zunehmende Harthörigkeit fügte es von selbst, daß ihm die schriftlichen Arbeiten zufielen, während Kapp die mündliche Vertretung bei den Gerichten und den weltlichen Verkehr übernahm. Fröbel schied bald aus; ihn, den Doktrinär der praktischen Anstelligkeit, trieb es zu immer neuen Experimenten; vorher hatte er es schon mit der Seifensiederei probiert; nun wurde er Karawanenführer zwischen Texas und Mexiko. Heutigen Tages sitzt er nach zahllosen Wanderungen und Wandelungen als wohlbestallter Konsul des Deutschen Reiches in Algier; mit seinen achtzig Jahren noch immer eine schöne elegante Erscheinung. So wenigstens sah ich ihn vor zwei Jahren bei einer zufälligen Begegnung auf dem Thuner See. Die Firma „Zitz u. Kapp" gelangte unter der rüstigen Arbeit der beiden fleißigen gewandten Männer zu raschem Gedeihen und die Braut vom

Rhein, die Tochter eines hohen Militärs, entschlossen und herzhaft, wie sie alle Zeit geblieben, fuhr mit Zustimmung des Vaters hinüber in den fremden Weltteil, dem Geliebten die Hand zu reichen. Heute beweint sie ihn: aber welch' eine Fülle häuslichen Glücks haben sie einander bereitet! Fünf Töchter, von denen vier bereits glückliche Frauen und Mütter, und ein Sohn, gleich dem Vater, schon jung verheiratet, die sie jetzt tröstend umstehen, wuchsen in diesem Hause heran, in dem die mit idealem Sinn gepaarte unerschöpfliche Jovialität des Vaters, der strengere hingebende Sinn der Mutter das denkbar Vollkommenste an Familienglück zur Wahrheit machten. Dank dem höchsten Geschenk der Götter, einer Anmut und Kraft der Erscheinung, welche auf den ersten Blick alle Herzen gewann, erwarb sich Kapp in New-York um so sicherer eine ansehnliche Stellung, als dem äußeren Eindruck seiner Person die innere Echtheit und Liebenswürdigkeit vollauf entsprachen. Sein Haus war natürlich auch ein Mittelpunkt der Deutschen und namentlich der Flüchtlingsgesellschaft. Ach, wenn ich doch seine lebensvollen Erinnerungen, seine humoristische Darstellungskunst wieder heraufrufen könnte. Wie viele Abende lang haben wir ihm gelauscht, wenn er die abenteuerlichen Gestalten schilderte, die durch seine Stube gegangen waren, die er in allen ihren Wandlungen weiter verfolgt hatte. Aus einem Untergrund von altem Studenten, vermischt mit der Schnellfertigkeit des go ahead hatte er sich eine eigentümliche Darstellungsweise geschaffen, die schwer zu schildern, unmöglich zu reproduzieren ist. Das sprudelte nur so von drolligen burschikosen Benamsungen, überraschenden Wortwendungen und dazwischen gestreuten Yankeewörtern. Mehr als einmal habe ich es erlebt, daß solche, die ihn zum ersten Mal hörten, wie verzaubert auflauschten und wie berauscht davongingen. Und so gutmütig war dieser Humor; keiner der Schwindler oder Bärenhäuter, die er so in Lebensgröße vorführte, welcher nicht Beweise dieser Gutmütigkeit davongetragen hätte.

Kapp war nicht zum Sachwalter für Tagesgeschäfte, sondern zum Historiker geschaffen. Seine Heimat war in den Archiven, die für ihn zeitlebens eine unwiderstehliche Anziehungskraft besaßen. Er war einer der besten Bücherkenner im Reichstag, vielleicht nur vom obersten der Bibliophilen, Franz von Stauffenberg, darin übertroffen. Die Reichstagsbibliothek verliert in ihm eine unersetzliche Stütze. So hat er auch vor etlichen Jahren zum Abschluß seiner wissenschaftlichen Thätigkeit die Aufgabe übernommen, für den Verein der deutschen Buchhändler die Geschichte des deutschen Buchhandels zu schreiben, ein Riesenwerk, das auf eine Reihe von Bänden berechnet, bereits zu einem ansehnlichen Teil im Manuskript vorbereitet sein muß. Der erste Band dürfte wohl nahezu druckfertig sein. Seit Jahren durchstrich er Deutschland, Oesterreich und die Schweiz, zuletzt noch Belgien, um die Archive nach allen Spuren dieser Quintessenz moderner Kulturentwicklung zu durchstöbern. In gleicher Weise hatte er vormals die alten Bauernhöfe der deutschen Eingewanderten nach Familienbibeln und sonstigen Memorabilien durchforscht. Wie glücklich machte ihn jeder Fund; welche Schätze mag er gesammelt haben, wer wird es vollenden, aber wie vieles ist unwiederbringlich verloren, was in diesem mächtigen Kopfe eingeheimst war!

So lange er in Amerika lebte, bearbeitete er das Feld, auf dem er stand, aber auch da immer vorwiegend den Blick auf Deutschland und auf den Kampf der Humanität gegen die Barbarei gerichtet. Seine Geschichte des Soldatenhandels deutscher Fürsten, seine Biographien der Generäle v. Kalb und v. Steuben, die Geschichte der

Sklaverei*), endlich das bedeutende Werk: Geschichte der deutschen Einwanderung in Amerika (1868), arbeitete er in New-York aus, in den Mußestunden neben der Advokatur, neben schweren öffentlichen Ehrenämtern und einer stets gepflegten heiteren Geselligkeit; dabei seinen sechs Kindern zugleich ein ernster Lehrer und ein lustiger Gespiele. Unsere Korrespondenz zwischen New-York und Paris war damals im regen Gang, weil es immer Aufträge zu litterarischen Nachforschungen für seine Arbeiten gab, welche insbesondere durch die notwendige Hineinziehung der Lafayetteschen Expeditionen auch auf französische Quellen angewiesen waren.

Im Jahre 1862 kam er zum ersten Male zu vorübergehendem Besuch nach Europa und Deutschland zurück. Ich hatte das Glück, in London mit ihm zusammenzutreffen, wo wir einige Tage alten Erinnerungen und neuen Hoffnungen widmeten. (1859 hatte er seinen Weckruf erschallen lassen.) Dann sah ich ihn wieder in Mainz, am Tage der französischen Kriegserklärung, als wir in tiefster Aufregung der schicksalsschweren Entscheidung entgegensahen. Er übernahm die Vermittlung zwischen den hilfreichen Deutschen jenseits des Ozeans und den hilfsbedürftigen Opfern des Krieges und hat darin wahrhaft Großes geleistet. Man wollte ihm dafür eine Auszeichnung zuteil werden lassen. Er wußte dies jedoch durch rechtzeitige Intervention zu verhindern.

Ueber seine Thätigkeit im Reichstag, über seine späteren schriftstellerischen Arbeiten, sein Wirken in zahllosen gemeinnützigen Angelegenheiten brauche ich nicht, vermöchte ich auch nicht an dieser Stelle erschöpfend zu be-

*) In zwei Werken: „Die Sklavenfrage in den amerikanischen Staaten (1854) und „Die Geschichte der Sklaverei (1861).

richten. Denkwürdig als Erinnerungszeichen an das Sonst und Jetzt unserer Reichspolitik wird jenes Telegramm des Reichskanzlers „Wählt Kapp!“ sich erhalten.*) Kapp wahrhaftig war derselbe geblieben nach wie vor. Doch heute, in dieser Stunde bittrer Trauer um den hingebenden treuen Sohn des Vaterlandes, sei von dergleichen nicht die Rede! Nur des rein Menschlichen, was in ihm zur höchsten Blüte gediehen war, seien wir eingedenk.

Auf ihn paßt der sokratische Spruch von der schönen Seele in dem schönen Körper im vollsten Sinne des Wortes. Welche edle, ritterliche Gestalt, dieser hochgewachsene, blondgelockte, blauäugige Sohn der rothen Erde, der mächtige Kopf auf breiten Schultern, ein wahrer Göttersohn, ein ewiger Jüngling, noch als er hoch in den Fünfzigen stand. Die Ungezwungenheit und Frische seines Wesens wollten nicht, daß der Adel seiner Erscheinung sich nach der Seite der „Distinktion“, der Vornehmheit, zuspitze. Ein Zug burschikoser Führung, wie in der Ausdrucksweise, so in Gang und Bewegung, blieb charakteristisch für ihn. Zwanzig Jahre amerikanischer Thätigkeit hatten den alten flotten Heidelberger nicht bewältigen können; aber wie fern stand dieser Sinn von dem der geschniegelten, studentischen Hochtories heutiger Façon! Wie belebt in bunten Bildern und schnurrigen Bezeichnungen, wie derb offenherzig zuweilen sprudelte die Rede, deren gemäßigt westfälischem, zugleich etwas amerikanisch angehauchtem Tonfall ein leichtes Anstoßen der Zunge noch einen besonderen schalkhaften Reiz verlieh! Und welche Güte, welches Wohlwollen strahlte aus diesen Augen! Noch im letzten, sechzigsten seiner Jahre, als schon die perfide Krankheit, die ihn seit lange unter-

*) Als bei einer Stichwahl ein Theil der Wähler den Rat Bismarcks einholte.

wühlte,. ihre Linien in das männliche Antlitz geschrieben hatte, noch damals und bis zum letzten Abschiedsbesuch (es sollte ja der Abschied auf immer werden) im Juni dieses Jahres, immer, wenn er in meine vier Wände trat, war mir's, als käme ein heller Sonnenstrahl herein, und nie sah ich ihn gehen ohne das Gefühl des Dankes, daß es einen solchen Menschen gebe und daß ich ihn zu den mir am nächsten Stehenden rechnen dürfe. Er war diensteifrig bis zum Exzeß. Jemandem eine Bitte abzuschagen, fiel ihm entsetzlich schwer. Wie manchmal mußte ich ihm bedeuten, daß er seine Hilfe, seine Befürwortung an den Unrechten verschwendet hatte. Seine politischen und gemeinnützigen Leistungen sichern ihm das Andenken der Nation, seine Schriften einen ehrenvollen Platz im Reich der Wissenschaft. Aber nur, wer den Menschen selbst lange und genau gekannt hat, weiß, welche Herrlichkeit mit ihm auf immer dahin geschwunden ist.

Karl Hillebrand.*)

---

*) Aus der „Deutschen Rundschau." Dezemberheft 1884.

Nur von dem Menschen zu sprechen, von dem, was er war, was er vermochte und was er vollbracht hat, wie er den Freunden vor Augen stand, wie er dem aufmerksamen und verstehenden Leser nahe trat, ist mein Vorsatz. Eingehend seine Schriften zu würdigen, wäre eine Aufgabe, der ich, wenn überhaupt, am wenigsten in diesem Moment mich gewachsen fühlen könnte, wo das Bedürfnis nach besänftigenden Worten des Abschieds kaum Zeit genug zu einem raschen Ueberblick gewährt. Besser Berufene werden sich der lohnenden Arbeit unterziehen, das Andenken des in seiner Art einzigen Mannes zu ehren und die wißbegierige Welt über die Schätze zu belehren, die er ihr hinterlassen hat. Sie wird nicht leicht sein, diese Aufgabe. Denn wer sie lösen will, wird an Vielseitigkeit in Studium und Leben an ihn hinaufragen müssen, an ihn, der grade darin von wenigen erreicht, von keinem übertroffen worden ist. Wird schon selten genug die Gelehrsamkeit eines Einzigen die ältere, neue und neueste Litteratur der vier großen Kulturnationen Europas beherrschen, so dürfte sich kaum ein zweiter finden, der so wie er neben der Arbeit der Studierstube, die er mit ganzer Seele betrieb, sich zugleich im fließenden Leben aller vier Nationen persönlich mitbewegt, dasselbe in seinen Tiefen ergründet hat. Die doppelte Universalität ist das Charakteristische an Hillebrand. Und während eines am andern, Wissen und Leben, sich fortwährend ergänzt und durchdringt, steigt aus den gesammelten Thatsachen, vom philosophischen Geist, durch den sie hindurchgehen, geläutert und beleuchtet, eine endlos perlende Fülle fein und farbenreich glänzender Urteile empor — über alles Menschliche, vom Kleinsten bis zum Größten.

Leider kann ich nicht aus eigner Beobachtung schildern, wie von Anbeginn dies erstaunliche Resultat sich aus dem Zusammentreffen persönlicher Anlagen und Schicksale herausgebildet hat. Als ich ihn vor nunmehr achtzehn Jahren kennen lernte, war er schon ein fertiger Mann, über die Hälfte der Dreißig hinaus, sichern Schrittes die Bahn einherschreitend.

Streift man auch nur obenhin die Gebiete, die sein Geist in zwanzig Jahren (vom 1860 bis 1881, dem Ausbruch der Krankheit) durchwandelt und durchforscht hat, so steht man geblendet vor dieser Mannigfaltigkeit des Erlernten, Erlebten und Verarbeiteten. Welch eine Reihe, von jener ersten lateinisch geschriebenen Pariser Doktorthese, einer Parallele zwischen Dante, Milton und Klopstock (1860), bis zu dem letzten Beitrag in der „Rundschau" vom März 1884: „Vom alten und neuen Roman", in welchem die zitternde Hand noch so viele neue Gedanken in die Welt hinaus sandte, als der Tod schon die seine ausstreckte, ihr die nimmer rastende Feder zu entwinden! Man darf wohl, ohne sich der Uebertreibung schuldig zu machen, behaupten: nur bei einem Deutschen war solche Universalität möglich, zu welcher neben dem Talent der Vielsprachigkeit, das ja z. B. auch die Slawen besitzen, die spezifische Fähigkeit des spekulativen Denkens und des Einlebens in fremde Nationalitäten gehört.

Hillebrand verweilte in Gesprächen selten bei seiner eignen Vergangenheit.*) Er war beständig zu sehr von dem neu sich Bietenden und allgemein Interessanten erfaßt, um sich an Persönlichem überhaupt und gar an dem,

*) Geb. zu Gießen am 17. Sept. 1829; gest. zu Florenz am 18. Oktbr. 1884.

was Persönliches hinter ihm lag, aufzuhalten. Es kam noch etwas hinzu, seine Mitteilsamkeit über die Jugendjahre zu dämpfen. Der reife Mann erinnerte sich ungern an die „Jugendeselei“ seiner revolutionären Anfänge; er wich jeder Versuchung aus, zu erzählen, wie er als neunzehnjähriger Student von Gießen aus mit den Freischaren nach Baden gelaufen, und auf welche abenteuerliche Weise er aus den Kasematten der Festung Rastatt entkommen war. Aber da es mir doch geglückt ist, von dieser, um seiner und der Mithandelnden willen interessanten Episode einige Kenntnis zu erlangen, so wird es, denke ich, seinen Schatten nicht erzürnen, wenn ich sie nach meinen sicheren Angaben erzähle. Er war bei der Kapitulation von Rastatt mit Corvins Truppen gefangen worden. Als die Nachricht nach Gießen kam, beschloß seine ältere Schwester Marie, die ihn überlebt und die unter den insgesamt begabten Geschwistern am nächsten an ihn heranreicht, ihn zu retten. Sie machte sich mit Briefen ihres Vaters auf nach Darmstadt, wo der Märzminister Jaup sie mit Empfehlungen an seine Karlsruher Kollegen versah. Zwar ward sie gut aufgenommen, aber Trost fand sie nicht. Der Bruder sei unrettbar dem Kriegsgerichte verfallen. Sie ließ sich nicht abschrecken, wanderte, auf sich allein gestellt, nach Rastatt; dort wußte sie es fertig zu bringen, daß sie mit einem Trupp Soldaten in das Innere des Kasemattenraumes gelangte, in dessen Hof der Bruder mit anderen Gefangenen gerade sich ergehen durfte. Erkennungs- und Umarmungsszene. Der wachhabende Offizier fährt sie barsch an, sie stellt sich geistesverwirrt; er erkennt alsbald, daß ein Wesen von ungewöhnlicher Art vor ihm stehe, behandelt sie gut; doch läßt auch er keine Hoffnung, daß der Bruder dem Erschossenwerden entgehen könne. Nun weiß sie es anzufangen, als Gehilfin der Verwalterin des Gefängnisses anzukommen, und in dieser Stellung schafft sie Mittel und Wege zur Flucht. Zunächst gelang es, ihn als krank ins Spital zu bringen, von wo aus das Entrinnen leichter zu bewerkstelligen war. Hillebrand, ein ausgezeichneter Turner, sollte mit einigen Mitgefangenen den Ausweg durch die Kloaken nehmen. Aber unterwegs packt ihn die Stickluft, er wird ohnmächtig, und, damit an der Romantik nichts fehle, trägt ihn einer der Gefährten, ein französischer Freischärler, dem er selbst in einem Gefecht das Leben gerettet, auf seinen Schultern hinaus ins Freie. Sie kommen an den Rhein, badische Dragoner setzen ihnen nach, die Kugeln pfeifen ihnen um die Ohren. Da erbarmt sich eine gute Seele drüben am französischen Ufer; ein Kahn kommt herbei, und sie sind gerettet! Die Schwester folgte nach Straßburg, brachte ihn nach Paris, wo sie früher schon gewesen. Auf Hilfe von Hause konnte er für seinen Lebensunterhalt nicht rechnen, und so bewarb er sich um den Dienst eines Sekretärs bei Heine. Auch über diesen Abschnitt seines Lebens sprach er weder oft, noch gerne. Demütigte ihn die Erinnerung an die revolutionäre Schwärmerei, so nicht minder die an die „Dummheit", daß er aus seinem Verkehr mit Heine nicht mehr beobachtet und aufgezeichnet habe. Selbst als ich ihn mit Madame Jaubert, der Freundin der letzten Jahre Heines, zusammenbrachte, wollte er nicht auftauen. Denke man nicht, falscher Stolz habe hier zu Grunde gelegen; er war durch und durch bescheiden. Wie manchmal sagte er im ernsten Zwiegespräch: zu den Gelehrten rechne er sich nicht, ihm fehle die systematische Schulung. Das Wenige, was er aus jener Zeit — im ganzen neun Monate — in die Oeffentlichkeit bringen wollte, hat er in dem kurzen Brief an Prof. Hüffer in Bonn, der dessen interessanter Schrift über den Dichter einverleibt ist, erzählt. Ich darf hier darauf verweisen. Die mütterliche Schwester befürchtete von dem Pariser Aufenthalt allerhand Schädliches für den damals heißblütigen Bruder und bestimmte ihn, nach Bordeaux zu gehen. In dieser Stadt der legitimistischen Gesinnung und des Seeverkehrs mit England legte der Jüngling den ersten Grund zu den Formen des Seins und Denkens, in welche der Mann allmählich hineinwuchs. Lehrend und lernend bereitete er sich hier auf den künftigen Beruf vor, ward in vielen Familien gut aufgenommen, u. a. auch im Hause einer Engländerin, Frau Taylor, die durch Verwandtschaft mit Gießen zusammenhing. Die Tochter sollte nach langen Jahren die hingebende und ebenbürtige Gattin werden, die ihn heute betrauert.

Duruy, ein tüchtiger und vortrefflicher Mann, wandte zuerst als hoher Beamter und dann als Minister des Unterrichts dem jungen Deutschen sein Wohlwollen zu. Eine Stellung an der Militärschule von St. Cyr gewährte ihm Gelegenheit, seine Studien in Paris zu vollenden und die vorschriftsmäßigen Prüfungen bis zum Docteur ès lettres abzulegen.

Seine erste große Arbeit erschien im Jahre 1862. Sie sollte für ihn selbst wie für die historische und linguistische Kritik eine tief eingreifende Bedeutung erlangen. Viel Verdruß und viel Mühe ist ihm daraus erwachsen. Aber ohne mir nur entfernt ein sachliches Urteil über die Materie selbst zuzutrauen, darf ich auf Grund der auch dem Laien erkennbaren Thatsachen getrost behaupten, daß er mit seinem ersten Griff in dieses Gebiet so schwieriger Probleme ein tiefes Verständnis bewährt und schließlich aus allen Anfechtungen mit Ruhm hervorgegangen ist. Es handelt sich um die Chronik des Dino Compagni, eines Zeitgenossen Dantes, welche zum ersten Male im Jahre 1726 von Muratori gedruckt worden und seitdem zu hohem Ansehen gelangt war. In seinem Buch „Dino Compagni, Etude historique et littéraire sur l'époque du Dante (Paris, Durand 1862)" wollte Hillebrand nicht sowohl diesen Chronisten allein als die ganze für die Entwicklung der italienischen Sprache so entscheidende Epoche behandeln. Das Werk umfaßt über 400 Seiten in eng gedrucktem Großoktav. An der Echtheit der Chronik war mit einer einzigen Ausnahme nie ein Zweifel geäußert worden. Im Jahre 1858 hatte nämlich Pietro Fanfani solche Bedenken in einer Zeitschrift aufgeworfen, und sie wären, wie Dr. Otto Hartwig in Halle (Revue historique, tome XVII) sagt, unbemerkt vorübergegangen, wenn nicht Hillebrand selbst in einem Anhang seines Buches sie hervorgehoben und widerlegt hätte. Seitdem und gerade dadurch ist der Streit über die Frage, ob nicht die Chronik jenes Konsuls der Seidenzunft von Florenz (1280—1320) das Werk eines Fälschers sei, nicht mehr zur Ruhe gekommen. Abhandlungen ohne Zahl und viele dicke Bände sind in diesen zwanzig Jahren darüber geschrieben worden. Unsere gelehrten Landsleute, deren Fleiß und Scharfsinn so viel Reiz darin findet zu „retten", was für schlecht oder falsch, und zu vernichten, was für gut oder echt gilt, haben selbstverständlich keinen geringen Anteil an diesem Streit genommen. Ein ausgezeichneter deutscher Forscher, Professor Scheffer-Boichorst, hatte den Reigen der Angreifer eröffnet (Historische Zeitschrift, XXIV); der Verteidigung kam zuletzt mit gewaltiger Macht ein bändereiches Werk des Professors Del Lungo in Florenz zu Hilfe, welcher eine neue Ausgabe der Chronik mit einer ungeheuren Ansammlung gelehrten Materials über die Frage herausgab. Del Lungo stellt sich, wie die Akademie der Crusca, ganz entschieden auf die Seite Hillebrands. Dieser selbst war, als die ersten Anfechtungen auftauchten, wie natürlich, von seinen Neidern als das

Opfer einer oberflächlichen Täuschung verspottet worden. Die „Entremangerie professorale“, ein Wort, das schon etliche hundert Jahre alt ist, verrät, daß die Gewohnheit nicht ausschließlich den Deutschen zukommt. Hillebrand ließ sich nie irre machen und hat auch auf den Rest von Zweifeln, die Del Lungo fest hielt, noch eine treffende Antwort gegeben. Auf jeden Fall steht thatsächlich fest, daß im Laufe der Zeit die Mehrheit der gelehrten Kritiker in der Hauptsache die Echtheit der Chronik wieder anerkannt hat, und daß der Streit sicherlich nicht zu Hillebrands Nachteil ausgegangen ist. Das sagt, denke ich, genug für die Erstlingsarbeit des damals kaum über die Dreißig zählenden Gelehrten.

Im Jahre darauf hatte die Akademie von Bordeaux eine Preisfrage ausgeschrieben: Quels étaient l'état des moeurs et la disposition des esprits aux époques, où brilla la bonne comédie? — Des éléments analogues existent-ils aujourd'hui en France?“ Erst zwei Monate vor dem anberaumten Bewerbungstermine — so berichtet Hillebrand in seiner Vorrede — bekam er Kunde von dieser Ausschreibung, als er gerade im Begriff war, nach Deutschland zu reisen. Dennoch gewann er den Preis. Die Schrift ist 1863 bei Durand in Paris erschienen.

Kannte ich Hillebrand in dieser ersten Periode nicht, so hatte mich der Zufall mit dem Hause, in dem er aufgewachsen war, in Berührung gebracht. Der Vater war mir an der Gießener Universität ein lieber und verehrter Lehrer gewesen. Seine Geschichte der deutschen Nationalliteratur, von welcher der Sohn Mitte der siebziger Jahre eine dritte Ausgabe besorgte, ist noch heute ein weit bekanntes und hochgeschätztes Werk.

Papa Hillebrand, aus dem Hildesheimschen stammend, ursprünglich zum katholischen Theologen bestimmt und nach

Empfang der ersten Weihe zum Protestantismus übergetreten, war ein deutscher Professor von der besten Art, ganz in seinem Beruf aufgehend und des Lehramts wie eines frommen Priestertums waltend, ohne zu ahnen, wie wenig der Troß der akademischen Jugend, welche die „Zwangskollegien“ Logik und Psychologie zu hören kam, sich für das interessierte, was er in heiligem Ernst, aber allerdings auch im echten Kauderwelsch der damals blühenden Schelling-Hegelischen Terminologie ihr vortrug. Seine „schlechthinige An- und Fürsichlichkeit“ ist kein Geschöpf der mythenbildenden Schülertradition, sondern leibhaftig in unsere Hefte übergegangen. Daß er eigentlich ein Eklektiker war, kam denen, die seine Belehrung ernst nahmen, zu statten. Seine breitere Wirkung lag auf dem litterarischen Gebiet, in dem er — und das wollte nicht wenig heißen — selbst den Gießener Bruder Studio zur Andacht brachte. Er war Goetheverehrer und — die Wahrheit zu sagen — Schillerverächter. Das ist besonders bemerkenswert für die Geistesverwandtschaft zwischen Vater und Sohn, die auch im Grundzug der Liebenswürdigkeit einander vollkommen ähnlich waren. Die gesamte Familienatmosphäre war von echter Humanität und natürlicher Vornehmheit durchweht. Auch die anderen Geschwister beiderlei Geschlechts erhoben sich alle über das Maß der Gewöhnlichkeit, und der Vater hat sich in der Reaktionszeit der fünfziger Jahre eine politisch würdevolle Stellung in dem Dalwigkschen Hessen-Darmstadt zu bewahren gewußt. Das alles stand noch in lebhafter Erinnerung mir vor der Seele, als ich im Jahre 1866 den Namen Karl Hillebrand im Journal des Débats wiederfand. Es gab damals nächst der Revue des deux mondes keinen höheren publizistisch-literarischen Adelsbrief und keine gewissere Notorietät als die Mitarbeit auf der dritten Seite der

Débats. Was mich besonders zu meinem Landsmann hinzog, war der Drang, in dem wir uns begegneten: den Franzosen eine vernünftige Auffassung von der großen Wendung der Dinge in Deutschland beizubringen. Aus der Reihe von Artikeln, welche Hillebrand für das Journal verfaßte, ist das im Jahre 1867 bei Germer Baillière erschienene Buch La Prusse contemporaine hervorgegangen. Man konnte damals noch, trotz der Verstimmung, welche Sadowa zurückgelassen hatte, für Preußens Beruf und für die Herstellung des deutschen Einheitsstaates Propaganda machen, ohne in der Gesellschaft minder gut aufgenommen zu werden, die bis zu dem für ihr Ueberlegenheitsgefühl so verhängnisvoll gewordenen Krieg jedem Fremden nicht bloß liebenswürdig, sondern auf allen Wegen fördernd entgegenkam. Insbesondere bei der jüngeren linguistischen und historischen Schule, die sich von deutscher Wissenschaft genährt hatte, fand der Deutsche warme Aufnahme. Seit 1863 war Hillebrand Professor der romanischen Litteratur an der Fakultät von Douai. In eben jenem Jahre 1866, welches uns ins Ausland verschlagenen Deutschen die Erfüllung vieler lang gehegten Wünsche versprach und uns zur Mitarbeit an der Neugestaltung der heimischen Dinge anspornte, hatte der Professor der alten Literatur die Geduld verloren, in der Provinzialstadt Douai zu sitzen. Während er der Form nach da wohnhaft blieb, siedelte er in Wirklichkeit nach Paris über und fuhr ein oder zwei Mal die Woche hinüber, seinen Studenten die Vorlesung zu halten.

Als ich ihn zum ersten Male in seinem Hôtel garni der rue des Saints-Pères aufsuchte, fand ich einen in seinem ganzen äußeren Wesen mit behaglicher und natürlicher Weltmannseleganz auftretenden jungen Mann. Nicht die leiseste Spur mehr von der Herkunft aus dem — zu meiner Zeit wenigstens — unsäglich armseligen Universitätsstädtlein. Nur eins war geblieben, der allerdings etwas gemilderte Dialekt der heimatlichen Gefilde, welcher, wie ich an mir selbst gewahr werde, dem in fremdes Sprachgebiet geratenen Deutschen besonders zähe anhaftet.

Bekanntlich ist ein literarischer Name seit länger als hundert Jahren in Paris der beste Paß in die gute Gesellschaft, und wenn auch, wie in allen sozialen Aeußerlichkeiten, die Eitelkeit der Hausherren dabei mitspielt, so bleibt immer für den Geist der Menschen bezeichnend, auf was ihre Eitelkeit sich richtet. Bei uns haben es die hervorragenden Musiker in der Gunst der Gesellschaft viel weiter gebracht als die Schriftsteller, und letzteren zum wenigsten sind noch immer die Exzellenzen über, so viele es deren auch giebt.

Hillebrand war mit allen Mitteln ausgerüstet, um von seinem Vorrecht ausgiebigen Gebrauch zu machen. Seine äußere Erscheinung war hübsch und einnehmend im besten Sinn des Wortes; dazu ein sanftes wohlthuendes Organ, anmutige Bewegungen, sichere Formen; dennoch durchaus nichts vom schönen oder eleganten Mann von Profession; nur der Gelehrte vom besten Tone. Die Welt der politischen und litterarischen Intelligenz versammelte sich damals besonders in dem Salon der Me. de Peyronnet, einer geborenen Engländerin, Schwiegertochter des letzten Ministers Karls X., und selbst ausgezeichneten politischen Schriftstellerin, die unter dem Namen Horace de la Gardie Satiren gegen das kaiserliche Regiment schrieb. In diesem Salon traf Hillebrand mit einem zweiten hochbegabten, gleichfalls in die französische Litteratur hineingewachsenen und seitdem Deutschland wiedergewonnenen Landsmann, mit Rudolf Lindau zusammen. Beide waren hier Stammgäste. Damals hauptsächlich legte er den Grund zu seiner unendlich ausgebreiteten Bekanntschaft mit hervorragenden Männern und Frauen Europas, die ihn in den Stand setzte, jene vergleichende Wissenschaft von den sozialen Verhältnissen der großen Kulturvölker zu schaffen, welche vielleicht den hervorstechendsten Bestandteil seiner Werke ausmacht. Es war ganz natürlich, daß sein äußeres Auftreten die glücklichste Verschmelzung der Studierstube mit dem Salon versinnlichte; denn eine geradezu unglaubliche Leichtigkeit des Aufnehmens und Produzierens machte es ihm möglich, neben einer bewegten und stets gut aufgelegten Teilnahme an der Geselligkeit ungemessenes Material für seine schriftstellerische Arbeit zusammenzutragen und zu verwerten. Wie er selbst bekennt, hatte er sich bis zum Ausbruch des österreichisch-preußischen Kriegs von der Politik fern gehalten. Erst dieses große Ereignis entzündete in ihm, dem in Frankreich Einheimischen — er war naturalisiert — das heiße Begehren, durch Aufklärung über Preußen und Deutschland den so tief beklagenswerten Bruch zwischen den beiden Nationen verhüten zu helfen. Aber es sind höchstens die kleinen Fehler, denen durch Belehrung vorgebeugt werden kann. Die großen liegen so tief in der Natur der Menschen, daß sie gemacht werden müssen, und es ist schon ein seltenes Glück, wenn sie hinterher die Erkenntnis zurücklassen, daß sie Fehler waren.

Die „Prusse contemporaine" giebt auf etwa 300 eng gedruckten Seiten eine Schilderung der Ereignisse, welcher ein kurzes Staatshandbuch über Gesetzgebung, Verwaltung, Rechtspflege, Finanz-, Kirchen- und Heerwesen, landwirtschaftliche, kommerzielle und gewerbliche Zustände der preußischen Monarchie angehängt ist. Sie fand soviel Aufmerksamkeit wie in Frankreich etwas fremde Zustände Behandelndes finden kann.

War diese Schrift des Jahres 1867 der Belehrung

Frankreichs über Deutschland zu Gunsten der Deutschen bestimmt, so gehörte die des folgenden Jahres der Reihe jener Werke an, welche bis auf den heutigen Tag sich zur Aufgabe setzen, das französische Unterrichtswesen mit dem Hinweis auf die Organisation der deutschen Universitäten zu reformieren. Die Abhandlung „De la Reforme de l'Enseignement supérieur" (1868 Germer Baillère) war das Ergebnis einer Reise, die Hillbrand im Auftrage Duruys unternommen hatte. Sie giebt in ihrem ersten Teil eine Schilderung der deutschen akademischen Einrichtungen, um in ihrem zweiten Vorschläge zur Verbesserung der französischen darauf zu begründen. Das Jahr 1868 kehrt zu den Arbeiten zurück, in welchen der Dino Compagni wurzelt und welchen ein mehrmals wiederholter Aufenthalt in Florenz gewidmet war. Daraus ging ein neuer Band „Etudes italiennes" (von 400 Seiten bei Franck 1868) hervor. Er umfaßt Studien über die ältere epische Poesie Italiens, die göttliche Komödie, die Mysterien, das Zeitalter Lorenzos von Medici, Savonarola, Ariost und Macchiavell. Das folgende Jahr gehörte wieder deutschen Studien an, aber nicht politischer Art. In der Revue des deux mondes sollte eine Reihe von Aufsätzen die Berliner Gesellschaft zu Rahels Zeiten schildern. Nach seiner Art hatte Hillebrand die Fäden weit ausgesponnen und sinnreich ineinander gewebt. Da wir gerade in jenem Jahr viel zusammen verkehrten und die im Gange befindliche Arbeit natürlich den Stoff des Gesprächs lieferte, hatte ich Gelegenheit zu beobachten, wie außerordentlich tief und breit die Fundamente angelegt waren, auf welchen hernach das so schlank und durchsichtig emporsteigende Gebäude errichtet werden sollte. Daher kommt es, daß seine Schriften im eminentesten Sinn anregend wirken, nicht bloß nämlich kraft der von überall her andringenden Gedankenvorstöße, sondern noch mehr kraft des fortwährend einschießenden geschichtlichen und literarischen Materials. Wer nach Analogien zu Hillebrands Vielseitigkeit und Denkselbständigkeit — ich sage hier noch nicht Neigung zum Paradoxen — sucht, wird nicht umhin können, auch auf Carlyle zu geraten. Aber neben manchem Zutreffenden, wie viel Verschiedenes! Das mürrische Staccato der Carlyleschen Ausbrüche, welche ihre Anspielungen auf zahllose Thatsachen wie Steingerölle herunterschleudern, setzt alles als bekannt voraus und läßt nicht zu Atem kommen. Die Facetten der Hillebrandschen Darstellung setzen immer und immer wieder neue Figuren ins Licht, erwecken nicht bloß die Lust, sondern zeigen auch den Weg, die Belehrung zu vervollständigen.

Der Gesamttitel dieser Publikationen lautet: De la société de Berlin 1798 à 1815, d'après des correspondances et des mémoires du temps publiés de 1859 à 1869. Das erste Kapitel (in der Revue vom 15. März 1870) trägt die Ueberschrift: Le monde israélite et les idées nouvelles; es ist der eingehenden Schilderung jener Gesellschaftskreise gewidmet, in welchen damals die neue Generation der Philosophen und der künftigen Romantiker sich um Henriette Herz versammelte, voran Schleiermacher und die Schlegel. Das zweite Kapitel mit der Ueberschrift: Les Originaux — mit Rahel als Mittelpunkt — erschien Ende April. In die Fortsetzung schlug der Krieg hinein. Trotz und während desselben erschien das dritte Kapitel im Novemberheft. Es nannte sich: Le reveil d'une nation. An diesen Stoff knüpft eine Note der Redaktion in bezeichnender Weise an. Ohne Zweifel um sich zu entschuldigen, daß sie wage, die Arbeit eines Deutschen über Preußen zu bringen, will die Redaktion an dieser Schilderung des Befreiungskriegs die Franzosen belehren, wie sie sich jetzt gegen die deutsche Invasion zur Wehre zu setzen haben. Eine weitere Fortsetzung erschien nicht. Buloz*) unterdrückte etwa drei Viertel des Manuskripts. Hillebrand hat nachträglich das Material zu einem Buch von etwa 200 Seiten verarbeitet, welches englisch erscheinen sollte. Seine Krankheit verhinderte auch diese Ausführung. Er war der Ansicht, für Deutschland liege hier zu viel Bekanntes vor. Ich teile dieselbe nicht und möchte befürworten, daß uns das Buch nicht vorenthalten werde. — Vorübergehend sei noch bemerkt, daß im Jahre 1869 die Revue von ihm bereits eine Besprechung von Bergenroths bekannter Arbeit über das Archiv von Simancas und dessen Aufschlüsse über das Schicksal der Mutter Karls V. gebracht hatte, einer Arbeit, die seitdem ähnlichen Zweifeln begegnet ist wie Hillebrands Dino Compagni, ob mit mehr Recht, vermag ich nicht zu sagen.

Bei Ausbruch des Krieges legte Hillebrand sein Amt nieder und schickte sich an, den französischen Boden zu verlassen. Eben nach dem Eintreffen der ersten Kunde von den Niederlagen der französischen Armee hatte er den Eisenbahnwagen in Lille bestiegen und war im Begriff, über Calais nach England zu reisen, als ihm im letzten Augenblick einfiel, daß er vergessen hatte, einen nach Darmstadt adressierten Brief in den Postkasten zu werfen. Arglos reichte er denselben einem Beamten des Bahnhofes zur Beförderung aus dem Wagen. Aber schon nach wenigen Minuten kam ein Trupp Menschen von Polizisten begleitet heran und verlangte stürmisch nach dem „Spion“, der soeben einen verräterischen Brief an die Preußen abzusenden versucht habe. Vergeblich berief sich der von dem benachbarten Douai her auch in Lille Bekannte auf die höchsten Beamten des Ortes; der immer mehr anwachsende

*) Der Herausgeber.

rasende Haufe bestand darauf, daß man ihn dingfest mache. Man zwang ihn auszusteigen, und er sollte in Haft gebracht werden. Aber das war das Wenigste. Die Aufgabe war, unter dem Schutz der Polizei den Weg nach der Präfektur zurückzulegen, ohne vom Haufen in Stück zerrissen zu werden. Der Wagen, in den man ihn setzte, ward auf dem ganzen Weg umringt und bedroht, und die Wachhabenden, die zu seiner eigenen Sicherheit mit eingestiegen waren, wußten nicht Rath, wie sie ihn lebendig von dem Wagenschlag nach der Haustüre durchbringen sollten. Ein kühner Sprung allein konnte ihn retten; nur mit knapper Not gelang er, nachdem in dem sekundenlangen Kampf um die freie Bahn ihm die Kleider vom Leibe gerissen worden waren. Der Präfekt benahm sich wacker, hielt vom Fenster herab eine fulminante Ansprache an die Menge und ließ, nachdem er sie beruhigt, ihn am Abend auf sicheren Wegen an sein Ziel bringen.

Als er mir beim ersten Wiedersehen im Sommer 1871 das schauerliche Erlebnis ausführlich erzählte, ließ er kaum ein Wort der Entrüstung einfließen. Er sah auf die häßliche Episode wie auf ein Elementarereignis herab. Und er hatte wohl recht. Je länger und unbefangener man die Kollektivwesen beobachtet, desto vorsichtiger wird man in der Verteilung zwischen Licht und Schatten nach verschiedenen Seiten, und man hütet sich von der einen Menge zu sagen, daß sie des Bösen oder auch des Guten unfähig sei, welches die Umstände — denn diese sind es — der anderen entlockt haben. Die schöne, beneidenswerte Unbefangenheit, welche Hillebrand in seinen vertraulichen Gesprächen über die ihm zugestoßenen Unbilden bewährt hatte, sollte er demnächst in einer bedeutsamen Weise vor aller Welt an den Tag legen.

Bald nach dem Krieg (1872) hielt er mit seinem Buch „Frankreich und die Franzosen“ seinen Einzug in die deutsche Litteratur, um sich in raschem Lauf eine wohlverdiente hohe Stellung zu erobern. Die sechs Bände „Zeiten, Völker und Menschen", welche in dem Jahrzent von 1872—1882 (Berlin, Robert Oppenheim) zum Theil aus einzeln veröffentlichten Abhandlungen gesammelt, zum Teil ganz Neues bringend erschienen, haben ihrem Verfasser den Dank von tausend und abertausend seiner wißbegierigen Landsleute eingetragen und ihm einen dauernden Platz in ihrem Andenken gesichert. Wie viel Belehrung und Anregung, wie viel genußreiche Stunden sind aus diesem ewigquellenden Born geschöpft worden! Hier liegen Schätze des Wissens und Denkens angehäuft, an welchen noch ein Menschenalter sich ergötzen und bereichern kann und, wenn schon der Lebende sich Aufmerksamkeit und Zutrauen in reichem Maße zu erwerben gewußt hat: der Tod, der große Meister, welcher zwischen Vergänglichem und Dauerndem die Wage hält, das eine der Vergessenheit überliefert, das andere erst recht zu neuem Leben erweckt, wird gerechterweise hier seines Amtes walten. „Die Zeiten, Völker und Menschen" Karl Hillebrands werden ein Bestandteil und eine Zierde wohlangelegter Hausbibliotheken werden. Freilich hätten viele Hausväter erst aus diesem Schatzkästlein unter anderem auch zu lernen, wie sehr der Deutsche — Edelmann und Bürger — in der Pflege solchen Bücherbesitzthums hinter seinen Nachbarn im Westen zurückgeblieben ist.

„Frankreich und die Franzosen in der zweiten Hälfte des XIX. Jahrhunderts", welches den ersten der sechs Bände ausmacht, ist ohne Zweifel das bei weitem am meisten gelesene von Hillebrands in deutscher Sprache verfaßten Büchern. In diesen unmittelbar auf den Krieg folgenden Jahren mußte ein solches Buch doppelt willkommen sein. Wenn irgend eine, so war diese Feder berufen, über das Wie und Warum der erlebten Wunder letzte Aufschlüsse zu geben, wenn es nicht an sich eine Illusion wäre, ein letztes Wort über irgend etwas und gar über Wunderthaten zu erwarten. Bedurfte es doch kaum eines so außerordentlichen Anlasses, um deutsche Leser für Belehrung über französische Zustände empfänglich zu machen. Sie sind es von jeher gewesen und sind es noch heute trotz allem, trotzdem sie so viel Wichtigeres bei sich selbst zu beobachten hätten, trotzdem die Physiognomie der französischen Politik, Litteratur und Gesellschaft seit dem Krieg an sich weniger anziehend geworden ist. Neues aus Frankreich hat noch immer für sie etwas von jenem Reiz, den es einst auf unsere großen Herren ausübte, als sie sich ihre Privatzeitungsschreiber in Paris hielten, damit ihnen kein galantes Abenteuer, kein Bonmot und kein Quatrain entgehen könne.

Auch die anderen Nationen entziehen sich diesem Reiz nicht, und das Phänomen erklärt sich vielleicht zum Teil dadurch, daß ein Volk, welches in allen Lebenslagen, glücklichen wie unglücklichen — man erlaube den trivialen aber allein zutreffenden Ausdruck — sich amüsiert, auch für die anderen amüsant bleibt. Für die Deutschen hatte das Buch noch den besonderen Reiz, daß es von selbst sich zu einer Parallele zwischen dem Charakter, den Institutionen, Sitten und Gebräuchen der beiden Völker gestaltete. Hillebrand giebt seinen Urteilen ein so scharfes Gepräge, daß sich schwerlich ein mit den von ihm behandelten Materien vertrauter Leser finden möchte, der ihm in allem und jedem zustimmte; aber kein Unbefangener wird ihm bestreiten, daß es ihm mit der Objektivität höchster Ernst ist. Wenn etwas ihn kennzeichnet, so ist es das tief innerliche Bestreben, alle Bande vorgefaßter Meinung zu zerreißen. Aber es ist so schwer, dieses Bestreben mit dem nach abschließenden Resultaten zu vereinigen, daß man auch ihm schwerlich die Palme des Siegers wird überreichen können. Nur eins möchte ich hinzusetzen: er hat sich gerade in dieser Arbeit am meisten angelegen sein lassen, das Gute auf beiden Seiten hervorzuheben. Natürlich hat das nicht gehindert, daß ihm von beiden Seiten auch das Gegenteil zur Last gelegt worden ist. In seiner Vorrede zur zweiten Ausgabe wendet er sich gegen diejenigen Deutschen, die ihn, ganz gewiß ohne Grund, angeklagt haben, seinen Landsleuten nicht gerecht geworden zu sein. Von den Franzosen sagt er, daß sie bezeichnenderweise das Buch nirgends besprochen hätten. Ich glaube, das wäre kein schlechtes Zeichen gewesen. Denn hätten sie ihm Einseitigkeit vorwerfen können, so würden sie, wie seit dem Kriege üblich, sich gewiß mit Anklagen der Undankbarkeit gütlich gethan haben.

Was mir von mündlichen Auslassungen über das Buch mittelbar zukam, zeugte nicht eben von Wohlwollen, hatte aber schon deshalb keine Bedeutung, weil es gar nicht auf Kenntnis der Schrift selbst beruhte und lediglich dem Bedürfnis entsprang, alles Deutsche zu verurteilen. Man meinte, es passe sich für den ehemaligen Professor an einer französischen Fakultät überhaupt nicht, ein auch selbst unparteiisches Buch über den Konflikt der beiden Nationen zu schreiben. Uebrigens muß ich der Wahrheit zur Steuer hinzufügen, daß die „Revue critique“ vom 10. Oktober 1874 eine sehr eingehende und ganz wohlwollende Besprechung aus der Feder Gabriel Monods, des vortrefflichen Gelehrten und angesehenen Herausgebers der „Revue historique“ brachte, welcher selbst nach dem Kriege eine sehr interessante und rein menschlicher Erwägung gewidmete Schrift: „Français et Allemands pendant la guerre“ veröffentlicht hat. Auch sind diejenigen Franzosen, die sich gleich ihm ein freies Urteil bewahrt haben, unter den Höchstgebildeten nach meiner Erfahrung durchaus nicht so selten, wie man aus gewissen an die Oeffentlichkeit tretenden Demonstrationen einiger Gelehrten schließen könnte.

Das Buch über Frankreich ist sowohl ins Französische, von Minoret, als ins Englische, von Roscoe, letzteres sehr gut (ohne Namensnennung), übersetzt worden.

Seit den bösen Tagen von Lille hat Hillebrand den Boden von Paris nur ein- oder zweimal flüchtig auf der Durchreise berührt. In den Jahren seiner letzten Krankheit suchte er Linderung in dem geschützten Meerbusen von Arcachon nahe bei Bordeaux. Hier machte sein für solche Eindrücke sehr empfängliches Gemüt die wohlthuende Erfahrung, daß er von etlichen alten Freunden mit der ganzen Wärme und Dienstfertigkeit, welche zu den schönsten Eigenschaften der Nation gehören, aufgenommen ward. Seine Häuslichkeit verlegte er Anfangs der siebenziger Jahre nach Florenz. Wohl hätte es gelingen können, ihn bald nach dem Kriege für Deutschland zu gewinnen. Als man später ihm mehrfach Professuren anbot, war die Thatsache seiner Ansiedelung in Florenz schon vollzogen. Er hing von lange her durch viele Fasern seines Lebens und Strebens mit der wundersamen Stadt zusammen und hat den Entschluß auch nie bereut. In die Schablone irgend einer amtlichen Stellung wäre seine über alles Zünftige weit hinaus gewachsene Existenz- und Empfindungsweise nicht mehr hineinzubringen gewesen, und für die Freibeweglichkeit seiner Studien am lebendigen Leib der Völker war es ein Glück, daß er sich in keine Pflicht, und wäre sie auch eine leichte und ehrenvolle gewesen, spannen ließ. Der Sommer gehörte den Reisen nach England und Deutschland oder in abgelegene Gebirgsasyle der Schweiz, deren Name behufs Verteidigung der ungestörten Arbeitsmuße nur den wenigsten anvertraut ward. So entstanden in diesen Jahren neben zahllosen einzelnen Abhandlungen die folgenden fünf Bände des genannten Sammelwerks.

Der zweite Band trägt den allgemeinen Titel: „Wälsches und Deutsches". Von italienischen Stoffen sind darin behandelt: Petrarca — Lorenzo di Medici — die Borgia — Manzoni — Guerazzi — Tommaseo — Carducci; von französischen hauptsächlich Michelet und Merimée; die deutschen Aufsätze beschäftigen sich vornehmlich mit dem Gegensatz zwischen zünftigem und unzünftigem Wissen und Schaffen. Hier findet sich z. B. der ursprünglich in den „Preußischen Jahrbüchern" veröffentlichte Aufsatz über Gervinus, der zum Besten gehört, was aus Hillebrands Feder hervorgegangen ist. Hier begegnen wir auch dem ersten Aufsatz über Schopenhauer, zu welchem Hillebrand nicht im Verhältnis eines Adepten, aber eines freien und warmen Verehrers stand. Den Denker und den Stilisten setzte er über alles, mit dem Gegner der Gelehrtenzunft sympathisierte er lebhaft.

Der dritte Band „Aus und über England" enthält in seinem ersten Teil Briefe, die im Jahre 1873 verfaßt sind; in seinem zweiten eine Reihe von Aufsätzen (im Jahre 1874 verfaßt), die sich mit englischen Arbeiten über französische Zustände beschäftigen, und insbesondere mit den interessanten Schriften Morleys, damals Herausgebers der Fortnightly Review, über Voltaire, über Rousseau und über Diderot. Den Schluß bilden zwei Aufsätze älteren Datums über den Tom Jones und über Lawrence Sterne. Der erstere war schon 1865 in den Débats erschienen.

Der vierte Band nennt sich „Profile". Die einzelnen Abhandlungen, litterargeschichtliche Biographien enthaltend, waren nach einander im Laufe des Jahres 1875 erschienen und sind hier in einem Bande vereinigt. Eine Vorrede „über moderne Sammellitteratur und ihre Berechtigung“ ist der Legitimirung solcher Zusammenstellung gewidmet, eine Mühe, welcher sich der Verfasser wohl hätte entschlagen dürfen. Gerade bei unserer Zersplitterung, welche keinem eine Stelle bietet, von der aus er darauf rechnen kann, zu der überwiegenden Mehrheit der Gebildeten zu sprechen, ist es ein wahres Bedürfnis, das Gute aus solchen Zeitschriften vor dem allzuraschen Untergang zu retten. In diesem Band sind u. A. Doudan, Daniel Stern, Thiers, Renan, Taine, Gino Capponi, Macchiavell, Rabelais, Tasso und Milton behandelt.

Der fünfte Band bezeichnet den Uebergang aus den siebenziger Jahren in die achtziger. Er führt den Titel: „Aus dem Jahrhundert der Revolution“, mit Montesquieu beginnend und mit Metternich schließend. Die Schilderung Montesquieus ist neben der später in seine Geschichtswerke hineingearbeiteten Schilderung von Thiers nach meiner Ansicht das Vollendetste, was Hillebrand als Porträtmaler geleistet hat. Hier sind mit künstlerischer Intuition und mit Meisterhand lebensvolle Bilder geschaffen, welche die bekannte Wirkung auf den Beschauenden hervorbringen, daß er sich sagt: Das muß ähnlich sein. Viele dieser, wie der im sechsten Band enthaltenen Aufsätze waren vorher in der „Deutschen Rundschau“ erschienen, unter anderen die heute wieder so zeitgemäß gewordenen über „das belgische Experiment“. Auch der über Settembrinis Denkwürdigkeiten ist eine Perle.

Was wäre alles zu sagen über den Reichtum an Stoff und Kritik, die in diesen sechs Bänden aufgestapelt sind! Aber wer gönnt mir die Zeit, mich aufzuhalten? Muß ich doch erst wieder zurückgreifen in die Reihe der siebziger

Jahre, um nur ganz flüchtig anzudeuten, was alles, kaum darf ich sagen nebenher, geschafft und geschaffen wurde.

Im Jahre 1874 gründete Hillebrand die „Italia", ein Jahrbuch zur Verbindung der Geister zwischen Italien und Deutschland. Vier Bände sind davon bis 1877 erschienen (Leipzig, H. Hartung). Die einzelnen Beiträge sind teils von Deutschen deutsch geschrieben, teils aus dem italienischen Manuskript der Mitarbeiter übersetzt; daneben italienische metrische Uebertragungen deutscher Dichter, zum Schluß jedes Bandes eine umfassende Ueberschau der italienischen Politik aus der Feder des Herausgebers. Die wertvolle Publikation, in welcher viele erste Namen beider Länder figurierten, mußte leider, aus leicht zu erratenden Gründen, nach dem vierten Band abbrechen. Im selben Jahr wie der erste Band „Italia" ist endlich auch ein anonym erschienener Band „Briefe eines ästhetischen Ketzers" zu verzeichnen (Berlin R. Oppenheim). Ein Kapitel über die „Museomanie", welches darin enthalten ist, sollte immer von neuem gelesen werden.

Wie viele hätten sich mit solcher Arbeit und Leistung begnügen dürfen. Ihm aber erschien es, als ob er die Aufgabe seines Lebens erst jetzt in Angriff zu nehmen hätte. Die „Geschichte Frankreichs von der Thronbesteigung Ludwig Philipps bis zum Falle Napoleons III." sollte recht eigentlich das Werk seiner gereiften Kraft werden. Sie war auf fünf Bände berechnet; zwei davon sind erschienen. Sie gehören der Sammlung von Ukert und Heeren, jetzt Giesebrecht, an. Der zweite Band schließt mit der Februarrevolution. Zu dem Schmerzlichsten, was ihm die dreijährige Krankheit bereitete, gehörte die Unterbrechung dieser Arbeit und die Ahnung, daß er sie unvollendet hinterlassen werde. Den dritten Band hat er mit Aufbietung seiner letzten Kräfte während der Krankheit der Vorbereitung und Ordnung des Stoffs nach vollendet; er sollte bis Ende 1852 reichen. Unter den Fachleuten, mit denen sich der Verfasser öfter schlecht vertragen hat, ist dieser rein historischen Arbeit nicht ungeteilte Anerkennung geworden; mir will scheinen, daß zwei Elemente ihr besonderen Werth verleihen: Verständnis des Landes auf Grund so durchdringender Kenntnis und die fleißige, scharfsinnige Ausnützung einzelner Archive. Aber vielleicht haben die von diesen zwei Elementen durchsetzten Bestandteile so viel Licht aufgesogen, daß anderes dafür mehr im Schatten geblieben ist. Seinen berechtigten Platz in unserer Geschichtschreibung wird dem inhaltreichen Werke niemand streitig machen.

Ich habe bis jetzt vornehmlich der französisch und deutsch geschriebenen Werke gedacht. Daneben gingen bekanntlich englische und italienische her. Die letzteren fallen der Zahl und Bedeutung nach am wenigsten ins Gewicht, bestehen aus Beiträgen in der seitdem eingegangenen Wochenschrift „Rassegna settimanale“ und in der „Nuova Antologia“. Eine gelehrte Gesellschaft als Mittelpunkt für die florentinische Welt der Intelligenz, der circolo filologico, ist hauptsächlich Hillebrands Werk.

Hat er viel mehr über Italien als in dessen Sprache geschrieben, so nimmt seine englische Schriftstellerei in dem letzten Jahrzehnt einen großen Platz unter seinen Leistungen ein. Man weiß, daß gerade seit einem Dezennium die halbmonatlichen „Reviews“ recht eigentlich das Geistesleben Englands beherrschen und selbst den Einfluß der größten Blätter, die „Times“ nicht ausgenommen, zurückgedrängt haben, fürwahr kein schlechtes Symptom für das öffentliche Leben dieses ernsten, männlichen Volkes. Die drei Reviews, von welchen aus heutzutage die treibenden Ideen sich Bahn brechen, sind: Contemporary, Nineteenth

Century und Fortnightly, und in allen diesen war Hillebrand ein gern gesehener Gast. Einen besonderen Band bilden seine „German thougts“ (London, Longmann), in welchen ein Cyklus von sechs Vorlesungen, die er 1879 in der „Royal society“ hielt, gesammelt ist. Auch amerikanischen Revüen war er ein sehr beliebter Mitarbeiter, insbesondere der North American. Sie brachte u. a. eine Arbeit über Herder. Für Frankreich ist noch seiner Mitarbeiterschaft an der Revue critique zu gedenken.

Und da rede ich nicht von seinen ständigen litterarisch-politischen Korrespondenzen für die angesehensten Wochen- und Tagesblätter Deutschlands und Englands: Augsburger Allgemeine, Nationalzeitung, Neue freie Presse, Gegenwart, Times und Pall Mall. Die Times hatte ihm 1870 nach seiner Ankunft aus Frankreich ihre Korrespondenz aus Italien übertragen. Endlich die Vorträge, die er, wie in England, auch hie und da in Deutschland, u. a. in Bremen, gehalten hat.

Am meisten an dieser riesenhaften und vielgestaltigen Produktivität springt dem — wenn ich so sagen darf — weltlichen Beschauer die Merkwürdigkeit in die Augen, daß sie sich über die vier großen Sprachgebiete erstreckt, in der That ein Phänomen, für das ich selbst unter Deutschen kein zweites Beispiel anzuführen wüßte. Die Fähigkeit, vier und sogar mehr Sprachen in der Konversation und in Briefen zu handhaben, ist allerdings nicht gleich selten, namentlich beim weiblichen Geschlecht. Ich könnte ohne Besinnen an den fünf Fingern Beläge dazu aus meiner eigenen Erfahrung beibringen und brauchte ein Beispiel nicht weiter zu suchen, als in Hillebrands nächster Nähe. Aber die litterarische Darstellung macht ganz andere Anforderungen, und namentlich wenn sie sich nicht, wie bei Fachwissenschaften, auf dem Gebiet der Thatsachen bewegt, sondern, wie hier der Fall ist, in den Regionen der feinsten

Gedankengewebe. Natürlich drängt sich die Frage auf: zu welchem Grad der Vollkommenheit war er in dieser Kunst gelangt? Aber ich verzichte auf die Beantwortung einfach aus dem Grunde, weil ich mir über die Qualität des Stils in einer andern als meiner eigenen Sprache kein endgiltiges Urteil zutraue. Ist es schon schwer genug, unfehlbar über die Korrektheit zu urteilen, so spielt der unreflektirte Tastsinn des Ohrs, welcher mit der Muttermilch eingesogen wird, die ausschlaggebende Rolle. Am weitesten hatte es Hillebrand ohne Zweifel in dem zuerst erlernten Französischen gebracht. Da selbst ein Franzose vom andern nur selten zugiebt, daß er die Sprache tadellos handhabe, so beweisen mir etliche Vorbehalte, welche ich gelegentlich über Hillebrands Schreibart äußern hörte, nicht viel. Auch ohne zur absoluten Gewißheit über den Grad der erlangten Vollkommenheit vorzudringen, bleibt die Thatsache der vierfachen Leistungsfähigkeit staunenswert genug. Im Deutschen will mir sein Stil reich und wirkungsvoll erscheinen, wozu seine Gedanken, von Natur scharf ausgeprägt und lebhaft, von selbst trieben. Sein Periodenbau ist knapp, wofür ihn der Gebrauch der romanischen Sprachen vorbereitet hatte. Gewisse Ungleichheiten je nach der Zeit, die er sich gönnen durfte, hie und da eine — wenig störende — Wendung aus fremdem Idiom herübergenommen, sind zu bemerken, ohne daß sie zu charakteristischen Fehlern werden.

Ueber den Geist und Charakter seiner Muse wäre sehr viel zu sagen. Um ihm gerecht zu werden, müßte man das unermeßliche Feld dieser zwanzigjährigen Produktion gemessenen Schritts durchwandern. Nur eines muß ich hervorheben, was jedem seiner Leser einen starken Eindruck hinterlassen haben wird. Er fordert zum Widerspruch heraus. Zwar giebt es zweierlei Arten von Lesern, solche, die vor allem wissen wollen, was ihr Autor will, und es zunächst ruhig an sich vorübergleiten lassen, und wiederum solche, die während des Aufnehmens mit dem Autor in Diskussion treten. An der letztern Sorte hatte unser Freund schwierige Kunden; wenn ich fremde Exemplare seiner Werke in die Hand bekomme, sind sie häufig mit Ausrufungs-, Fragezeichen und Bemerkungen am Rande versehen. Da alles Denken Generalisieren ist, so gerät ein so akuter Denker, wie er war, notwendig oft in rasches und übergreifendes Generalisieren. Merkwürdigerweise ist er darin genau das Widerstück zu dem von ihm – mit Recht — so hochverehrten Ste. Beuve, dem Meister der ruhigen, unpersönlichen Auffassung. Hillebrand ist, so sehr er sich der Unbefangenheit befleißigt, durch und durch subjektiv. Das hängt mit einer Besonderheit zusammen, die ihm am öftesten zugeschrieben wird, nämlich dem Aristokratischen seines Wesens. Gewiß im großen und Ganzen eine zutreffende Bezeichnung, aber nicht eine erschöpfende. Seine Aristokratie wurzelte in dem Grundzug seines Schaffensdrangs, dem Bedürfnis, vor allem sein Urteil aus sich selbst zu schöpfen. Das Odi profanum vulgus, welches ihn in den Gewohnheiten des Lebens wie in seiner Geistesarbeit kennzeichnet, ist kein Vornehmthun, sondern ein Selbständigkeitsgefühl. Er haßte vor allem den vulgus der profanen G e d a n k e n. Daher allerdings einige Neigung zur Paradoxe nicht zu leugnen ist. Aber wie rüttelt und schüttelt ein solches Stück den Denklustigen auf. Man lese nur einmal den kleinen Aufsatz „Nach einer Lektüre" im fünften Bande der „Zeiten, Völker und Menschen". Wie viele neue Ideen flattern da auf jeden Schlag aus dem Neste! Seine Behauptungen wirken hie und da schmerzhaft wie eine Knetkur, aber sie setzen alle Fasern des Geistes in Bewegung, Und dabei bringt die

Masse der thatsächlichen Belehrung so viel Abwechslung und Beruhigung, daß die Leiden reichlich ausgeglichen werden. Unaufhörlich fließt es aus dem unerschöpflichen Quell seines stets im Wachsen begriffenen Wissens von vergangenen und gegenwärtigen, menschlichen und litterarischen Dingen. Er spricht nie um zu zeigen, was er weiß; nur eine Andeutung der verborgenen Schätze drängt sich auf Weg und Steg an die Oberfläche.

Dieser Trieb nach Selbstherrschaft machte ihn auch zum eingefleischten Gegner der demokratischen Politik der Neuzeit, welche der stereotypen Stichworte nicht entbehren kann und der gleichmachenden Mittelmäßigkeit zustrebt.

Da er nicht in seiner Heimat lebte, so hat er sich nie gestattet, unmittelbar auf die praktische Politik seiner oder einer dritten Nation einzuwirken. Er führte jeder die anderen vor und suchte sie dadurch in ihren eigenen Angelegenheiten zu fördern. Für alle war er ein scharfer Kritiker, eben weil er überall das ihm fatale Element der Massenherrschaft im Wachsen sah. Deutschland fand in ihm noch bei weitem den günstigsten Dolmetscher, weil sich hier seine Anhänglichkeit und seine Verehrung für geniale Persönlichkeit begegneten. So schrieb er namentlich außer der Prusse contemporaine, drei Aufsätze für Italien in der Nuova antologia (1868) unter dem Titel Storia dell' Unità alemanna, und für England The Prospects of Liberalism in Germany in der Fortnightly Review (1871). Bei aller Verehrung für Genialität war er von unserer neuen inneren Politik nichts weniger als erbaut. Das Preußen, über dessen Tendenzen er Franzosen, Engländern und Italienern so vieles Gutes zu sagen wußte, war das Preußen der von Wissenschaft und Geistesschwung erfüllten Staatsmänner des ersten Drittels des

Jahrhunderts, nicht das heutige Ideal der Zunftmeister und der sozialistischen Staatskünstler. Was ihm zur Beherrschung der lebendigen Politik vielleicht fehlte, war die Erfahrung aus praktischer Mitarbeit. Er kannte ja Staatsmänner und hohe Beamte genug. Aber man muß sie an der Arbeit gesehen haben, um ein erschöpfendes Urteil über das Regieren zu haben. So hatte sein Abscheu vor den Schwächen der Massen nicht das richtige Gegengewicht, und er wurde mehr der Fehler gewahr, die sich auf der breiten Basis zeigen, als derjenigen, die in den Spitzen versteckt wirken. Wie schwer es ist, sich aus der Ferne vom Zusammenhang der Thatsachen, auch der einfachsten, Rechenschaft zu geben, ersah ich oft aus unserem Briefwechsel, der sich großenteils mit heimischen Angelegenheiten beschäftigte. Es ist ein eigenartiges — vielleicht nicht unbeneidenswertes — Los, als Patriot im Auslande zu leben. Man sieht die Gebrechen der fremden Nation in unmittelbarer Nähe, aber ohne den intensiven Schmerz der vollen Beteiligung, und freut sich des Guten, das aus der Ferne sich in großen Umrissen abhebt. Deutsche Untugenden störten ihn nur in den Nebendingen der Lebensformen, wenn sie an ihn herantraten. Seine Unduldsamkeit gegen gewisse Zudringlichkeiten sind nicht auf Rechnung eines Bedürfnisses nach Absonderung, sondern seines guten Geschmacks zu schreiben. Er war stets so erfüllt von Interesse an den großen Evolutionen der Welt, daß ihm zur Unterhaltung über das Persönliche wenig Raum blieb. Selbst in der Zeit seines schweren Leidens sprach er verhältnismäßig wenig über sich, niemals mit störenden Klagen. Noch am letzten Tage, da ich an seinem Bette saß, wenige Wochen vor seinem, von ihm wohl vorgefühlten Ende, hatte das Gespräch über Litteratur und Politik den Hauptanteil. Er hatte in den drei Jahren seines Siechtums zwar noch manches gearbeitet, aber besonders unglaublich viel Lesestoff aus alter und neuer Zeit in sich aufgenommen. „Ich habe so viel und über so vieles gedacht, in all der Zeit", sagte er mit dem Ausdruck tiefen Schmerzes, „und möchte mich so gerne noch darüber aussprechen". Seine Konversation war vortrefflich, immer reich genährt und fließend, dabei für die Gegenrede dankbar und empfänglich im höchsten Grade. Sie war mehr gedanken= als geistreich; er hatte viel Sinn für Humor, ohne dessen viel zu produzieren. Das ironische über den Dingen Schweben war sein Streben, aber Sarkasmus blieb ihm fern. Er gehörte zu den Menschen, von denen die Robinsonade des reifen Lebens sich träumend ausmalt, wie schön es wäre, sie einem Konvikt auserlesener Freunde einzuverleiben, mit denen man ein beschauliches Dasein führen könnte. Denn er hatte auch die Eigenschaften des Herzens und die Liebenswürdigkeit des Umgangs, welche dazu gehören. Allem Pathetischen widerstrebend, hatte er einen wahrhaft zärtlichen Sinn, und die Freundlichkeit der romanischen Verkehrsformen gab diesem Sinn die zugleich wohl bemessene und doch warme Ausdrucksweise. Er genoß viel Freundschaft und pflegte sie; er gehörte zu denen, welche leicht ganz lieben oder ganz verwerfen. Der, dem er wohl wollte, mußte auf der Hut sein, sich nicht für all das zu halten, was sein enthusiastisches Auge an ihm gewahrte. Am schönsten war es, wenn er einem guten Kameraden die Honneurs des historischen und artistischen Florenz machen konnte. Hier kannte er die Geschichte jedes Gemäuers, und unter seinem Kommentare fingen die Steine an, zu leben und zu reden. Auch hatte er die für warmherzige Menschen charakteristische Liebhaberei, die, welche er gern hatte, unter einander bekannt machen zu wollen. So war es ihm einst, wofür ich ihm stets dankbar bleiben werde, ein wahres Fest, mich in Florenz zum alten Heyse und zum ehrwürdigen Gino Capponi zu bringen, die ihm seitdem in die Ewigkeit vorangegangen sind. Neben aller litterarischen Arbeit unterhielt er eine starke Korrespondenz, und seine Briefe sind so inhaltreich wie seine besten Schriften. In Deutschland, England, Italien trauern viele der Auserlesensten um ihn; in Frankreich haben einige hervorragende Gelehrte, mit denen er früher eng verbunden war, und denen er nach wie vor gerecht blieb, ihre Beziehungen der gewollten Borniertheit des nationalen Rachegefühls zum Opfer gebracht, so u. a. Taine, mit dessen Geistesrichtung die seine verwandt war. Hillebrand besaß die Kunst, mit den Großen der Erde auf gutem Fuße zu stehen, ihnen dauernde Anhänglichkeit einzuflößen; gerade die Höchsten unter seinen Verehrern bewiesen ihm seit Jahren und bis in seine letzten Lebenstage echt menschliche Freundschaft. Er war frei von aller sozialen Eitelkeit, auch von der Eitelkeit der galanten Abenteuer, zu welchen die Versuchung dem schönen, liebenswürdigen und berühmten Manne nicht fehlen konnte. Die Ehe mit der im wahren Sinne des Wortes bedeutenden Frau, welche ihm die letzten Lebensjahre verschönte und in der That, dank ihrer aufopferungsvollen Sorgfalt verlängerte, war die erst spät ermöglichte Besiegelung eines in früher Lebenszeit geschlossenen, treu bewahrten Herzensbundes.

Im Anfang des Jahres 1881 wurde der bis dahin in der Fülle der Kraft prangende, noch jugendlich aussehende Mann plötzlich krank und kam nicht wieder zur Ruhe. Daß sein Leiden nur der angestrengten rastlosen Arbeit der letzten zehn Jahre zuzuschreiben sei, möchte ich schon darum bezweifeln, weil sämtliche vier Brüder in der Blüte der Jahre dahingerafft wurden. Aber der Keim, der in ihm schlummerte, ist ohne Zweifel durch die gehäuften Anstrengungen gezeitigt worden. Er trug sein Leiden heiter und philosophisch, murrte nur gegen die Abhaltung von der Arbeit, die er aber nicht völlig aufgab, bis ihn im letzten Sommer die letzten Kräfte verließen. August und September brachte er noch in Schlangenbad und Baden-Baden zu. Als es zu Ende ging, ergriff ihn die Sehnsucht nach seiner Häuslichkeit am Arno. „Dort wird's mir besser werden", sagte er zu mir, „wenn ich nicht unterwegs sterbe". Es sollte beinahe wahr werden. Ein Erdrutsch auf der Gotthardbahn zwang die Reisenden zum Aussteigen, und der Totkranke mußte um sechs in der Frühe eine Strecke Wegs über Schutt und Felsgeröll klettern. In Florenz angekommen, schien er einen Moment sich besser zu befinden. Es war das letzte Aufleuchten der schwachen Lebensflamme, die dann sanft erlosch. Die Italiener in ihrer guten Art erwiesen ihm, wie während seines Lebens viel Schönes und Liebes, so nach dem Tode viel Ehrenvolles. Deutschland kennt ihn noch nicht genug. Seine Werke verdienen einen hervorragenden Platz in dem litterarischen Besitzstand des überlebenden Geschlechts. Man darf ihn, von seinen andern Leistungen absehend, getrost den ersten der deutschen Essayisten nennen. Die schon von der Krankheit beschatteten Züge des edlen Antlitzes, in welchen der Adel seines ganzen Wesens sich spiegelte, hat die Meisterhand Adolf Hildebrands in Florenz, der ihm durch enge Freundschaft verbunden war, in einer trefflich gelungenen Büste verewigt.

Heinrich von Treitschke.*)

*) Aus der „Nation“ Jahrgang VII. Nr. 25, 26 und 27.

Es giebt zweierlei Maßstab für die Beurteilung eines Menschen und seines Thuns. Man kann ihn messen entweder nach seinem eigenen Vorsatz oder nach seiner Leistung vom Standpunkt des allgemeinen Nutzens. Die dritte Frage, ob im einzelnen Fall jener Vorsatz auf diesen Nutzen gerichtet sei, muß bis zum Beweise des Gegenteils zu Gunsten des Urhebers entschieden werden.

Um ein gerechtes Urteil zu fällen, empfielt es sich immer, mit Anlegung jenes ersten Maßstabes zu beginnen. Und gerade wo uns das Thun eines Menschen als ein vorzugsweise ungerechtes erscheinen will, regt sich um so lebhafter, kraft einer Art von Gegenwirkung die Lust, ihn mit Gerechtigkeit zu behandeln, d. h. ihn vor jeder weiteren Untersuchung nach seinem eigenen Wollen zu beurteilen.

Wer erreicht, was er sich vorgesetzt hatte, giebt einen Beweis von Kraft, die uns Anerkennung aufdrängt. In den niederen und mittleren Schichten des menschlichen Lebens schiebt sich die Frage dazwischen, ob das Gewollte mit sogenannten erlaubten Mitteln erreicht worden ist oder nicht. In den höheren und höchsten Regionen verschwindet bekanntlich auch diese Unterscheidung mehr oder weniger hinter der Thatsache des Erfolges.

Heinrich von Treitschke kann sich rühmen, daß es ihm gelungen ist, einen starken Einfluß auf die Entwicklung des deutschen Geisteslebens unserer Tage zu gewinnen. Er hat nicht nur der seit einem Vierteljahrhundert herangewachsenen

Generation ihre Neigungen abgelauscht und dieselben verdichtet wiedergegeben, sondern er hat auch aus seinem eigenen inneren Vorrat ein Reis hineingepflanzt und dessen Samen weiter verbreitet.

Ein Mann, dem das geglückt ist, kann verlangen, daß man ihm denjenigen Tribut zolle, welcher der Verbindung von hervorragender Fähigkeit mit bedeutender Macht verständigerweise nicht versagt werden kann.

Dagegen bleibt jedem das Recht uneingeschränkt, zu fragen, ob das, was der andere gewollt und erreicht hat, auch als gut befunden werden soll. Die Entscheidung hängt hier vor allem davon ab, ob man mit dem Historiker einig geht über die Aufgabe, die der Geschichtsschreibung zu stellen ist; aber die Lösung ist auch damit noch nicht erschöpft. Der Historiker, welcher nicht nur eine falsche Methode anwendet, sondern auch mit dieser eine falsche Weltanschauung verbindet, sündigt doppelt an der Lehre und an den Menschen. Und hier betreten wir im weitesten Umfang das Reich des Widerspruchs gegen unseren Autor.

Es sind jetzt gerade hundert Jahre, daß Schiller in Jena seinen Studenten den einleitenden Vortrag über die Zwecke des Studiums der Universalgeschichte hielt. Wer etwa zu der Vermutung hinneigen möchte, hier auf veraltete Voraussetzungen zu stoßen, wird sich auf den ersten Blick vom Gegenteil überzeugen, wenn er z. B. liest, wie ein guter Teil der eindringlichsten Mahnungen sich gegen die Enge und Niedrigkeit der nur auf das Brotstudium bedachten Jugend richtet. So alt und neu bleibt die Welt sich gleich, und ebenso neu und alt klingt zur Richtschnur der Geschichte Schillers Wort an unser Ohr: „Was hat der Mensch dem Menschen Größeres zu geben als Wahrheit?“

Dies ist aber offenbar nicht ganz Treitschkes Meinung. Er deutet es selbst an, z. B. in Anführung einer dazu verwerteten Stelle aus Niebuhr; und wenn er es auch nicht ausdrücklich sagte, sein ganzes Sein und Handeln strotzt von der Ueberzeugung, daß man Geschichte darstellen müsse, nicht um zu erzählen, was gewesen ist, sondern um zu erzielen, was sein soll. Die Geschichte, wie vielleicht alles, soll nach ihm darauf hinausgehen, die Menschen zu Mustermenschen zu erziehen. Ob das Muster selbst ein gutes oder schlechtes ist, bleibt einer zweiten Entscheidung vorbehalten; aber es springt in die Augen, daß eine Lehre, welche bewußter Weise auf solch ein bestimmtes Ziel los geht, keine Lehre der Wahrheit sein kann. Wer nur Wahrheit sucht, braucht sich kein anderes Ziel zu setzen.

Zu allen Zeiten ist Geschichte in einem bestimmten Geist geschrieben worden. Die Ansicht, daß es überhaupt keine wahre Geschichte gebe, weil kein Mensch sich über die voraus bestimmten Grenzen seiner Anschauung hinaussetzen könne, ist zu einer Art von Gemeinplatz geworden

Wie in allen menschlichen Dingen ist hier die Qualität von der Quantität abhängig. Es fragt sich, in welchem Maße der wahrnehmende Sinn von seiner vorgefaßten Meinung beherrscht ist, ferner wie weit er von derselben beherrscht sein will. Aber selbst die stärkst bewußte Tendenz deckt sich noch nicht mit dem Grundzug des Treitschkeschen Wesens; denn dessen Absicht geht sichtbar hinaus über die Richtigstellung rückwärts liegender Entwickelung zu der Disziplinirung des Zukünftigen. Die neuste, zur Herrschaft in Deutschland vordringende Richtung, das ganze Leben in den Staat zu verlegen, findet hier ihre Anwendung auf die Unterordnung der Erkenntnis unter das Staatsbeste.

Es ist etwas ganz anderes, ob man die vergangenen Dinge aus einem bestimmten Gesichtswinkel ansieht oder ob man für die künftigen Entscheidungen einen solchen vorerziehen will, wenn schon beides zusammenhängt. Die aristokratisch-republikanische Auffassung eines Tacitus, die rationalistisch-ironische eines Gibbon, selbst die whiggistisch-gesättigte eines Macaulay, die revolutionstrunkene eines Louis Blanc oder die romantisch-autoritäre eines Heinrich Leo sind alle nur die aus einem bestimmten Geistesspiegel zurückgeworfenen Bilder; und selbst derjenige unter den modernen Historikern, welcher an gewollter Einseitigkeit Treitschke am ersten vergleichbar erscheint, Jansen, bleibt doch immer noch Historiker, weil sein Geist, wenn auch mit schärfster vorgefaßter Anstrengung, darauf gerichtet ist, Recht und Unrecht, Vernunft und Unvernunft, Nutzen und Schaden menschlicher Handlungen in einem besonderen Lichte hervortreten zu lassen. Will man sich nach Mustern umschauen, die einige nähere Verwandtschaft mit Treitschke zeigen, — und diese Vergleichung tritt ihm gewiß nicht zu nahe — so wären am ehesten noch Carlyle und Taine zu nennen. Aber wenn auch beide mit ihm gerade die Eigentümlichkeit gemein haben, daß sie sich im Verlauf ihrer kritisch-historischen Feldzüge zu immer wachsendem Groll steigern, so erreichen sie doch das deutsche Ebenbild lange nicht im Maße der grimmig verzerrenden Manier.

Unter den Versuchen, den Menschengeist durch systematische Belehrung über Welt und Wissen einem besonderen Zwecke dienstbar zu machen, giebt es nur einen, allerdings einen großartigen, welcher darin weiter geht als unser nationaler Geschichtsschreiber, das ist der Jesuitismus. Es ist kein Zufall, daß unter Treitschkes Feder das Wort „Zucht" so oft wiederkehrt. Das Wort ist hier ganz in dem strengen Sinn gemeint, wie das Ideal der Unterwerfung des selbstständigen Denkens unter eine auf Eroberung der Welt ausgehende Gesellschaft sein System ausgebildet hat. Es ist auch kein Zufall, daß von der „Vernunft", von auf Vernunft gegründeten Rechts- und Staatsverfassungen überall mit einer an Affektation grenzenden Verachtung gesprochen wird. Hier wie dort wird die Gesammtheit der Gläubigen als ein Heer in Waffen gedacht, und die militärische Ordnung ist Grundstein wie Vorbild der ganzen Staatsordnung. Man muß sich ferner daran erinnern, daß unser Schriftsteller in seinen wissenschaftlichen Arbeiten immer zunächst vom Katheder ausgeht, die Jugend sinnlich und geistig vor Augen hat und, wie die Gesellschaft Jesu, mit der Schulung der jungen Köpfe die dauernde Verbrüderung der aus der Schule in die Welt entsendeten Zöglinge ins Auge faßt. So erklärt sich auch, daß, seitdem unter dem Einfluß dieser Richtung die Züchtung eines eng umgrenzten Staatsideals auf den Universitäten mit klarem Bewußtsein verfolgt wird, die von ihr begünstigten Studentenverbindungen eine früher nicht dagewesene praktische Bedeutung für das spätere bürgerliche Leben gewonnen haben. Zwar umfassen die Korpsverbindungen die Minderheit der studierenden Jugend. Aber das thut ihrer Macht im Leben keinen Eintrag, kommt ihr eher zu Nutze. Die weltliche Verfeinerung, deren Aufwand den Eintritt ins Korps erschwert, ist auch ein bewährtes Mittel der jesuitischen Ausbildung, und je enger der Keil zusammengehalten wird, desto sicherer dient er dem Zweck der praktischen Ausnützung im Leben. Früher suchte sich der Student seine Verbindungen nach dem Zufall der Neigung und des Herkommens. Aber jetzt ist, wie das Studium selbst immer mehr auf den weltlichen Erfolg gerichtet wird, sogar die Lust und Laune des jugendlichen Uebermuts in diesen Dienst gestellt. Es ist eine bekannte Thatsache, daß neuerdings die jungen Leute ihre Korpsverbindungen mit Rücksicht auf ihre spätere Beamtenstellung hin wählen, und daß die Eltern dafür die drückendsten Geldopfer bringen, weil man ihnen sagt, daß die damit in der Zukunft gesicherte Gunst die schweren Auslagen am sichersten wieder einbringen werde. Das ist ein öffentliches Geheimnis, welches an jeder Universität besprochen wird, und die Sache selbst könnte sich nicht erhalten, wenn es sich nicht bewährte, daß viele hohe Beamte in der Förderung von Stellenberechtigten danach fragen, ob der Bewerber einem Korps und welchem er angehört hat, oder vielmehr noch angehört, da ja die Mitgliedschaft jetzt durch das ganze Leben bis ins hohe Alter fortgesetzt und durch Veranstaltungen in Kraft erhalten wird.

Wollte man diese Analogie mit der welthistorischen Stiftung Loyolas wörtlich nehmen, so würde man natürlich der Uebertreibung beschuldigt. Die Unterschiede der Grundbedingungen und der tragenden Kräfte sind so ungeheuer groß, daß es lächerlich wäre, erst mit deren Aufzählung anzufangen. Aber eine Aehnlichkeit des Bestrebens und des Sinnes, ja sogar des thatsächlich Erreichten ist doch vorhanden. Rechne man noch hinzu, was zur Ergänzung des Werkes der Militarismus im engeren Sinne des Wortes thut, wie der Reservelieutenant mit dem Korpsburschen parallel geht und hier abermals Unterwerfung unter einen und denselben strengen Geist, äußere Haltung und Kameradschaft durch alle Sphären des Lebens ineinander greifen; wie dem Ganzen ein gewisses Ideal, eine Art weltliche Kirche voll Glanz und Allmacht vorangestellt wird: so bleibt Stoff genug, um über die Analogie der Absichten und der Mittel — aber auch über das Ende solchen Entwicklungsganges nachdenklich zu werden.

Man braucht den Kern der Ideen, welchen Treitschkes Geschichtsschreibung dienen soll, nicht lange zu suchen. Das preußische Königtum in seiner persönlichen Verkörperung tritt uns hier als das einzige und unfehlbare Heil des deutschen Volkes entgegen. Die ganze deutsche Geschichte dient lediglich zum Beweise dieser dogmatischen Wahrheit, deren Unfehlbarkeit in den kleinsten Zügen an Freund und Feind bewiesen wird, und deren Nutzanwendung darauf hinweist, wie auch die Zukunft diesem unangreifbaren Dogma angepaßt werden müsse. Die persönliche Entwicklung des Verfassers liefert den einfachen und unwiderleglichen Nachweis dafür, daß mit dieser Schilderung sein Gedanke richtig gekennzeichnet ist. Aus dem Publizisten, der im Bunde mit den deutschen Liberalen der fünfziger und sechziger Jahre in dem preußischen Staat das unter den obwaltenden Umständen allein gegebene Werkzeug für die Herstellung eines geeinten modernen deutschen Staatswesens erblickte, ist der Mystiker geworden, welcher den in der Tagespolitik seiner Sinnesweise entsprechenden Platz nur noch im Schatten der Kreuzzeitungspartei zn finden weiß. Es ist kein Geheimniß, daß sein Austritt aus der Redaktion der von ihm begründeten „Preußischen Jahrbücher" sich damit erklärt, daß Verleger und Mitarbeiter sich weigerten, dieselben zu einem Organ der Kreuzzeitungspartei zu machen; und das jüngst erfolgte persönliche Auftreten in einer Berliner Wahlversammlung zu Gunsten eines scharf ausgeprägten Vertreters derselben Partei entspringt, ebenso wie der Inhalt der bei diesem Anlaß gehaltenen Rede, dem inneren Bedürfnis, jeden Zweifel nach außen zu beseitigen. Wir haben es also fortan mit einer geschichtlichen Richtung zu thun, welche schlechthin in den ultraorthodox-lutherisch-monarchisch-absolutistischen Mystizismus mündet.

Da Treitschke eine durch und durch militirende Natur ist, so entspricht es gewiß seinem eigenen Sinn, daß sein persönlicher Entwicklungsgang zur Beurteilung seines

Werkes mit hereingezogen wird. Wir müssen uns überhaupt glücklich schätzen, wenn wir einen solchen unfehlbaren Schlüssel für den Ausgangspunkt eines urteilenden Zeugen auffinden können. Wie viel besser stünde es um unser gesammtes historisches Wissen, wenn uns viele dergleichen untrügliche Einblicke in die Geisteswerkstätte der älteren Autoritäten vergönnt wären!

Aber noch ganz Anderes fällt hier ins Gewicht, als das menschlich subjektive Verhalten des Künstlers zu seiner Schöpfung. An derselben Stelle nistet zugleich der unüberwindliche Widerspruch zwischen dem behandelten Stoff und seiner Behandlung; hier sitzt das Uebel, an welchem sich das Krankhafte nachweisen läßt.

Es ist schon recht schwer, man könnte, wenn in der Psychologie das Wort nicht ausgeschlossen wäre, sagen unmöglich, zu begreifen, wie ein Mann von solchen Gaben und im Besitz eines solchen Materials, das er — so anschaulich gruppirt — auf seiner kritischen Tenne durchwürfelt unter den Händen hat, zu einem so wunderlich dürftigen Schluß kommen mag; wie er an der ultima Thule landen kann, wo die ganze moderne Entwicklung des deutschen Volkes, und aller anderen Völker, nachträglich für totgeboren erklärt wird. Vom Standpunkt der alten Kreuzzeitungspartei ist diese Negation, dieser harte Widerstand konsequent. Sie erkennt eigentlich nichts in dem Gewordenen an, weil sie das Werden selbst von Anbeginn verworfen hat, und heute noch verwürfe sie das Gewordene, wenn sie es vermöchte. Wo sie sich mit den Thatsachen abfindet, ist es nur um der Unabänderlichkeit willen, hie und da weil man gute Miene zum bösen Spiel machen muß; sauersüß bleibt die Miene doch. Wer an öffentlichen Staatsfeiertagen durch die Straßen Berlins wandert und von diesem oder jenem Hause statt der drei Reichsfarben die schwarz-weiße Fahne herausragen sieht, kann sich sagen, daß dahinter jener korrekte Standpunkt wohnt, welchem eigentlich lieber wäre, es wäre in den letzten fünfundzwanzig Jahren überhaupt nichts geändert worden. Eine Anwandlung von dieser Stimmung brachte auch bekanntlich König Wilhelm I. noch in den Prunksaal von Versailles mit, wo er zum Kaiser ausgerufen ward, und es ist wohl zeitlebens ein Niederschlag davon in seinem Gemüt zurückgeblieben. Daran, daß die kleine aber mächtige Zahl der Verehrer des absoluten preußischen Königtums heute gelegentlich auch mit der deutsch-nationalen Losung um sich wirft, braucht man sich nicht zu stoßen. Seitdem Fürst Bismarck ihnen das agrarische Thor zu seinem Herzen so sperreweit wieder geöffnet hat, haben sie mit dem nationalen Beiwerk so glänzende Geschäfte gemacht, daß es ihnen auf eine Wagenladung großer Worte mehr oder weniger nicht anzukommen braucht.

Aber wer die deutsche Geschichte der letzten achtzig Jahre schreibt und, trotz aller schließlich eingenommenen extremen Parteistellung, nicht um zu zeigen, daß alles schief gegangen und mißraten ist, nicht um zu zeigen, daß besser überhaupt nichts geschehen wäre; wer vielmehr umgekehrt als letztes ganz vernünftiges Postulat die Freude am Vaterland, wie es geworden, aufpflanzt; wer die ganze Kette der kleinen und großen Evolutionen forschend und prüfend durch die Finger laufen ließ, um zu zeigen, wie alles und jedes gekommen ist, — der kann doch unmöglich dies alles mühevoll und in einem gewissen Sinne auch liebevoll zustande gebracht haben, um zu dem Schluß zu gelangen, daß das zuletzt als vernünftig begrüßte Endergebnis und die zur gerechten Freude auffordernde Gestaltung der Dinge aus lauter Unvernunft hervorgegangen sei. Denn wozu wäre denn die Vernunft da, wenn das alles lediglich mit Hilfe der puren Unvernunft zustande gekommen wäre? Wer dem Faden dieser Erzählung folgt, dem bleibt nicht einmal die Zuflucht, welche Schiller seinen Hörern als letzte eröffnet: „So lange das Schicksal über so viel Begebenheiten den besten Aufschluß noch zurückhält, erklärt er (der philosophische Geist) die Frage für unentschieden, und diejenige Meinung siegt, welche dem Verstand die höhere Befriedigung und dem Herzen die größere Glückseligkeit anzubieten hat."

Nur ein einziger Fels ragt aus dem weiten Meer der trostlos sündigen Vergangenheit hervor, wenigstens bis zum Jahre 1840, das ist nicht einmal Preußen schlechthin, sondern so recht ganz und zweifelsohne nur allein sein König Friedrich Wilhelm III.

Es giebt einen Punkt in jeder Debatte, wo der Streit endet, weil, wie die populäre Redensart besagt, gewissen Behauptungen gegenüber eben alles aufhört, auch der Streit. Man könnte denken, über diesen Gegenstand wären die Akten geschlossen. Sie waren es auch, ehe noch Hermann von Boyens Denkwürdigkeiten die letzte, jede Berufung abschneidende Besiegelung brachten. Wozu all die Widerwärtigkeit aufstöbern, die an einer der antipathischsten Herrschergestalten aller Zeiten schon haftete, ehe wir Boyens Aussprüche lasen? Wozu vielleicht manch ehrliches Gemüt, welches an Treitschkes kecker Herausforderung unschuldig ist, mit der Analysierung eines Fürsten ärgern, dessen abstoßende Züge aus den Mitteilungen gerade seiner treuesten, ergebensten Anhänger am schärfsten hervortreten, aus dem, was wir von Stein, Scharnhorst, Gneisenau, Blücher, Clausewitz, um nur die größten zu nennen, wissen? Nun haben wir noch Boyen dazu, und, damit es auch an den kleinsten, aber für das Große so bezeichnenden Zügen nicht fehle, läßt z. B. die Geschichte von dem übel vermerkten, weil schlecht befestigten Zopfband vor der Schlacht bei Jena sogar nichts mehr unwahrscheinlich an der Erzählung Leopold von Koburgs, daß vor der Schlacht bei Leipzig der König nicht ausrücken wollte, so lange er nicht vom Kaiser von Rußland über die anzulegende Uniform Befehl erhalten hätte.

Die Freude am Paradoxen gehört für jeden, der Treitschkes litterarische und oratorische Thätigkeit verfolgt hat, zu dessen hervorstechenden Anlagen, mit der Freude das Geschick dazu. Seine rhetorische Gelenkigkeit, und er ist ein ausgezeichneter Rhetor, hat sichtbar ihr Pläsir daran, eine provozierende Behauptung recht tief in das Fleisch des Andersdenkenden hineinzubohren und dann noch einmal die Klinge um und um zu drehen, bis daß der Verletzte aufschreit. Vorher ist dem Fechter nicht wohl; das gehört zur Besonderheit seines aus Trotz und Humor zusammengefaßten Naturells. Damit hängt offenbar auch sein Wohlgefallen an einem lustigen und unbarmherzigen Kriegswesen zusammen.

Allerdings, wenn wir nach Durchlesung dieses vierten Bandes dahin gekommen sind, daß der Monarch, dem von seinen großen Feldherren und Staatsmännern in Verbindung mit seinem Volke die Rettung seines Staates erst abgenötigt werden mußte, der Monarch, welcher der Reihe nach unter der Furcht Napoleons, Metternichs und Nikolaus' lebte, der ewig gerechte, grundgütige, pflichttreue, selbstlose, fest entschlossene Retter, Führer und Begründer einer heilvollen Entwicklung nicht nur Preußens, sondern auch Deutschlands gewesen — und das ist der herrschende Eindruck, welcher zurückbleibt, wenn man gläubig liest — dann, alsdann ganz gewiß sind wir bereit, alles unterschiedlos aus der Hand des gütigen Erzählers hinzunehmen und nach Jesuitenvorschrift in dieser Hand zu sein sicut baculus, wie ein Stock.

II.

Wer ein Werk mit Nutzen und Vergnügen lesen will, muß sich vor der Gewohnheit mancher Leute hüten, über der Lektüre in einem fort mit dem Autor in Gedanken zu hadern. Damit schmälert man sich zunächst einen der größten Lebensgenüsse und mit der Erschwerung des Verständnisses auch die Frucht des Lesens. Für den, welcher diese Gefahr zu vermeiden weiß, wird, selbst wenn er sich von der Tendenz und der ihr angepaßten Manier abgestoßen fühlt, in der Bekanntschaft auch mit diesem neuesten Bande Treitschkes noch manches Vergnügen zu finden sein. Die Auflehnung lasse man erst hinterher zu Worte kommen, und sie kommt ganz von selbst, aber beruhigt und abgeklärt. Das Buch ist sehr reich und mannigfaltig an Stoff, mehr als an Gedanken; denn die Gedanken wiederholen sich und sehen sich an den meisten Stellen zum Verwechseln ähnlich, weil sie alle nur auf die ewige Tendenz hinausgehen, dem Leser alles zu verleiden, was nicht zu dem einen unerschütterlichen Glauben hinleitet. In verschiedenen Abstufungen erscheint die ganze übrige große und kleine Welt schlecht.

Aber das alles ist mit einer Virtuosität durchgeführt, welche durch die Fülle des Materials und die Gewürztheit der Zubereitung die Nerven kitzelt und den Appetit zunächst befriedigt. Wer darf sich rühmen, nicht dem Vergnügen der Médisance zugänglich zu sein? Sie bildet bekanntlich das Salz und die nie versagende Quelle der Unterhaltung. Hier ist auf historischem Gebiet Großes darin geleistet. Man hört das dankbar schallende Gelächter der Studenten, welches den amüsanten Wechselgang zwischen schärfstem Sarkasmus und höchstem Pathos begleitet; man sieht deutlich, wie in seinem Geist der Schreiber sich in sein so effektvoll behandeltes Auditorium versetzt fühlt. Die kleinen Lästerzungen, welche in neuerer Zeit geschichtlichen

Skandal zusammengetragen haben, die Vehse und die Scherr, sie bleiben dahinter als arme unschuldsvolle Engel zurück. Aber gerade, wenn man an die jüngeren Generationen denkt, welche den ersten unvorbereiteten und kritiklosen Eindruck von dem Thun und Dichten der unmittelbar vorangegangenen zwei oder drei Generationen empfangen, fragt man sich: was mag in ihrer Vorstellung und in ihrem Gemüte von all dem zurückbleiben? Kann sich wirklich aus dieser Summe der Verneinung alles Erstrebten und Geschehenen die eine haarscharfe und himmelhohe Bejahung des ihnen vorgehaltenen, dem Autor allein heiligen Ideals triumphierend behaupten, nicht weil, sondern obgleich beinahe alles Vorausgegangene verkehrt, schief, albern oder lächerlich gewesen? Selbst für den unschuldigst aufnehmenden Jüngling muß bei einigem Besinnen der logische Widerspruch auftauchen, der hier aus allen Ecken und Enden herausplatzt. Nehmen wir nur den Eckstein des ganzen Gebäudes! Nicht einmal der enge preußische Monarchismus läßt sich durchführen. Wir wissen ja, wie Kaiser Friedrich, der doch ein Hohenzoller war und gewiß kein unechter, von derselben Feder zum reinen Thoren gestempelt, wie der Genius des deutschen Volkes über dessen grausames Schicksal zu frohlocken aufgefordert ward. Nicht zu reden von den gesammten anderen deutschen Dynastien. In der That, wenn die Krone Preußen für das Gebahren ihres feierlich bestallten Hofhistoriographen damit eine Art moralischer Verantwortlichkeit übernommen hätte, so könnte sie in ihrem Verhältnis zu ihren treuen Bundesgenossen arg ins Gedränge kommen. Zwar am allerschlimmsten wird nur mit denen verfahren, welche seit 1866 und später (wie Braunschweig) beseitigt worden sind. Aber die vorurteilslose Entblößung aller Schandflecke, die an dem welfischen, hessischen und nassauischen Pupur haften und einem etwa frivol republikanischen

Auge zum Wohlgefallen gereichen müßten, kann doch nicht vollstreckt werden, ohne auch die verschont gebliebenen Heiligkeiten in Mitleidenschaft zu ziehen. Viel glimpflicher kommen auch die Wittelsbacher nicht durch, nicht zu reden von den Koburgern und den stammverwandten Holstein-Gottorpern, dem „fürstlichen Komödiantentum“ par excellence, wie es da in der Regel bezeichnet wird.

Abstrahiert man von dem einen Idol, so bleibt eigentlich kein Grund zur Klage über Parteilichkeit. Es werden namentlich die Liberalen aller Länder und Zeiten sich nicht beschweren dürfen, sehr viel schlechter behandelt zu sein, als die Fürsten; ja es finden jene sogar eine nachsichtigere Würdigung, wenn sie der „fremden“ welfischen Dynastie gegenüberstehen, obgleich man doch eigentlich sagen muß, daß die Engländer mehr im Rechte waren, wenn sie ihre braunschweig-hannoverschen Könige als Deutsche behandelten, denn ein Deutscher, welcher dieses alte deutsche Fürstengeschlecht wie Fremdlinge hinstellt. Die Episode des hannoverschen Verfassungsbruchs und der Göttinger Sieben ist die einzige, in welcher die Opposition nicht schlechthin als verworfen oder jämmerlich erscheint. Aber zum Schluß muß doch auch hier der Liberalismus seinen Fußtritt erhalten und die Zeit beklagt werden, wo Professoren sich des gekränkten Rechts annahmen, denn das schickt sich eigentlich nicht für sie. Die Bildung, heißt es, war in Deutschland immer konservativ. Dem Herzog von Cumberland aber wird noch dadurch ein Recht auf Anerkennung gerettet, daß er wenigstens ein wilder Reitersmann war, wobei der Accent offenbar mehr auf der Wildheit als auf dem Reiten liegt.

Die Methode, mittelst welcher der Geist des lebenden Geschlechts für die Herrschaft eines unbedingt und eng beschränkten politischen Glaubens in Fesseln geschmiedet werden soll, ist auf diese Weise konsequent nach rechts wie nach links durchgeführt. Jahrzehnte lang wandern die Deutschen ziellos durch die Wüste, bis der Moment kommt, wo der, ihnen unbewußt, von Anfang an verkannt und ungeahnt, vorangegangene Genius der Preußen als der „stolzen Mannen ihres Königs" allein den Zauber löst. Man kann sich nach dem, was wir über das Jahrzehnt von 1830 bis 1840 zu hören bekommen, schon ein Bild machen von dem Strafgericht, das sich da vorbereitet für die folgenden Zeiten und namentlich für 1848. Ein Fritz Mauthner könnte nach berühmtem Muster dem Historiker den Streich spielen, diesen fünften Band in seinem Geist und Stil vorauszuschreiben.

Die Versuchung ist ja groß, allen Schwächen und Irrtümern, welche dem deutschen Staatselend der Vergangenheit anhaften, kritisch in die Augen zu sehen. Aber zwei Betrachtungen wird man gerade, wenn man sich der Wahrheit nicht verschließen will, dabei immer in den Vordergrund stellen müssen: daß ein furchtbares Mißgeschick in Deutschlands alter Zerrissenheit waltete, und daß seit dem Sturz des ersten Kaiserreichs ein ehrliches Suchen und Streben nach Besserung die Gebildeten und die regsamen Köpfe der Nation abwechselnd bald da, bald dort vorwärts trieb. Es war so furchtbar schwer, durch den Schutt der Jahrhunderte und gegen die Hartnäckigkeit der befestigten Gewalten Bahn zu brechen, daß aus dem ungeschickten Anfassen und dem vielfachen Mißlingen gewiß unendlicher Stoff für Karikatur sich ansammeln läßt. Gerade der Historiker hätte hier die Pflicht, einsichtsvolle Gerechtigkeit zu üben, mitzufühlen mit den Tausenden, die in der für ihren Glauben und ihr Wagen unentbehrlichen Unterschätzung aller höllischen Schwierigkeiten, zwischen großsprecherischen Anläufen und philiströser Verzagtheit hin- und hergejagt, sich aufgezehrt haben. Statt dessen, welch kalter Spott, welche Fülle des schneidendsten Sarkasmus für jene ersten Kämpfe um etwas Recht und Freiheit, die in Baden, Baiern, Hessen seit Anfang der dreißiger Jahre geführt wurden! Welche Verachtung für die, welche Verfassung und Gesetz auf Vernunft gründen wollten, als wäre es nicht schließlich doch die Vernunft, welche allein zu entscheiden hat, auch dem historischen Hochgefühl gegenüber, ob ein historisches Recht besser sei als ein rein vernunftgemäßes.

Es ist merkwürdig, daß gerade in dieser Manier Treitschke die übertrumpft, welche er am meisten mit seinem teutonischen Zorn verfolgt. Börne hat nicht boshafter über den königlich bairisch blauen Himmel des jungen Otto von Griechenland und Heine nicht satirischer über die schwarzrotgoldenen Quasten und die leichtgläubige Polenschwärmerei gespottet, als ein halbes Jahrhundert später der Geschichtschreiber, der nicht, wie jene, die Entschuldigung für sich hat, daß er vom Mißmut der Augenblicksstimmung aufgestachelt war und dem Bedürfnis gehorchte, den Stachel in die Seite der Mitlebenden zu bohren. Und wenn auch sie für die Schwäche und Hilflosigkeit der kleinbürgerlichen Auflehnungsversuche es an Sarkasmen nicht fehlen lassen, wo wäre beispielsweise unter ihrer Feder ein so abstoßend frostiges Wort zu finden, wie da, wo Treitschke in seiner Vornehmheit an dem Schicksal der wegen burschenschaftlicher Spielereien mit grausamen Strafen belegten Opfer nichts zu beklagen weiß, als „das zwecklose Einerlei des Gefängnislebens, in welchem so viele junge Männer verkamen"? Mit welcher anerkennenden Gelassenheit wird u. a. als ein besonders kluger, ruhiger und billiger Mann der hessen-darmstädtische Minister Du Thil vorgeführt, unter dessen Regiment der Prozeß gegen den Pfarrer Weidig spielt, eine Häufung von Scheußlichkeiten, die noch heute beim Lesen mit Entsetzen erfüllen. Uebrigens entgeht bei der Darstellung jener Schandthaten unserem Verfasser eine Hauptsache: daß das edle Opfer zu Wahnsinn oder mindestens zu Halluzinationen getrieben war, ehe man es mit barbarischer Mißhandlung in den Tod trieb. Die aktenmäßige Darstellung des sehr loyalen hessischen Obergerichtsrats Nöllner, ein sehr umfangreicher Band, bezeugt mehr als der ganze Treitschke, wie berechtigt die Freiheitsbestrebungen jener Zeit waren.

Wie viel Wahrheit und wie viel Dichtung in der sprichwörtlich gewordenen Lesart von der deutschen Gemütlichkeit steckt, sei dahingestellt. Aber gewiß ist, daß die politische Misere der Zeit des heiligen römischen Reichs und seines Nachfolgers, des deutschen Bundes, nicht lediglich aus dem Ueberschuß an schöner Gemütlichkeit erklärt werden kann.

Gleichwohl ist es in neuerer Zeit bei uns immer mehr Mode geworden, zu meinen, daß um den Kitt zu härten, welcher die Fugen des neuen deutschen Reiches zusammenhalte, die Pflege harter Gesinnung das erste Erfordernis sei. So empfahl sich, Haß und Zorn als staatserhaltende Elemente auszubilden im Gegensatz zu jener Weichheit der Empfindung, die angeblich das Erbübel gewesen war. Mit dem launigen Uebermut, den wir kennen, läßt sogar irgendwo Treitschke eine, nicht etwa deutsche, sondern die spezifisch „preußische Langmut" als eine von der Weltgeschichte notorisch festgestellte Erscheinung auftreten!

Zur historischen Begründung einer solchen Methode ließ sich natürlich an den Haß und Abscheu zunächst gegen alles Fremde anknüpfen, und ist der Kniff einmal gefunden, so gehört wenig Witz dazu, wo immer es dient, auch im eigenen Hause das Fremde zu entdecken.

Treitschke ist in seiner Weise ein Sprachkünstler. Er hat versucht, im Dienste seiner Tendenz auch ein neues Wort zu schaffen, aber man wird nicht sagen können, daß es ihm damit gelungen sei. Der Gedanke ist eben ein gemachter und trägt den Stempel des Gemachten, wie das Wort selbst: „Fremdbrüderlichkeit" heißt es. Der Erfinder braucht nicht zu fürchten, daß man es ihm stehle. Kein Mensch wird es ihm streitig machen oder nachreden. Ebenso falsch und gemacht ist ja auch die von ihm befolgte Manier, möglichst oft für französisch wälsch zu schreiben. Wem fällt es denn ein, in der Unterhaltung oder selbst auf der Rednerbühne das Wort zu gebrauchen? Eine Darstellung, die sich in so gekünstelten Formen bewegt, giebt sich selbst das Zeugnis ihrer gekünstelten Empfindung. Und diese Künstlichkeit wird hier darauf zugespitzt, jede Berührung mit fremdem Element als verächtlich hinzustellen. Nicht zu vergessen: nach historischem Sprachgebrauch bedeutet Wälsch zunächst Italienisch viel seltener Französisch. Wälschland wird jeder mit Italien übersetzen. Was würde die loyale Gesinnung heute dazu sagen, wenn einer ihrer Diener den König Humbert von Italien einen wälschen Fürsten nennte? Mit der „Fremdbrüderlichkeit", dem abgeschmackten und geschmacklosen Wort, soll der Deutsche abgeschreckt werden von einer falschen Sentimentalität, die ihn aus lauter mißverstandenem Edelmute dahin gebracht hätte, sein eigenes Land dem Fremdling zu opfern. Gegen seine eigene Schwäche soll er gewarnt und im Verhalten zum Nichtdeutschen soll ihm der Gedanke nahe gelegt werden, nicht in verderbliche Schwäche zu verfallen. Zu diesem Zweck muß er natürlich sich stets als zu gut, zu treu und zu edel vorkommen; der andere muß ihm als zu schlecht, zu treulos und zu gemein gezeigt werden.*)

---

*) Ein Freund erzählte mir diesen Sommer, er habe in einem Schweizer Eisenbahnwagen eine Unterhaltung zweier Deutschen mit

Das System ist mit Konsequenz in diesem neuesten Bande durchgeführt. Beinahe niemals wird ein fremdes Volk oder ein fremder Staatsmann erwähnt, ohne daß ein schmähendes Eigenschaftswort neben dem Namen figurierte. Während die „rechtschaffenen Germanen" den „sittlich feigen" Franzosen gegenübergestellt werden, wird der ganze Wortschatz der Anglophobie, welchen der beschränkteste französische Chauvinismus seit hundert Jahren gegen England aufwendet, dankbar aufgenommen. Der Geschichtschreiber des Zollvereins und der in demselben zur Entwicklung gekommenen freien Handelspolitik versagt sich nicht das armselige Vergnügen, im Geist jener Verdächtigung zu schreiben, welche während des ersten Wütens der deutschen Schutzzöllnerei sich gegen die internationale Scheinheiligkeit des perfiden Albions und die auf Korruption ausgehende Bosheit des Cobdenklubs in offiziösen Broschüren erging.

Es ist doch schon schlimm genug und wird im Grunde von den ehrlichen Leuten aller Länder gleichmäßig beklagt, daß ein Teil der Tagespresse in Deutschland und Frankreich die Verhetzungspolitik treibt. Wie viel schlimmer und unwürdiger tritt aber solche Einseitigkeit im Gewande der Geschichtschreibung auf und gar in diesem feierlichen und imposanten Gewande.

Wie, wenn dies nach dem obersten Gesetz Kantischer Moral, daß eines Jeden Handlungsweise die Probe des Vorbildes für alle Anderen aushalten müsse, die Regel für die Geschichtschreibung aller Völker und Zeiten würde? wenn alle Geschichtschreibung, von diesem sogenannten nationalen Gesichtspunkt ausgehend, eine Anklageschrift gegen alle

angehört, deren einer zum andern sagte: „Wir Deutsche sind doch eine zu großmütige Nation, daß wir diesen Franzosen erlaubt haben, ihre Ausstellung zu machen." Das war sicher ein Schüler unseres Meisters.

anderen Völker und eine pflichtmäßige Selbstverherrlichung würde? Müßte nicht der Unsinn einer solchen Konsequenz sich jedem aufdrängen und die Geschichte zu einem Spottbild ausarten lassen?

In der Praxis der jüngstvergangenen Zeit wurde die Aufstachelung gegen das Fremde als Hebel der nationalen Politik verwandt, und sie wird als Methode auf die historische Darstellung dadurch übertragen, daß alles, was nicht zum System paßt, als aus der Fremde genommen und alles, was aus der Fremde genommen, als unpassend zu erscheinen hat. Die Forderung, daß ein Volk sich historisch entwickle, wird so zur unhistorischsten aller Forderungen. Denn seitdem es eine Kultur giebt, konnte sich kein Volk aus sich allein entwickeln und hat sich glücklicherweise keines aus sich allein heraus entwickelt, sondern aus seinem Zusammenhang mit der Welt und in Wechselwirkung mit ihr und ihrem gesammten Werden. Von keiner Zeit gilt das mehr als von dem Abschnitte, welcher mit der Unabhängigkeitserklärung der nordamerikanischen Kolonien beginnt. Zwei Elemente tragen diesen Zusammenhang ganz naturgemäß, Inhalt und Form. Den Inhalt bilden die von Volk zu Volk wandernden Gedanken und Empfindungen, die Form drückt sich aus in der Nachbildung der Institutionen. In der Verhöhnung der „Fremdbrüderlichkeit“ wird der Inhalt, in der Verhöhnung der konstitutionellen Bestrebungen wird hier die Form verketzert. In der That hat der deutsche Idealismus der Reihe nach für die Bastillestürmer (man denke an Klopstock!), für die Griechen, für die Polen geschwärmt. Er hat noch vor einem Vierteljahrhundert dem amerikanischen Norden gegen die Sklavenstaaten beigestanden. Soll der Geist der Völker dieses Zugs beraubt werden? Hat etwa die Königstreue ihre Wurzeln in einem andern Boden als in diesem idealen? Kann und soll sie dieselben etwa nach ihrem enthusiastischen Verkünder in einem anderen Boden haben? Fürst Bismarck sagte einmal zu einem französischen Journalisten, dem er nach dem Kriege von 1866 in einem seiner Zeit viel verbreiteten Interview den tieferen Zusammenhang der eben geschehenen Dinge auseinandersetzte: Wenn ein Berliner Arbeiter im Feldzug einen Arm verliert, so begrüßt ihn bei seiner Rückkehr sein Weib mit Stolz und Zärtlichkeit; käme er aber aus einem Straßenkampf mit zerschossenem Glied nach Hause, so würde er von seiner Ehehälfte mit Scheltworten empfangen. Meint Herr von Treitschke, Bismark hätte damit sagen wollen, die Frau habe kraft tiefen Nachdenkens sich für soldatische Königstreue und gegen das Recht der Revolution entschieden? Alle großen Triebe, welche die Massen in selbstlose Bewegung setzen, wurzeln im Gemüthe, d. h. im Idealismus, noch viel stärker als die, welche im einzelnen Menschen den Ausschlag geben. Denn schon das Bindemittel, welches den einzelnen über sich selbst hinaushebt und zum Gemeingefühl mit der Gesammtheit fortreißt, kann nicht dem analysierenden Verstand entspringen .Ein Skeptiker hat einmal den Ausspruch gethan: „Mit klugen Leuten stürmt man keine Schanzen“. Der beißenden Form entkleidet heißt das so viel wie: mit der Klugheit allein geht niemand in den Tod für ein höheres Ziel, für eine Idee; und für den König doch auch sicher nicht, weil derselbe ein Mensch, sondern weil er eine Idee ist. Die Verspottung des Idealismus ist am meisten vom Standpunkt des hingebenden Royalismus aus selbstmörderisch. Nicht umsonst lieben Thron und Altar zusammenzustehen. Die Königstreue, die nicht eine Art Religion ist, muß gerade ihren überzeugten Aposteln besonders verdächtig sein; sie sinkt auf die Stufe der orleanistischen und koburgischen Monarchie der dreißiger Jahre hinab, die ihnen verwerflich erscheint, weil sie keinen höheren Anspruch erhebt, als den „die beste der Republiken“ zu sein.

Der Freiheitstrieb, aus welchem die politische Bewegung des deutschen Bürgerthums zunächst im Südwesten hervorging, war nicht ausländischen Ursprungs. Die Bewegung der dreißiger Jahre knüpft ohne Unterbrechung an die der Befreiungskriege und der Burschenschaft an. Viele ihrer Führer entstammen jener Verbindung, auch der obengenannte Weidig. Aber die Lust entfachte sich neu an den Erlebnissen in der Nachbarschaft, und es ist undenkbar, daß sie sich entfacht hätte ohne einen Zug großmütiger Sympathie mit den Menschen, welche draußen diese Ideen vertraten. Lief Kritiklosigkeit dabei mit unter, so war sie unentbehrlich. Mit der kalten und sogar falschen Kritik, welche Treitschke nachträglich zur alleinigen Methode erhebt, wäre an ein Erwachen überhaupt nicht zu denken gewesen. Selbst eine gewisse heilige „Jugendeselei“ gereicht bekanntlich den Menschen eher zur Zierde als altkluge Engherzigkeit. Aber es war keine Jugendeselei. Auch ist es falsch, eine undeutsche Richtung dabei für vorherrschend zu erklären. Das selbständig Deutsche tritt in der Mehrzahl der Reden und Schriften der Epoche hervor. Die Nachahmung der Formen und Stichworte, welche die Julirevolution geliefert hatte, lag in der Luft, und nur aus dem, was in der Luft liegt, kann Bewegung in die Massen kommen. Mit Rezepten aus der Apotheke und selbst mit Lehrbüchern läßt sich das nicht machen. Aus den veränderten Voraussetzungen und Maßstäben entstanden Mißverhältnisse, die zu Verzerrungen und zu Mißerfolgen führten. Aber schließlich konnten die Dinge auf gar keine andere Weise ins Rutschen kommen, und nur auf diese Weise sind die ersten Anläufe gegen den elenden kleinen Polizeistaat zustande gekommen, mit dem wir noch heutigen Tags nicht ganz aufgeräumt haben. Auch der Rotteck-Welckerschen Verfassungsseligkeit kann man den Vorwurf nicht ersparen, der gerade in ihrer Aehnlichkeit mit der Propaganda Treitschkes liegt. Auch jene verfaßten Geschichtswerke und Staatswörterbücher im Geist und im Dienst einer einseitig ausgeprägten Staatslehre. Aber sie waren dabei mit voller Naivetät an der Arbeit, was Treitschke nicht bestreiten wird. Denn gerade diese Naivetät gewährt ihm den Anhalt zu seiner sarkastischen Behandlung, und er wird eben deshalb nicht dieselbe Entschuldigung für sich in Anspruch nehmen. Das Staatslexikon, welches Hermann Wagener im Dienste der Kreuzzeitungspartei in die Welt entsendete, war gewiß ebenfalls einseitig, aber man wird nicht behaupten, daß der Mann zu den Naiven gehörte, so wenig wie Treitschke, der mit größerem Ingenium und mit größeren Mitteln denselben Weg verfolgt. Naive Einseitigkeit kann sich ins Ueberschwengliche versteigen, welches die Ironie herausfordert; aber gewollter Paroxismus treibt zur Verzerrung, welche abstößt. Man wird schwerlich in der Rotteck-Welckerschen Litteratur einem Ausspruch begegnen wie dem Seitenhieb, welchen dieser vierte Band einmal gegen den Geist der Berliner Bevölkerung damit zu führen sucht, daß er u. a. ihr verbildetes Wesen aus der frühen Bekanntschaft mit ausländischen Affen in den Menagerien, „wo sie sich ihrer eigenen Affenähnlichkeit bewußt werden“, und aus ihrer Unbekanntschaft mit deutschen Rinderherden ableitet. Beiläufig gesagt: heute sind in dem Berliner Viehhof wohl mehr deutsche Rinder zusammen, als in irgend einem Dorfe Pommerns oder Preußens. Gleichen Kalibers ist u. a. der Ausspruch, daß die Rheinländer mit deutscher Treue an ihrer französischen Gesetzgebung hingen. War doch diese Anhänglichkeit schon groß, als noch kein halbes Menschenalter der Treue die Zeit des Entstehens gelassen haben konnte, und sie wurzelte, wie jeder in dieser Atmosphäre Großgewordene weiß, in ganz anderen Bewandtnissen.*)

Wer wüßte nicht, wie viel Geschmack, guter und schlechter, an französischen Dingen in Deutschland geherrscht hat und sogar noch herrscht, seit Jahrhunderten bis zur heutigen Bühnen- und Romanlitteratur, nicht am wenigsten genährt und gefördert von deutschen Fürsten und Adelsgeschlechtern. Aber gerade die liberale Bewegung der dreißiger Jahre ist weder aus der Schwäche für das Fremde, noch aus dem Brudersinn für die Fremden hervorgegangen, sondern aus dem inneren Drang der gebildeten deutschen Welt. Der französische Konstitutionalismus der Julimonarchie war einfach die Formel, welche das europäische Festland sich aus der Uebernahme des englischen Vorbildes nach seinen anders gearteten Grundlagen zurecht gelegt hatte, und in dieser Form ergriff der neue Geist alle westlichen Nationen, den südwestlichen Teil Deutschlands um so mehr, als er in seiner eigenen Geschichte gar keinen Anhalt für einen Umschwung in neue Wege vorfand. Denn daß die altwürttembergische Stände- und Schreiberopposition nicht dazu gemacht war, hat die Erfahrung gelehrt und giebt auch Treitschke zu.

Was an diesem rationalistischen Verfassungsdoktrinarismus in allen seinen Spielarten gut oder schlecht war, kann eine offene Frage bleiben und ist in einem gewissem Maße noch heute eine ungelöste Frage. Die gebildeten Klassen des westlichen Europas hatten gar keinen anderen Weg als durch diese Evolution, denn nur diese bot ihnen die Geschichte dar. Das sollte ein Historiker, wenn er nicht Pamphletist sein will, nicht verkennen, d. h. verspotten. Wenn die Libe-

*) Ich selbst habe schon vor dreißig Jahren eine Studie darüber geliefert, „Die Französelei am Rhein, wie sie kam und wie sie ging" (Demokratische Studien, Hamburg 1861).

ralen nach Paris sahen, so geschah es, weil damals die nationalen Gegensätze nicht in Frage standen und alle Augen dahin gerichtet waren, wo das Experiment vorbildlich zum Durchbruch kam. Die Liberalen im Südwesten Deutschlands verfolgten die französischen Kammerverhandlungen und Parteikämpfe mit dem Solidaritätsgefühl eigener geistiger Interessen. Vielleicht interessiert es Treitschke und kann er es verwerten, daß der erste Vizepräsident des jüngsten sogenannten Kartellreichstages, Herr Buhl, in der Taufe den undeutschen Vornamen Armand erhielt zum Andenken an Armand Carrel, den drei Jahre vorher im Duell gebliebenen radikalen Redakteur des Journals „Le National.“

Die ganze ununterbrochene Reihe der deutschen Entwicklung, welche mit den Befreiungskriegen anhebt, 1830 und 1848 in neuen Wendepunkten neue Lebenskraft gewann und 1866 und 1870 ihren großen Abschluß fand, ist nicht als eine Episode der Entartung, sondern als eine legitime Geschlechtsfolge zu verstehen. Auch ist es falsch, daß das Eintreten des preußischen Staates in diese Entwicklung unabhängig von den Vorgängen des Südens gekommen wäre. Der Zollverein allein hat es nicht gemacht. Während unter Friedrich Wilhelms III. patriarchalischer Herrschaft jede äußere Regung in Preußen erstarrt war (die absolutistische Schönseligkeit sagt: aus zarter Rücksicht für den greisen König, aber ohne Gegenseitigkeit) lebte der Norden im Geiste mit den liberalen Kämpfern des Südens und Westens, wie auch die Rheinländer und Westfalen nachher an die Spitze der liberalen Bewegung in Preußen traten. Den berechtigten Grundzug aller dieser Erscheinungen in der Politik zu übersehen, ist ebenso falsch, wie es falsch ist, die gleichzeitige unter dem „Jungen Deutschland“ zusammengefaßte philosophisch-litterarische Bewegung der Geister parallel mit der politischen unter den Eindruck eines herabwürdigenden Gesammturteils zu stellen, freilich beides in konsequenter Verfolgung derselben Absicht.

III.

Professor Theobald Ziegler in Straßburg hat in diesen Blättern*) die Behandlung, welche dem großen deutschen Gelehrten David Friedrich Strauß von Treitschke zuteil geworden ist, zum Gegenstand einer besonderen Abwehr gemacht. Schon aus Anlaß der vorausgegangenen Bände haben andere Fachmänner, wie Baumgarten und Stern, sich gegen eine Reihe einzelner Darstellungen auf Grund kritischer und thatsächlicher Einwürfe erhoben. Mit der gegenwärtigen Besprechung ist weder die Möglichkeit noch der Anspruch verbunden, nach solchem Vorbild an die Charakteristik des gesamten in diesem Bande verarbeiteten Materials zu gehen. Sie muß sich begnügen, den Geist der Darstellung zu schildern und aus dem Gesammteindruck hie und da etwas herauszuheben, was ein besonders scharfes Licht auf die Eigenart des Verfassers und seine Leistung wirft.

Gerade zunächst als Ergänzung der von Ziegler im einzelnen nachgewiesenen Irrtümer und Widersprüche bleibt hier noch der leitende Grundgedanke zu kennzeichnen, aus dem sich Treitschkes ablehnende und selbst in Geringschätzung verfallende Haltung einem Manne gegenüber erklärt, welcher in der Wissenschaft und in der geistigen Bewegung seiner Zeitgenossen weit über die Grenzen Deutschlands hinaus hohe Verehrung genossen hat. Diese Haltung liefert uns eben den Schlüssel zu dem ganzen Kapitel,

*) Nr. 16 der „Nation" vom 18. Januar 1890.

welches vom jungen Deutschland und der philosophischen Richtung seiner Zeit handelt. Strauß muß hier als der vornehmste Repräsentant einer Weltanschauung herhalten, welche zu dem System Treitschke nicht paßt und deshalb wie alles, was ihm nicht paßt, als undeutsch der Verdammnis überliefert wird. Ziegler bemerkt selbst mit Recht, daß über Treitschkes eigener philosophischer Ueberzeugung ein nicht leicht zu durchdringender Schleier ruht. Es kommt auch bei ihm weniger als bei irgend einem anderen Denker darauf an, diesen Schleier zu lüften. Denn nach seiner ganzen Absicht lehrt er weniger um zu sagen, wie die Dinge sind, als um dahin zu wirken, wie sie werden sollen. Die furchtlose Kritik, welche gerade der hervorstechende Zug der deutschen Philosophie ist, paßt daher am allerwenigsten in sein System, und sie hindert ihn am meisten, wo sie, wie in der neuhegelschen Zeit, sich ins litterarische und politische Leben hinüberspielte, oder da, wo sie, wie in dem letzten größeren Werk von Strauß den theoretischen Versuch machte, eine Brücke zum Leben hinüber zu schlagen. Den Engländern spricht Treitschke an einer Stelle den spekulativen Sinn ab. Man kann das, wie jedes schlechthin absprechende Urteil, dahingestellt sein lassen; aber soviel kann man ihm gerne zugeben, daß unter den neueren keine Nation mehr die Begabung zur spekulativen Vertiefung gezeigt hat, als die deutsche. Daher ist auch die von dieser deutschen Philosophie seit Kant entwickelte Kritik wirksamer als alle vorausgegangene und gleichzeitige gewesen. Die Deutschen haben eben wegen der ernsten Vertiefung in die Abstraktion, zu der sie veranlagt sind, die glaubensfreiste Bildung der modernen Welt. Alle Kunststückchen, an Goethe herumzudeuteln, um ihn für fromme Zwecke auszustaffieren, scheitern an zahllosen positiven Aeußerungen seiner Poesie und Prosa in Schrift und Leben; und es giebt, ihn inbegriffen, in keinem Volk eine klassische Litteratur, welche so ganz auf dem Boden der geistigen Freiheit steht, wie die deutsche. Desgleichen hat keine Nation unter den neueren eine so stattliche Folgenreihe philosophischer Schulen, die ganz auf dem unabhängigen Denken beruhen. Was sind Schulen, was sind Systeme? Das Wichtigste ist die innere Freiheit, und diese ist das Charakteristische und das Bleibende an allen Schulen, die von Kant bis Schopenhauer einander abgelöst und auch einander befehdet haben. Der „französische Atheismus“, mit dem Treitschke Schrecken erregen will, ist daneben nur eine Vogelscheuche. Er hat nicht einmal in der Zeit seiner größten Macht die ganze Encyklopädistengesellschaft beherrscht. Es wird wohl schwerlich je gelingen, der gebildeten deutschen Gesellschaft die englische Kirchlichkeit mit ihrem Cant oder die Verbindung von Voltairianismus mit katholisirendem Comme-il-faut beizubringen. Darin haben wir zum Glück die Vorzüge unserer Fehler. Auch Treitschke, so sehr er das Bedürfnis fühlen mag, kennt doch seine Deutschen zu gut, um nach der positiven Seite hin stark ins Zeug zu gehen. Einige theosophische und mystische Andeutungen sind hie und da eingestreut. So z. B. heißt es eben von Strauß, als dem scharfsinnigen Theologen, der vom Wesen der Religion keine Ahnung gehabt habe: „er begriff auch niemals, daß die Idee des Gottmenschen in einem eingeborenen, unausrottbaren Drange unserer Seele wurzelt und also eine Forderung der praktischen Vernunft ist.“

Wenn Treitschke recht hat, und darin hat er einmal recht, daß die ganze geistige Bewegung des jungen Deutschland sich vor allem auf den Einfluß der Junghegelianer zurückführen läßt, so bleibt hier wenigstens kein Raum für den Vorwurf der Nachahmung der Ausländer und für die „Fremdbrüderlichkeit.“ Weder Hegel noch seine Schüler haben etwas aus der Fremde genommen. Der Schwabe Hegel schöpfte ganz aus dem Kern seines eigenen Wesens wie der Schwabe Strauß. In der Philosophie sind die Deutschen nicht Schüler, sondern Lehrer des Auslandes gewesen, etwa von England und Schottland abgesehen. Franzosen und Italiener haben aus deutschen Quellen geschöpft von Hegel bis Schopenhauer. Ist also auf diesem Gebiet die Anklage der Nachäfferei nicht einmal dem Schein nach aufrecht zu erhalten, so liegt die innere Notwendigkeit, welcher die Bewegung des jungen Deutschland entsprang, sonnenklar zu Tage. Diese hatte die Aufgabe, zu vermitteln zwischen einerseits der menschlichen und andererseits der staatlichen und gesellschaftlichen Bildung der Nation, aus ersterer die Konsequenzen zu ziehen für letztere. Was unsere klassische Epoche in den Köpfen ausgereift hatte, das mußte die folgende ins Leben hinüberführen. Dementsprechend fällt der Wendepunkt gerade mit Goethes Tod zusammen. Ueber den dem Staat und der sogenannten nationalen Idee abgewandten Sinn der klassischen Epoche ist so viel verhandelt worden, daß man heute kein Wort mehr darüber zu verlieren braucht. Wenn dieser Sinn in der Zwischenzeit der dreißiger oder vierziger Jahre auch seine herbe Kritik erfahren hat, so sind wir längst zur gerechteren Erkenntnis zurückgekehrt, und jene Herbigkeit erklärt sich aus den ersten heftigen Ansätzen des Umschlags. Gerade der von Treitschke bestgeschmähte Heine hat die Angriffe auf Goethes Olympiertum stets mit wahrer Empörung zurückgewiesen, was natürlich Treitschke verschweigt. Heine stand an Geisteshöhe und Freiheit Goethe unendlich viel näher als Treitschke. Selbst die Verflachung, welche eine ins Leben hinüberführende litterarische Richtung annahm, war unvermeidlich. Treitschke meint, heute lese niemand mehr die Schriften des jungen Deutschland. Man wird wohl die Frage offen lassen dürfen, wer nach fünfzig Jahren noch die Werke Heinrichs v. Treitschke lesen wird. Aber Heine lebt noch so sehr, daß noch heute, fünfzig Jahre nach seiner Glanzzeit, die größten Anstrengungen gemacht werden, um die Errichtung seines Denkmals zu bekämpfen.

Es ist abzuwarten, ob Treitschke im folgenden Bande dazu kommen wird, die politische Wendung der Jahre 1866 und 1870 von den Ereignissen des Jahres 1848 gänzlich loszulösen und damit selbst die Aktion Bismarcks in ihrem Anknüpfungspunkt zu verleugnen. Wer das aber nicht fertig bringt, wird zugeben, daß ein erster Anlauf zu einem großen, politisch zivilisierten Deutschland ohne eine unmittelbar vorausgegangene philosophische und litterarische Gährung gar nicht denkbar war. Daraus erklärt sich, warum die Professoren- und Litteratenwelt so stark im Frankfurter Parlament vertreten war, daß sie ihm, auch zu seinem Unglück, ihr Gepräge gab.

Wenn man noch in Betracht zieht, daß zwischen der Periode klassischen Stilllebens und der des jungen Deutschland eine Zeit der Romantik fällt, welche aus der Stille in die Dämmerung geführt hatte, so springt erst recht deutlich in die Augen, daß die Anregung, welche von den Neuhegelianern, von Arnold Ruge, Ludwig Feuerbach, Bruno und Edgar Bauer u. a. ausging, die Zensurkämpfe der Halleschen Jahrbücher und des Leipziger Litteratenstammes den Sauerteig zur späteren Umgestaltung Deutschlands geliefert haben.

Aber auch das soll alles nur äußere fremde Mache sein. Was zur Herabwürdigung der kleinen Verfassungskämpfe noch neben den Franzosen fehlte, die unentbehrlichen Juden, hier finden sie sich. Zwar mit aller Anstrengung kann Treitschke im Verlauf eines ganzen Menschenalters deren nur fünf auftreiben, um zu zeigen, wie sie das große Deutschland verderbt haben. Aber dies einräumend, setzt er zu seiner Rechtfertigung wohlweislich hinzu, es sei ja bekannt, wie die Juden sich in ihrer Wirkung verzehnfachen könnten; wo ein paar zusammenständen, machten sie den Eindruck eines großen Haufens. Nach Offenbarung dieser tiefen geschichtsphilosophischen Wahrheit zählt er die fünf auch auf: Rahel, Börne, Heine, Eduard Gans und wunderbarer Weise den Verleger Zacharias Löwenthal in Mannheim. Solche Ehre hätte der gute Mann bei Lebzeiten sich nicht träumen lassen. Er hat unter einem, noch von ihm veränderten Namen (so wenig glaubte er an seine Unsterblichkeit) ein Geschlecht hinterlassen, welches in den Reihen der christlich-deutschen Wissenschaft eine ehrenvolle Stelle behauptet. Zum Christentum übergetreten waren übrigens alle fünf schon zur Zeit, als ihre unheilvolle Wirksamkeit begann. Damit ist der Beweis geliefert, daß sich das Antisemitentum nur auf die Rassentheorie und nicht auf die Religion zurückziehen kann. Ohne ein genealogisches Reichsstammbaumsamt wird demnach die große Reform der Zukunft nicht durchzuführen sein, und man darf sich einstweilen auf die heiteren Enthüllungen freuen, mit welchen manches hochansehnliche Geschlecht beglückt werden wird. Irgendwo im Verlauf seiner Erzählung hat der Geschichtsschreiber noch den sechsten Juden aufgetrieben. Bei etlichen Stuttgarter Unruhen wird der jüdische elsasser Bierbrauer Denninger aufgeführt. Dem Mann ist Unrecht geschehen, und Treitschke in seiner peinlichen Gewissenhaftigkeit wird das sicherlich gut zu machen wünschen. Die von dem Stuttgarter Standesamt erteilte Auskunft lautet wörtlich: „Joh. Jakob Denninger, evangelisch, Bierbrauer aus Schiltigheim bei Straßburg, geboren 21. April 1787, gestorben 28. April 1860, Sohn des Partikulier

Denninger, evangelisch, und einer gleichfalls evangelischen Mutter."

Was aber hat Rahel verbrochen? Ihr kann doch wohl nicht das vorgeworfen werden, was Treitschke und seine Freunde dem jüdischen Einfluß zuschreiben: zersetzendes skeptisches Verhalten zu den höchsten Dingen. Niemals schlug ein Herz wärmer für das Schöne, Wahre und Gute. Oder fühlte sie sich nicht als Deutsche? Sie, die preußische Patriotin, deren Briefe aus dem Jahre 1813 solch eine glühende Begeisterung, solches Glück über die Wiedererstehung ihres Landes atmen? Sie, die kranke Soldaten pflegte, mit hundert Händen half und heilte? Sie, die bei der Nachricht, daß der von ihr angebetete Fichte gestorben, sich schämte, daß sie am Leben geblieben war? Was konnte nun Treitschke veranlassen, nachdem er sie halbwegs glimpflich behandelt, zu ihrer Herabwürdigung aus einem Brief Arnold Ruges, ohne jegliche Verwahrung, eine Stelle abzudrucken, wo dieser sagt: „die Rahel, das eklige Mensch." Wenn er das nicht that, um sein Wohlgefallen daran auszudrücken, warum denn? Hat ein Wort, das in einem Privatbrief hingeworfen, nicht entfernt zur Oeffentlichkeit bestimmt, wenn es so unpassend ist, seinen Platz in einem Geschichtswerk? Ruge hätte sich gehütet, es drucken zu lassen. Er hatte eine lose Zunge, die im Briefschreiben und im Reden die Schimpfworte lachend umherwarf. Seinen besten Freund konnte er gelegentlich ein Pferd nennen. Es war ein polternder, aber gutmütiger Schulmeisterhumor. Ich erinnere mich, daß er einmal, als die Rede auf Renan kam, ausrief: „Der? der ist ja noch abergläubischer als Strauß." Als ich seine Briefe an mich für die Veröffentlichung hergab, habe ich mich gehütet, alle Personennamen stehen zu lassen. Und was meint Treitschke von dem, was in denselben Briefen, denen er die häßliche

Stelle über die Rahel schmunzelnd entnimmt, über ihn selbst gesagt wird? Er hat es doch wohl auch gelesen und wird der Ansicht sein, daß es nicht schön wäre, es als Zitat drucken zu lassen. Die Verletzung aller Ehrbarkeit ist um so größer, als Rahel niemals durch unweibliches Hervortreten die Kritik herausgefordert hat. Sie hat nichts drucken lassen. Erst nach ihrem Tode erfuhr die Welt von ihr und von dem, was sie ihren Freunden in ihrem heiligen Ernst anvertraut hatte. Mag Treitschke Bettina höher stellen, das ist Geschmackssache. In diesem Punkt züchtiger Weiblichkeit kann sie nicht den Vorrang beanspruchen. Es ist aber freilich im Wesen Rahels etwas, das wie eine um lange Jahre vorausgegangene Verurteilung Treitschkes verstanden werden und seine besondere Antipathie erwecken kann. Klingt es nicht wie an seine Adresse gerichtet, wenn sie schreibt:

„Man sollte sich wirklich alles von seinen Landsleuten gefallen lassen! denn je mehr sie uns tadeln und verfolgen, je mehr man in Disharmonie mit ihnen ist, je gewisser ist es, daß man auf sie gewirkt hat.“

Oder ein andermal:

„Großer Gott, was ist es leicht und natürlich, sein Vaterland zu lieben, wenn es einen nur ein bischen wieder liebt! Man thut es ja schon ohne Gegenliebe.“

Oder:

„Geschichte ist in närrischen Händen sehr schädlich. . . . Sollten Männer wie . . . . nicht selbst wissen, wo der dunkle Punkt in ihren neuesten Schriften ist, über welchen sie wegsetzen und willkürlich vorauszusetzen anfangen? Sie machen einen selbst schwanken zwischen dem Zweifel an der Schärfe ihrer Einsicht oder dem an ihrer Redlichkeit; man weiß nicht, welche man von beiden beleidigen soll.“

Und zum Schluß noch dieses:

„Was mich empört, ist diese Klasse, die mit Prätention sittlich!!! sind. Dies hebt alles auf, geradezu auf, was nur so genannt werden kann, — und nichts anderes, ich kann es zum Himmel schwören, ist meiner Seele so zuwider."

Eben diese der Rahel so widerwärtige sittliche Prätention erklärt aber auch die innere Wütigkeit des Ketzergerichts, dem Heine sowohl als geborener, wie als getaufter Jude verfällt. „Er wurde dem Glauben seines Volkes abtrünnig", heißt es vorwurfsvoll. Gerade das, worin Treitschke und Heine sich ähneln und das, worin sie sich von einander unterscheiden, stößt den ersteren ab. Heine ist noch ein viel größerer Virtuos als Treitschke in der Kunst, die, welche er nicht mag, als schlecht und lächerlich hinzustellen. Aber er spottet und schmäht lachend, er trauert nicht pathetisch, er geht nicht auf turmhohen Stelzen einher als ein Gesalbter des Herrn, der von der Erhabenheit seines sittlichen Thrones herab zu Gerichte sitzt über die Lebenden und die Toten. Er ist menschlich, oft „menschlich ordinär", wie er es einmal ausdrückt. Man kann nicht von ihm sagen ridendo castigat mores, denn es kommt ihm auf die mores weiter nicht an, aber es wandelt ihn auch nicht entfernt an, sich für einen Sittenrichter auszugeben und jemanden darüber in Zweifel zu lassen; er macht sich nicht besser als er die andern macht; und darum ist er, der Cyniker, eigentlich besser als der Tugendbold, welcher sich mit feierlichem Ernst in seinem Spiegel bewundert. Ueber des Dichters Ruhm zu streiten ist einfach überflüssig. Er hat sich mit unauslöschlichen Zügen in das Buch der deutschen Litteratur und der deutschen Sprache eingeschrieben, und es war keine Uebertreibung, wenn er von sich sagte: „nennt man die besten Namen, so wird auch der meine genannt." Noch heute, nach länger als einem halben Jahrhundert, werden seine Lieder gesungen und gesprochen, seine Verse zitiert so weit die deutsche Zunge klingt. Aus seinem eigenen Born hat er den Schatz der deutschen Sprache bereichert und Formen der Dichtung eingebürgert, die weiter wirken bis auf diesen Tag. Nichts ist darin aus fremdländischen Elementen entnommen. Und nichts ist komischer als wenn Treitschke sagt, daß den Juden das deutsche Sprachgefühl abgehe. Das kommt ungefähr auf die Geschichte jener Hamburger Dame hinaus, die, als die Schauspielerin Rachel in Racines Britannicus auftrat, klug bemerkte: „Man hört aus ihrem Französisch doch die Jüdin heraus, denn sie sagt Kapitol statt Kapital." Es gehört zu Treitschkes kleinen Künsten, daß er solche Gickchen und Gackchen austüftelt, die er als tiefe und feststehende Bemerkungen wie etwas Selbstverständliches einfließen läßt. So soll man an dem jungen schönen Herzog von Orleans, als er am Berliner Hofe erschien, die ganze Erscheinung bewundert, aber alsbald den falschen Zug der Familie Orleans erkannt haben. Von dieser allgemeinen physionomischen Thatsache als einer notorischen hört man in diesem Geschichtswerke zum ersten Male. In hundert ähnlichen Kunststückchen, aus Zufällen herausgegriffenen Zitaten, wiederholt sich dies Spiel. Ich habe vor langen Jahren bei Besprechung seines Bonapartismus einmal erzählt, welche komische Geschichte ihm mit dem ernstgenommenen Straßenwitzwort: si Paris avait une Cannebière ce serait un petit Marseille, passiert ist.

Ist es nicht auch hohe Komik, wenn Heine den Vorwurf hören muß: er, der Orientale, hätte nicht einmal ein deutsches Trinklied zu Stande gebracht? Zwar wird auch zur Abwechslung den süddeutschen Liberalen ihre Kneipseligkeit vorgeworfen, aber das steht auf einem anderen Blatt. Nun findet sich weder in Lenaus noch in Mörikes noch in Uhlands Gedichten — um nur diese drei zu nennen — ein Trinklied. Das einzige Gedicht, welches in Uhlands

Sammlung diese Ueberschrift trägt, atmet nichts weniger als Kneiplust.

Aber wer kennt nicht Heines prächtiges Gedicht:

„Glücklich der Mann, der den Hafen erreicht hat
Und hinter sich ließ das Meer und die Stürme
Und jetzo warm und ruhig sitzt
Im guten Ratskeller zu Bremen.
Wie doch die Welt so traulich und lieblich
Im Römerglase sich widerspiegelt" u. s. w.

Und wo steht denn geschrieben, daß den Orientalen der Wein fremd ist? Die Legende des Noah und des Loth scheint doch aus dem Orient zu stammen; das alte Testament trieft förmlich von Zitaten des Weins, von seiner Pflege und seiner Verherrlichung; Boas trinkt sich einen Rausch, David und Salomon halten sich gute Lager, und der Sänger des hohen Liedes wird von seinem Freund in den Keller geführt: „esset und trinket meine Freunde und werdet trunken". Endlich, wer hat ausgelassenere Trinklieder gedichtet als Hafis. Zwar ein Arier, nach der gelehrten Unterscheidung, zu welcher die Verfolgungssucht ihre Zuflucht nimmt, aber ein Occidentale doch gewiß nicht.

Heine hat sich wie über Juden und Christen so über Franzosen und Deutsche mit gleicher Schonungslosigkeit lustig gemacht. Folgt man ihm aber aufmerksam, so ergiebt sich, daß er an dem Französischen mehr das Glänzende und Anmutige, an dem Deutschen mehr das Ernste und Tiefe bewundert. Er hat auch die Libertinage des Pariser Lebens gepriesen, wie ein deutsches Weltkind, dem sie imponiert. Wie viel gute Deutsche hat Paris vor und nach ihm nicht ebenso und mehr entzückt! Man lese die Briefe aus alter und neuer Zeit, die Briefe Gutzkows und Dingelstedts aus den vierziger Jahren. Und was ist noch über die letzte Ausstellung geschrieben worden!

Hat denn das deutsche Selbstbewußtsein zu seiner Begründung nötig, alles Gewinnende an anderen zu bestreiten? Wie schwach stellt es sich hin, wenn es nur um diesen Preis sich aufrecht halten läßt! Gerade die, welche so verfahren, zeigen den schwächsten Glauben. Es ist ganz falsch, wenn Treitschke diesen Glauben an Deutschland in Heine vermißt. Er bricht unzählige Male in seiner Prosa und Poesie durch. Mit der merkwürdigen Sehergabe, mit der er Jahrzehnte voraus beschrieb, wie einst die Kommune die Vendomesäule umwerfen werde, hat er den Sieg des großen Krieges vorausgesagt. Das weniger bekannte Gedicht aus dem Jahre 1840 mag darum hier einen Platz finden

Deutschland 1840.

Deutschland ist noch ein kleines Kind,
Doch die Sonne ist seine Amme.
Sie säugt es nicht mit stiller Milch,
Sie säugt es mit wilder Flamme.

Bei solcher Nahrung wächst man schnell
Und kocht das Blut in den Adern
Ihr Nachbarskinder, hütet Euch,
Mit dem jungen Burschen zu hadern.

Er ist ein täppisches Rieselein,
Reißt aus dem Boden die Eiche
Und schlägt Euch damit den Rücken wund
Und die Köpfe windelweiche.

Dem Siegfried gleicht er, dem edlen Fant,
Von dem wir singen und sagen,
Der hat, nachdem er geschmiedet sein Schwert,
Den Ambos entzwei geschlagen.

Ja, Du wirst einst wie Siegfried sein
Und töten den häßlichen Drachen,
Heisa! wie freudig vom Himmel herab
Wird Deine Frau Amme lachen!

Du wirst ihn töten und seinen Hort,
Die Reichskleinodien, besitzen.
Heisa! wie wird auf Deinem Haupt
Die goldene Krone blitzen!

Treitschke stellt sich allem, was er undeutsch und falsch nennt — und was nennt er nicht alles undeutsch und falsch! — als den Musterdeutschen gegenüber. Wenn mit Recht Gewissenhaftigkeit, Gründlichkeit und Gutmütigkeit zu den deutschen Vorzügen gerechnet werden, so darf man fragen, ob Treitschke wirklich ein vollbürtiger Deutscher ist, was manche nach der Leidenschaftlichkeit seines Wesens und nach äußeren Anzeichen bezweifeln. Es würde dem unstreitig großen inhaltlichen Reichtum seines Werkes nicht zum Nachteil ausgefallen sein, wenn er unterlassen hätte, in zahllosen pikanten Bemerkungen fertige Urteile über Zustände und Menschen einzustreuen, welche eine ernste Prüfung auf ihre Legitimation nicht aushalten und um so verdächtiger erscheinen, als sie immer vorgefaßten Meinungen zu dienen bestimmt sind, oft mit einer malitiösen Absicht, die sich nicht beschweren dürfte, als hämisch bezeichnet zu werden. Solche sichtbar der Tageslaune gemachten Zugeständnisse erweisen sich allerdings insofern nützlich, als sie dem Leser einer späteren Zeit von selbst wie Warnungszeichen gegen zu großes Vertrauen in die Augen springen werden. Es wird auch schwerlich ein zweiter Geschichtschreiber aufzuweisen sein, der in solchem Maße mit schnell fertigen Urteilen über alles und jedes auf Grund seiner eigenen höchsten Sachverständigkeit aufwartet, nicht bloß über die Politik, Litteratur und Volkswirtschaft, die in sein Gebiet gehören, sondern auch über alle anderen Besonderheiten von Welt und Leben, über Theologie, Philosophie, Naturwissenschaften, bildende Kunst und sogar über Musik! Wer absprechende Urteile über alles in bequemer und unterhaltender Form einheimsen will, findet hier seine Rechnung. Auf diese ganze Art, Geschichte zu machen, paßt genau ein Wort, das jüngst der berühmte Theologe Professor Harnack als Warnung ausgesprochen hat:

„Die geschichtliche Lüge ist der Jammer der Legende, denn sie entstellt, und wir machen uns solcher Legendenschaffung schuldig, wenn wir unter der Einwirkung verschiedener Stimmungen Thatsachen leichtfertig beurteilen. Der Tendenzlegenden müssen wir uns vor allem hüten. Die römische Kirche ist die Virtuosin der Tendenzlüge, und daß auch wir nach dieser Richtung es im Dilettantismus ziemlich weit gebracht haben, beweist die Parteilegende, welche die Geschichte für sich in Anspruch nimmt und alles herauszustreichen bemüht ist, was nicht hineinpaßt“.

In Ferienstimmung.*)

*) Aus der „Nation" Jahrgang IX; Nr. 13.

Aus der wilden Wortschlacht langer Tage — ein Schlachten oft nicht eine Schlacht zu nennen — in die Stille der sicher umfriedeten vier Wände zurückkehrend, auf den behaglichen Sitz am Schreibtisch, von dessen anderer Seite kein boshaft ungläubiges Mienenspiel, kein hämischer Zuruf und — von allem das Schlimmste — kein lautes Gespräch gleichgiltiger Feinde oder auch Freunde die Gedanken zu verwirren droht — welch ein Gefühl der Wonne, allein schon wert, mit allen Opfern des parlamentarischen Dienstes erkauft zu werden! — Denn „Dir paßt einzig Tag und Nacht" — und „Wer nicht hinauskommt, kommt nicht heim."

Da steigen sie auf, die Bilder all der Gestalten, die in längst vergangenen Jahren diese Sphären bevölkerten und so sehr beherrschten, daß man unwillkürlich im Gefühle lebte, ohne sie sei das alles nicht denkbar. Oben auf dem Präsidentenstuhl der olympische Simson, Talare sprechend, wie Berthold Auerbach von ihm sagte, doch mit dem Schalk im Busen, der stets auf der Lauer lag, auf sein ahnungsloses Opfer hervorzubrechen. Und rechts von ihm, vorn auf der Ministerbank, früh und spät, als Gegenstück, der ganz und gar unfeierliche Präsident des Reichskanzleramts, Minister Delbrück, das lebende Gleichmaß des Chronometers, auf jeden Druck mit niemals irrender Gewißheit die Stunde und Minute schlagend, die eine eben auftauchende Frage von ihm fordern mochte.

Unten im Raum der Abgeordneten auf der Rechten Moritz von Blanckenburg, der alte Dutzbruder des Kanzlers, mit den stechenden Augen, aus denen der innere Grimm des spöttischen Junkers über den ganzen Unfug parlamentarischer Existenz und seine wider Willen ihm vom mächtigen Freunde aufgezwungene Teilnahme hervorblitzte; nächst ihm Hermann Wagener-Neustettin, der findige Helfer, halb Mephisto und halb Famulus, zu jedem Vorstoß brauchbar und stets bereit, sich selbst und den Meister zu kompromittiren. Im Zentrum dann der gewaltige Mallinckrodt mit einem hispanischen Rittergesicht, wie Antonio de Leyva, und mit Feuerbrandsworten auf den beredten Lippen, die loderten wie ein ketzerfressender Scheiterhaufe; es wurde ernstlich behauptet, er gehe vor jeder größeren oratorischen Unternehmung zum Abendmahl, um sich zu stärken und zu feien. Als Gegenstück zu ihm Herr Schröder von Lippstadt, genannt der schwarze Helmerding, ein ultramontaner frivoler Bruder Lustig, mit dem Humor der gemalten Teufelchen auf dem San Benito der Verdammten oder der lachenden Ungeheuer auf den Schnitzwerken der gothischen Kirchen.

Nicht weit von diesem, dem freiwilligen Komiker, saß der ehrwürdige welfische Gelehrte, Professor Ewald, dessen Apostelgestalt mit dem lang herabwallenden grauen Haar, dem ernsten nach oben gewandten Blick, der Grabesstimme, unwiderstehlich auf die Zwerchfelle des Auditoriums wirkte, wenn er, eine Papierrolle wie den Marschallstab hoch in die Luft schwingend, den Weltuntergang predigte, in ewigem Kampf mit dem Vorsitzenden, der sich abmühte, ihn von der preußischen Erbsünde, der Entthronung König Georgs, in die Frage des Tages herüberzurufen. In unverwüstlicher Abneigung gegen die neue Gestaltung der Dinge wetteiferte mit ihm Moritz Mohl, der höflichste, fleißigste und kenntnisreichste aller schwäbischen Eigenbrätler, dessen Schwärmerei für Tabaksmonopol und Schutzzoll Bismarck zur Losung machen sollte, als er den einst Unversöhnlichen längst aus den Augen verloren hatte. Wie heimelte es mich in die jungen Jahre zurück, als ich zum ersten Mal im Berliner Reichstag den wunderlichen Herrn mit derselben unwahrscheinlichen himmelhochragenden strohgelben Perrücke wieder auftauchen sah, die schon im Frankfurter Parlament der Paulskirche mich einst durch ihren Anblick ergötzt hatte.

Bennigsen und Miquel sind wohl noch da, aber der eine ein seltener Gast im Reichstag, hier und da aus anderen Regionen herabsteigend, in welche der andere schließlich ganz entrückt ward. Damals waren beide eng verbunden mit Lasker, der, grundverschieden in den Anfängen, wie er es im endlichen Abschluß seines Geschickes werden sollte, gemeinsam mit ihnen an der Gesetzgebung des neuen Reichs baute, in einem Geiste, der dem Fürsten Bismarck vorerst im Stillen tief innerlich widerstrebte, um endlich, als er es vermochte, mit Feuer und Schwert von ihm ausgetrieben zu werden. Zum Opfer fiel Lasker allein, eines der schreiendsten Exempel wetterwendischer Gunst nicht sowohl der Massen als der Gebildeten in Deutschland. In jenen Jahren von 1871 bis 1878 war keine Arbeit im Reichstag ohne den kleinen Mann verrichtbar. Man konnte seiner noch weniger entbehren, als in der späteren Periode des kleinen Windhorst. (Auch der kleine Thiers war ein Parlamentsallmächtiger!) Nicht nur für seine Partei, die Nationalliberalen, war Lasker der allgegenwärtige und unentbehrliche, sondern für die ganze Maschinerie. Der erste und der letzte auf dem Platze, der stets fertige für jeden Zwischenfall der Geschäftsordnung und Fragestellung, Komplikationen, die in jenen bewegten und gespannten Arbeitszeiten ungleich viel häufiger eintraten, als heute. Bei jeder unvorbereiteten Wendung der Debatte erwartete alles vorab, daß Lasker sich zum Wort meldete, um die Meinungen in Fluß zu bringen; und mit allen Registern je nach dem Bedürfnis der Gelegenheit war er zur Stelle, von der leichten Satire bis zum höchsten Brustton der manchmal etwas übergroßen sittlichen Entrüstung, die dem Kanzler so sehr auf die Nerven schlug. Sollte doch Pathos sein, so war diesem viel lieber das breitspurige, aber schmiegsame des biederen Völk, des ungekämmtesten aller blonden Kolossalköpfe aus Bavarias bierdurchströmten Gefilden, der mit des Allgäus volkstümlichen Kehllauten und mit hoch über die Handgelenke heraufgeschürzten Rockärmeln männermordend in die Reihen des Zentrums hineinraste.

Wie anders perlte die heitere Weinlaune auf Karl Brauns Lippen in wohlgerundeten Perioden und Klängen! Auch er mit einem Charakterkopf wie Völk, auf breitem kräftigem Stiernacken, aber von dunklem Lockenhaar eingerahmt, und von Geist und Kenntnissen überquellend. Nicht viele Männer von solcher Begabung hat der Reichstag in den zwanzig Jahren seines Bestehens auf seinen Bänken beherbergt; und wenn „unser Braun", wie er stolz genannt wurde, früh und nicht im Vollbesitz einstiger Herrlichkeit ans Ende seiner parlamentarischen Laufbahn gelangt ist, so lag das vielleicht am meisten daran, daß Mutter Natur ihm allzu verschwenderisch eine Fülle von Gaben auf den Weg gegeben hatte, die ihm alles so leicht machte, ihn verführte, die Grenze zwischen dem Ernst der Arbeit und dem Spiel der üppigen Laune zu verkennen; — ein eigentümliches Phänomen, das ich im Laufe der Zeiten hier und da an ähnlich überglücklich ausgestatteten Kindern des deutschen Südwestens beobachtet habe. Es gab eine Zeit, wo Karl Braun die Gunst des Fürsten

Bismarck in hohem Maße genoß, und er hätte sich dieselbe ohne Zweifel erhalten können, wollte er sich, wie mancher andere, der auf hohem ethisch pathetischem Roß daher trabte, den Wandlungen der Kanzlerpolitik anschmiegen. Aber dem leichtlebigen Manne war es tiefer Ernst mit den wirtschaftlichen Anschauungen, die er einst im Bunde mit einem Prince-Smith, Faucher und Michaelis ruhmreich in Deutschland verbreitetet hatte, und er zauderte nicht einen Augenblick, mit dem mächtigen Staatsmann, dem er ein enthusiastischer Bewunderer gewesen, zu brechen, als jener dazu überging, den Hebel der persönlichen Interessen der Menschen zum Werkzeug seiner Politik zu machen.

Dieselbe Kraftgestalt mit starkem Kopf auf breitem Nacken und mächtigen Schultern, und bedeutsamer Weise, ebenfalls mit einem Anflug bäuerlichen Erdgeruchs wie der allemannische Völk und der rheinfränkische Braun, erhob sich in dem Führer der Fortschrittspartei, dem Freiherrn von Hoverbeck, dem vollendeten Typus jenes heute bis auf wenige ausgestorbenen ostpreußischen Adels von echtem Schrot und Korn, der den Stolz der Freiheit als die schönste Zierde vornehmer Geburt über alles hochhält. Aus solchem Stoffe waren auch die beiden Herren von Saucken. Spröde, schroff und unerbittlich war der Widerstand, den die Rede Hoverbecks dem Kanzler entgegensetzte. Er personifizierte das Mißtrauen in die Dauerhaftigkeit der Sendung Bismarcks, als wollte er vor Verjährung wahren in einer Zeit, da ihm die Thatsachen noch nicht Recht gaben. Es war alles Unbeugsamkeit und Unversöhnlichkeit bis ins Kleinste, eine Härte und eine Schärfe, die in Inhalt und Form wie im Klang der Rede prägnant zum Ausdruck kamen. Unvergeßlich ist mir, wie ich in der ersten Session des Reichstages, im Jahre 1871, wegen einer Geringfügigkeit den Zorn des wackeren Mannes auf mich lenkte.

Bei der Beratung des Postgesetzes hatte ich vorgeschlagen, daß man zur Bequemlichkeit des Publikums die Freimarken nicht bloß an den Postschaltern, sondern auch in gewissen Kramläden verkäuflich mache, wie dies in England und Frankreich der Fall sei. Aber da kam ich schön an. Dem frugalen ostpreußischen Landwirth erschien dieser Antrag auf Verweichlichung der briefschreibenden Menschheit wie elender Sybaritismus, und er zerschmetterte mich unter einer verachtungsvollen Strafrede. Aehnlich war es mir schon etliche Zeit vorher sogar mit einem nahen Freund, dem Abgeordneten von Unruh, ergangen. Zwar war auch er allerdings ein Kind des hohen Nordostens, aber doch ein vielgereister Lebemann heiterer Sinnesart, bei dem ich so übel anzuprallen noch weniger vorbereitet war. Das spielte gleichfalls im Jahre 1871, als der Reichstag seine Sitzungen noch im jetzigen Hause der Abgeordneten auf dem Dönhoffsplatze hielt. Damals wurde beschlossen, das provisorische Gebäude in der Leipziger Straße zu errichten, welches wir jetzt noch bewohnen und welches, wie über Nacht, in einer einzigen Sessionspause von Gropius hervorgezaubert, sich so vortrefflich bewährt hat, daß man wird froh sein dürfen, wenn der Prachtbau am Königsplatz an innerer Zweckmäßigkeit nicht hinter ihm zurückbleibt. Unruh als Fachmann wurde Mitglied der Baukommission. Und nun glaubte ich ihm etwas ans Herz legen zu sollen, was mir eigentlich sich von selbst zu verstehen schien. Im Hause am Dönhoffsplatz — vermutlich ist es noch heute so — konnte der Abgeordnete auf seinem Platz nicht schreiben. Wollte er einen Brief oder sonst etwas Schriftliches erledigen, so mußte er aufstehen und sich in einen Winkel des Saales begeben, in dem Tisch und Schreibzeug standen. Ebensowenig hatte er an seinem Platz einen Behälter, in dem sich irgend ein Buch oder Aktenstück aufbewahren ließ. Also sagte ich:

„Lieber Freund, Sie werden doch dafür Sorge tragen, daß im neuen Hause jeder Abgeordnete ein Pult, ein Tintenfaß und eine verschließbare Schieblade an seinem Platz hat" — „Ja wohl", fuhr mit Entrüstung der Angeredete auf mich ein — „ja wohl, warum nicht gar? Wohl auch noch eine Hängematte und eine Kaffeemaschine dazu?" — Beiläufig gesagt, ist mein Wunsch denn doch erhört worden. Diese alte preußische Zucht, die für Sünde hielt, sich das Leben leicht zu machen, hatte gewiß auch ihr Gutes, aber da wir das, was gut an ihr war, nicht mehr genießen, ist es wohl gerecht, daß wir auch ihre Entbehrungen nicht mehr zu erleiden brauchen. Stoiker wie Hoverbeck waren die zwei anderen Führer des Fortschritts, Franz Duncker und Franz Ziegler, nicht im geringsten, aber als Charakterköpfe thaten auch sie reichlich ihre Schuldigkeit; Franz Duncker mit dem prächtigen Bart und Hauptthaar eines Père éternel, wie die französischen Maler die Modelle für Gott Vater nennen, und Franz Ziegler mit dem glattrasierten Antlitz des achtzehnten Jahrhunderts, jenes von wohlfeilem Pathos triefend, dieses stillvergnügt mit den sardonisch verzogenen Lippen schmunzelnd, beide recht eigentlich demokratische Epikuräer.

Manche andere Gestalten noch steigen auf aus den ersten Tagen jener Jahre des Anfangs; ich lasse sie schweigend an mir vorüberziehen. Nur drei der neuesten Zeit drängen sich noch unwiderstehlich in den Vordergrund. Bismarck, Moltke, Windthorst, die drei, die man jedem Fremdling zuerst zeigte, wenn er kam, das lebendige Panoptikum des Reichstages in Augenschein zu nehmen. Gestehen wir's uns: sie haben bei weitem das Interessanteste des ganzen Inventars mit sich hinüber genommen. Der Kanzler allerdings war schon eine Seltenheit geworden, lange ehe er sich zum Abgeordneten wählen ließ, um desto sicherer zu verschwinden; Moltke blieb bis auf den letzten Tag die ehrenvollste Zierde; Windthorst aber der lebendige Mittelpunkt des ganzen Getriebes, ein unerschöpflicher Stoff für das Verständnis unserer Zeitgeschichte, wie für das Studium parlamentarischer Methoden. Bedenke man nur das eine, daß noch bis auf den heutigen Tage darüber gestritten wird, ob er zu Bismarck gegangen oder Bismarck ihn gerufen (ich denke: halb rief's ihn hin, halb ging er hin), und daß diese Begegnung mit Windthorst dem Kaiser den Anstoß gegeben haben soll, den Kanzler zu entlassen, während doch wenige Monate darauf derselbe Kaiser denselben Windhorst, der dies Aergernis gegeben haben sollte, mit den höchsten Ehren zur Gruft geleiten ließ: liegt nicht in diesem Widerspruch ein bis jetzt ungelöstes Rätsel eingeschlossen? Windthorsts größte Zeit war nicht die des Kulturkampfes, nicht die des offenen Krieges mit Bismarck. Auf die Höhe seiner Geschicklichkeit kam er erst, als der Feind einzulenken und mit ihm zu parlamentieren begann, nicht ohne die Absicht, ihn hinaus zu manövrieren. Von damals ab begann das feine Spiel, dessen Ende den Zentrumsführer als den Sieger und den großen Diplomaten als den Besiegten scheiden sah. Windthorsts Stärke lag in der organischen Verbindung von Klugheit und Banalität. Er wagte möglichst wenig und sagte möglichst Unbedeutendes. Diese Banalität war nicht etwas Gewolltes, sondern durchaus Natur, wie alles sein muß, was stark im Menschen wirken soll. Reden, die in die Breite wirken wollen, müssen immer mit einem Tropfen banalen Oels gesalbt sein, denn der Mensch versteht gemeinhin nur das, was er bereits weiß, und ein gut Teil stets vorrätiger Beredsamkeit beruht auf der Selbsttäuschung, daß nötig sei, etwas zu sagen, was zu sagen überflüssig ist. Uebrigens redete Windthorst nicht aus Ehrgeiz, um Beifall zu ernten, sondern um seine Taktik mit Worten zu begleiten oder zu verhüllen. Dabei war er voll angeborenen Humors, nicht was man geistvoll nennt. Letzteres hätte er für zu gefährlich gehalten, auch wenn es ihm zur Verfügung gestanden hätte. Mit einem Bataillon von hundert Mann hinter sich ist man schon an sich nicht dumm. Sein hervorstechendster Zug war seine Vorsicht im Manövrieren. Er ging bedächtig vor und rechnete stets mit allen denkbaren Gefahren. Einmal, in einem schwierigen Augenblick sagte er zu mir: „Wenn ich eine Lokomotive auf mich zukommen sehe, bleibe ich nicht im Wege stehen, sondern springe hinauf und fahre mit.“ In den letzten drei Jahren bis zu Bismarcks Sturz war er immer von dem Gedanken beherrscht, der Kanzler wolle, falls er im Reichstag auf hartnäckiges Hindernis stoße, der Verfassung an den Kragen. Und da der Alte ein so kluger Mann war, macht es sich sonderbar, wenn die Stimme von Friedrichsruh jetzt den Reichstag so besorglich warnt, seine Selbstständigkeit zu wahren. Bei der Betrachtung, daß der Name Windthorst lange Jahre hindurch der Mehrzahl der Deutschen wahren Abscheu einflößte, und dennoch der Träger dieses Namens als ein auch außerhalb seiner Partei vielbeliebter und hochgeehrter Mann glanzvoll aus dem Leben schied, darf man das eine nicht übersehen: er war eine wohlwollende, menschenfreundliche, liebenswürdige Natur von durchaus bürgerlicher Sinnesweise. Nachdem einmal der Pulverdampf der großen Schlachten des Kulturkampfes sich verzogen, ward das für alle sichtbar, die ihm nahe kamen. In einer stark mit norddeutscher Aristokratie versetzten Versammlung sind das Eigenschaften, die sich besonders angenehm fühlbar machen. Soll doch ein Centrum sein; und es wird ihn länger überleben, als man meint, so war es auch für alle anderen besser mit ihm als ohne ihn.

Von den dreihundertzweiundachtzig des Jahres 1871*) sind immer noch sechsunddreißig auf ihren Plätzen, theils ohne Unterbrechung, geblieben, theils nach Pausen wieder eingekehrt. Bringt man in Anschlag, wie viele wider Willen dem Tode oder den Wählern zum Opfer fielen, so erscheint die Zahl nach zwanzig Jahren nicht gering. Sechsunddreißig, die so lange aushalten bei einer der brotlosesten Künste und in einem Lande, das diesen Beruf dürftiger als irgend ein anderes mit Ehren lohnt, das beweist, daß die Sache doch ihren geheimen Reiz haben muß. Bismarck soll einmal in seiner besten Zeit zu jemandem gesagt haben: „Am wohlsten fühle ich mich, wenn ich nach einer gelungenen Reichstagsrede zu Pferde steige und einen Ritt in den Grunewald mache"; und ohne Zweifel liegt ein Theil des Reizes auch darin, daß die Parlamente trotz allem und auch bei uns heutigen Tags den Schauplatz bilden, auf dem die Weltgeschichte, wenn auch nicht gemacht, doch in die Welt gesetzt wird. Hierbei in der Nähe zu stehen, Zeuge oder mitthätig zu sein, ist doch nicht das langweiligste aller Geschäfte, so langweilig auch das viele Reden für den Menschen sein mag, der stets etwas neues hören will. Mich wundert vielmehr, daß schon König Salomo, ohne von Parlamenten etwas zu wissen, das Neue für unmöglich erklärt hat. Und eigentlich ist es ein Glück, daß die Menschheit sich so gut mit den alten, ewig wiederkehrenden Reden behilft, denn wieviel Unsinn käme zu Tage, wenn immer was anderes gesagt werden müßte? In Alfred de Vignys Tagebuch las ich unlängst: „Die Presse ist ein Mund, der gezwungen ist, immer geöffnet zu sein und unablässig zu sprechen. Daher kommt, daß sie tausendmal mehr sagt, als sie zu sagen hat, und so oft

*) Jetzt sind es 397, weil die fünfzehn Elsässer erst später hinzukamen.

faselt oder ausschweift. So würde es einem Redner gehen, und wäre er Demosthenes, der gezwungen wäre, immer zu reden." Der Dichter war nie Mitglied eines Parlaments und hat deshalb übersehen, welche Wohlthat im Geheimnis der ewigen Wiederholungen liegt. Wenn mich vor Jahren, ehe ich abgehärtet war, manchmal die schöne Zeit jammerte, die man da so versaß, so hatte ich immer Trost im Anblick des damals noch in voller amtlicher Thätigkeit befindlichen Moltke, der so aufmerksam uud pflichttreu wie Einer da saß und so aufmerksam zuhörte, wie wenige. Und seine Zeit zu Hause war doch auch etwas wert. Zuhören ist eine der schwersten Künste, und auch das können, wie so manches, heute am besten preußische Militärs. So verstand es Moltke. So bestand die Probe in den letzten acht Tagen Caprivi, und ich ging in die Ferien mit dem Zoll der Bewunderung, daß er in der ganzen Zeit nur zweimal aus der Haut gefahren war, als dicht vor seinen Augen das arme Weib, die Logik, gar zu gräulich mißhandelt ward.

Heinrich Homberger's Essays.*)

(Herausgegeben von Ludwig Bamberger und Otto Gildemeister. — Berlin, Verlag von Wilhelm Hertz, 1892.)

---

*) Aus der „Nation" vom 14. Mai 1892.

Manchmal, wenn wir die Parkanlagen eines Landsitzes beschauend durchwandeln, stoßen wir auf ein seitlich gelegenes Boskett und gewahren, in dessen Schatten tretend, ein Denkmal, welches der Besitzer oder einer seiner Vorgänger den Manen eines teuren Toten errichtet hat. Bildliche Erscheinung wie Inschrift versetzen uns in andächtige Stimmung. Wir sagen uns: hier hat ein gutes, schönes, menschliches Verhältnis gewaltet, und wir wünschten etwas zu wissen von dem Hingeschiedenen, dem die Absicht galt, daß, ungekannt von der großen Zahl und fern vom Markt des Lebens, ein dauerndes Zeichen dankbarer Erinnerung kommenden Zeiten seine Spur erhalte.

Aus ähnlich gearteter Eingebung zunächst ist dies Buch hervorgegangen. Die Bausteine zu dem Denkmale bescheidenen Umfangs hat uns der Entschlafene selbst bereitet, und wem dies Zeichen der Pietät den Wunsch nahe legen sollte, mit dem Gegenstand derselben näher vertraut zu werden, der öffne diese Blätter, er wird es nicht bereuen. Am besten wäre es ja gewesen, statt jeder neuen Ausführung den Wortlaut der Vorrede wieder zu geben, mit welcher der an der Herausgabe überwiegend mitbeteiligte Freund des Verfassers den zureichenden Grund und den Wert der darin enthaltenen Sammlung erläutert hat. Besser oder auch nur ebenso gut als er kann es selbstredend kein anderer machen, und daß er es gethan, bedeutet an sich schon eine Begründung, welche für die Kenner der deutschen Litteratur unserer Tage, namentlich aber für die Leser der „Nation" eines Kommentars nicht bedarf. Doch, da ich mir einmal die Aufgabe gesetzt habe, an dieser Stelle selbst dem Buche das Geleite in die Oeffentlichkeit zu geben, will ich versuchen, immer unter ausdrücklichem Hinweis auf Gildemeisters eingehende und anziehende Introduktion, noch etwas zu Gunsten des hier gebotenen Lesestoffs zu sagen. Zwar die, welche einem mit der Frage zu kommen pflegen: wissen Sie mir denn gar nichts Schönes zum Lesen? sind in der Regel die schlechtesten Leser, denn für den wahren Freund und Kenner dieses Lebensgenusses giebt es immer mehr Bücher als Zeit. Aber auch die Besten der Gemeinde und gerade die Besten am meisten nehmen es dankbar als ein Geschenk auf, wenn ihr Augenmerk auf etwas Wertvolles hingelenkt wird.

Den Freunden der „Nation" ist Homberger selbst kein Unbekannter. Er hat ihr eine Anzahl interessanter Beiträge geliefert, und als er uns plötzlich im vorletzten Sommer entrissen ward, ist ihm von dem jüngeren Mitgliede der Redaktion ein pietätvoller und wohlverdienter Nachruf gewidmet worden. In früheren und späteren Zeiten ist er nicht minder durch seine Mitarbeiterschaft an beinah allen bedeutenden periodischen Schriften Deutschlands beteiligt gewesen und hat sich in auserlesenen Kreisen warme Anerkennnung erworben.

Das Beste aus diesen zahlreichen Arbeiten ist hier nach sorgfältiger Prüfung zusammengestellt. Was auf den ersten Blick daran als ein seltener Vorzug in die Augen fällt, ist, daß sie vom Gang der Zeit nicht im geringsten in ihrem Wert berührt worden sind. Keine dieser verschiedenartigen Abhandlungen bedarf auch nur an irgend einer Stelle einer erläuternden Bemerkung, um sie dem Verständnis am heutigen Tag näher zu bringen. Wer an sich selbst erprobt hat, wie rasch das in die Zeit und ihre Kämpfe hineingeworfene Produkt vergilbt und verwittert, wird nachfühlen, daß es kaum ein höheres Lob für solche Leistungen geben kann. Dieser seltene Vorzug hängt eng mit dem ganzen Ingenium des Autors zusammen. Er schöpft nur aus seiner eigenen Gedankenarbeit, entleiht nichts als den Stoff, aber diesen in reicher Fülle nnd Mannigfaltigkeit, der umgebenden Welt und ihrer Bewegung.

Was diesen Geist am eigentümlichsten charakterisirte, war eben die Intensität seines Denkens. Er dachte mit Leidenschaft und mit Enthusiasmus. Ich habe nie einen anderen Menschen gekannt, der durch Ideen in solches Vibriren seines ganzen Wesens versetzt wurde, und da er eine der besten Eigenschaften hatte, die ein Schreibender haben kann, nämlich daß Sein und Schreiben ganz zusammenfiel, daß es mit dem Kleinsten, was er gab, ihm bittrer Ernst war, so zogen alle seine Arbeiten aus dieser Konzentration des ganzen Menschen eine stark gesättigte Substanz, die auch kurzen Abhandlungen einen über das Verhältnis ihres Umfangs hinausragenden Inhalt sicherte. In diesem einen Bande sind belehrende Thatsachen, Reflexionen und vor allem anregende Ideen enthalten, die für eine Reihe von Bänden genügt hätten. Und die Fülle des Inhalts ist in die vollendete Form der Anmut gebracht. Homberger, dem Enthusiasten des Nachdenkens, war gleichwohl auch die Kunst des Stils etwas Heiliges. Was in der innigsten Erregtheit der Reflexion der Geist ihm eingab, wurde nachträglich bei dem Herausarbeiten der letzten Gestaltung minutiöser, ausdauernder, stilistischer Sorgfalt unterworfen. Dieser doppelten Anstrengung, nicht bloß den eigentümlichen Gesundheitszuständen, deren Gildemeisters Vorwort erwähnt, ist es meines Erachtens zum Teil wenigstens zuzuschreiben, daß der fleißige, eifrige Mann in länger als zwanzigjährigem Schaffen nur den Inhalt einiger Bände zum Druck gebracht hat. Er setzte mit äußerstem Kraftaufgebot ein, versenkte sich in sein Thema, bildete zugleich an der Form bis ins Kleinste aus, und fand dann doch häufig nach einiger Zeit, daß es noch nicht das Rechte sei. Ein französischer Kritiker, selbst ein außerordentlich feiner Geist.*) schildert diese Art von Produktion einmal sehr hübsch mit folgenden Worten: il y a une classe d'esprits peu nombreuse parcequ'elle est très-distinguée, c'est celle des hommes d'un goût singulièrement fin, délicat, difficile, qui ont tout lu, qui savent toutes choses et qui n'écrivent rien ou presque rien parce que le sentiment très-vif de la perfection décourage de produire. Ils ont l'oeil si clairvoyant qu'ils aperçoivent le faible de toutes les idées et de tous les styles; aucun prestige ne les éblouit, aucune renommée ne les abuse; leur goût est un crible qui ne laisse passer que le pur froment; c'est une de ces balances d'une sensibilité infinie qui ne pèsent que l'or. Ils sont paresseux, mais surtout par délicatesse pour ne pas profaner par une oeuvre incomplète leur rêve de perfection exquise. Bis auf die Qualifikation der Trägheit, die hier nicht zutrifft, paßt das alles genau auf Homberger. Auf große Anstrengungen folgten bei ihm Unterbrechungen, Erschlaffungen, Wiederaufnahmen — der Nachlaß der hier nicht verwerteten Manuskripte ist voll von Fragmenten, die, zum Teil weit vorangefördert, einen seltenen Reichtum von Beobachtungen und Ideen enthalten. Trotz seiner Anlage zur Meditation fühlte unser Freund vor allem den Beruf des plastischen Gestaltens als seinen

*) Der zu früh verstorbene H. Rigault. Ich gebe den französischen Text, weil es schade wäre, seine reizend feinen Wendungen in andere Ausdrücke umsetzen zu wollen.

lebhaften und höher berechtigten Drang. In seinem Band Italienische Novellen (1880 in derselben Verlagshandlung wie diese Essays erschienen) legte er die Probe davon ab. Aber auch die Feinheit und Wärme seiner analysierenden Studien, seine in der Darstellung hervortretende Freude an bezeichnenden Thatsachen ist poetischer Abstammung. Den Uebergang von der synthetischen zur analytischen Geistesarbeit vermittelte in ihm der Grundzug des psychologischen Interesses. Die Beobachtung des allgemein Menschlichen und des besonders Persönlichen war die Quelle, aus der er genießend und produzierend schöpfte. Hier konnte ihn das Kleinste in Entzücken versetzen. Er konnte über eine bezeichnende Anekdote lachen bis an die Grenze des Erstickens, über ein falsches litterarisches Urteil oder eine ungerechte Handlung in eine wahre Ekstase des Zorns geraten. Indem nun dieses starke Empfinden zusammentraf mit feinfühligem und geläutertem ästhetischem Sinn, alles unterhalten und stets neu genährt durch emsige Fortbildung in den historischen, litterarischen, sprachlichen, ethnologischen Studien, in der praktischen Berührung mit den Zuständen der großen Kulturländer und ihrer Gesellschaft, im Verkehr mit bedeutenden Männern, namentlich Deutschen und Italienern, schoß ein Kern quintessenzieller Art zusammen. Keiner der vorliegenden Beiträge giebt davon ein sprechenderes Zeugnis als der Nekrolog auf Karl Hillebrand, der seiner Zeit in der „Nation" erschien und in diesem Band abgedruckt ist. Der Gegenstand war auch wie geschaffen, die Quelle einmal breiter fließen zu lassen. Hillebrand, mit dem Homberger in Florenz lange zusammengelebt und sich in enger Freundschaft verbunden hatte, war, trotz eines sehr verschiedenen geistigen Naturells, doch darin ihm verwandt, daß er auf dem Grund ernster deutscher Vorbildung den Ausblick in die Welt durch

Assimilation mit fremder und namentlich mit romanischer Kulturform erweitert hatte. Beide begegneten sich auch darin, daß ihr höchstes Interesse immer, auch in der Fremde, auf die deutsche Heimat gerichtet blieb und sie die deutschen Geschicke während der Epoche des großen Umschwungs, dank ihrer intimen Bekanntschaft mit Italien, im Widerspiel der dortigen Evolutionen und in vergleichender Beobachtung der unterlaufenden Wechselwirkungen verfolgten. An der Fehde, die sich später über das Verhalten der beiderseitigen Diplomatie im Jahre 1866 entspann, hat Homberger einen lebhaften und aktiven Teil genommen und namentlich in einigen Abhandlungen (unter anderen auch in den „Preußischen Jahrbüchern") Beiträge zur Kritik über das Verhalten La Marmoras geliefert, welches dieser in seiner berühmten Schrift Un po' più di luce nicht ohne Erfolg verteidigt hat. Doch von diesen politischen Arbeiten ist in die vorliegende Sammlung nichts aufgenommen worden. Dagegen bieten die vier ersten Essays über Manzoni und Azeglio eine Fundgrube von Belehrung über den inneren Zusammenhang der litterarischen und politischen Bewegung des modernen Italiens. Der deutsche Leser, welcher Manzoni nur aus den „Verlobten" und etwa noch aus Goethes nicht besonders gelungener Uebersetzung des Cinque Maggio kennt, steigt hier an der Hand des kundigen Führers in die Gründe hinab, aus welchen der Klassiker der modernen Litteratur jenseits der Alpen emporgestiegen ist. Nicht minder interessant ist die Abhandlung über Massimo d'Azeglios Denkwürdigkeiten und Briefe, des Vorgängers Cavours, des Malers, Dichters, Soldaten und Staatsmannes, welcher ähnlich und doch in ganz anderer Weise wie einst Alfieri die eigenthümliche Mischung aristokratischer und menschlich freier, konservativer und politisch empfänglicher Denkart der vornehmen Persönlichkeiten des Italiens aus der Wende des Jahrhunderts verstehen lehrt.

Der Anteil der litterarischen und ästhetischen Probleme ist der beträchtlichste in unserer Sammlung. Deutsche, französische, englische Romane und Dramen bilden hier gleichmäßig die Unterlagen, doch auch die philosophischen und linguistischen finden ihren Platz. Lessing, Schopenhauer, Noiré, Renan kommen zu ihrem Rechte, daneben wird die herrschende Zeitrichtung, der Streit zwischen Realismus und Idealismus, mit der Feinheit des Verständnisses untersucht, die aus der innersten Teilnahme an der Sache selbst entspringt. Homberger hatte unter den Modernen einige Lieblinge, denen er besonders gerne nachging, den Amerikaner Howells, den Franzosen Flaubert, und unter den Deutscheu namentlich Louise v. François, deren fünfaktiges Lustspiel „Der Posten der Frau“ ihn als Lösung einer dramatischen Aufgabe über die Maßen interessirte und zu einer Filigranarbeit von beträchtlichem Umfang begeisterte. Die Abhandlung erschien ursprünglich in „Nord und Süd.“ Homberger hat sich selbst viel mit dramatischen Arbeiten getragen; ein kleines Lustspiel von ihm „Er ist nicht liebenswürdig“ kam in München zur Aufführung, die größeren, beinah vollendeten Stücke harrten noch der letzten Handanlegung, als der Autor selbst von der Bühne des Lebens abgerufen wurde. Sein Sprachsinn ergeht sich in zwei Abhandlungen: „Schriftsprache und Schriftsteller“ und „Generalpostmeister und Generalsprachmeister“, letztere ein kleines Meisterstück. Die Besprechung von „Wereschagins Katalog“ beschäftigt sich mit den Regeln der darstellenden Kunst.

Diese auf den kürzesten Ausdruck eingeschränkte Inhaltsangabe möge genügen, um den anregenden Charakter des Buchs zu zeigen.

Anregend vor allem mußte ein selbst so anregbares Denken und Beobachten wirken, und wer die Leiden und Freuden des Lesens kennt, wird immer besonders dankbar sein, wenn er durch diese rezeptive Thätigkeit unmittelbar in geistige Aktion versetzt wird. Reading is a weariness of the mind, sagte der übellaunige Carlyle. Aber er selbst war nichtsdestoweniger ein großer Bücherverschlinger. Autoren wie Homberger bauen durch die Art ihres eigenen Denkens der Gefahr vor, daß der Leser zu einem trägen Gefäß rein passiver Aufnahme werde.

Ernst Renan.*)

† 2. Oktober 1892.

---

*) Aus der „Nation“ vom 8. Oktober 1892.

Eine der größten Glorien des modernen Frankreichs ist mit ihm dahingegangen. Es ist nicht einmal nötig, einschränkend hinzuzusetzen: eine der gelehrten oder litterarischen Glorien, denn seine Stellung zum eigenen Lande und zu allen gebildeten Nationen war eine so hervorragende, daß die Besonderheit des Berufs unter dem hohen Klang des Namens zurücktrat. Eine markante Figur, anziehend und fesselnd, ein Geist, der sein Licht nach allen Seiten strahlen ließ und zahllosen Freunden geistigen Genusses Nahrung und Freude in reichem Maße geboten hat; zugleich eine so eigenartige Erscheinung, daß die Charakterisirung seines Wesens den kritischen Sinn der Beobachter stets ganz besonders reizte und ihm neben seinem großen Ruhm nicht wenig Sarkasmus eingetragen hat. Dabei, trotz aller Eigenartigkeit, ein Ganzes, wie es nur in Frankreich, sagen wir dreist: Paris, denkbar war, weil nur auf diesem Boden und in diesem Milieu es sich so unmittelbar und fühlbar warm lohnt, eine glänzende Feder zu führen, weil eben die lohnende Dankbarkeit der lebendigen Umgebung wieder befruchtend auf den Empfangenden zurückwirkt. Wie gerade diese günstigen Bedingungen zu Renans liebenswürdiger Grazie des Auftretens und zu seiner bestrickenden Kunst der Darstellung beigetragen haben mögen, läßt sich unter anderem aus dem Umstande schließen, daß er einer Provinz entstammte, deren Charakter die Züge französischer Anmut und Leichtigkeit sonst nicht zukommen. Er war ein Kind der Bretagne, jenes Landes, das, erst im Anfang des 16. Jahrhunderts durch Erbgang völlig mit der französischen Krone vereinigt, bis auf den heutigen Tag sein besonderes Gepräge, selbst in Tracht und Sprache des Volkes, und den Ruf starrer Anhänglichkeit an Königtum und Glauben bis auf den heutigen Tag bewahrt hat. Zu Tréguier in der unteren Bretagne am 27. Februar 1823 geboren, war er, dem frommen Sinne der Landschaft entsprechend, von den Eltern zum geistlichen Stand bestimmt worden. Er hat selbst in einer seiner köstlichsten Schriften die „Geschichte seiner Jugend" erzählt, und es wäre schade, aus diesem Kunstwerk einzelnes herauszuschneiden, wenn auch nicht Zeit und Raum es untersagten. Seine Seelenkämpfe, das Erwachen des Zweifels gegen den kindlichen Glauben, die Atmosphäre und die Gestalten des Seminars von St. Sulpice, in welchem dieser Lebensabschnitt sich abspielte, das alles will in der Gesamtheit und in der Feinheit der Schilderung genossen sein, in welcher der Verfasser ein unübertroffener Meister war. Und hier kam gerade die besondere Virtuosität zu ihrer vollen Geltung, jene Mischung von Freiheit und Empfindsamkeit, von Schalkhaftigkeit und Mystizismus, die namentlich in den späteren Bekenntnissen des Denkers am meisten hervorsticht und ihnen ihr Gepräge giebt.

Die Zweifel führten ihn bereits im Seminar vom Studium der Theologie hinweg zu dem der orientalischen Sprachen. Und diese sind die Grundlage und die vorzüglichste Aufgabe seiner Gelehrtenlaufbahn geblieben. Er trat aus dem Seminar aus, endgiltig dem geistlichen Berufe entsagend, und machte im Jahre 1848 sein philosophisches Lehrerexamen. Sein erstes philologisches Werk war eine allgemeine und vergleichende Geschichte der semitischen Sprachen, die von der Akademie gekrönt wurde. An die orientalischen Sprachstudien schloß sich gewissermaßen organisch die Forschung auf dem Gebiete der Religionsgeschichte an, durch welche Renan dem größeren Publikum näher getreten ist, als durch seine linguistischen Arbeiten.

Eine Aufzählung und Würdigung der großen Reihe von Publikationen, welche eine früh begonnene, unermüdliche und produktive Thätigkeit auf diesen beiden Gebieten ans Licht gefördert hat, kann natürlich meine Sache nicht sein. Diese Aufgabe muß dem Gelehrten vorbehalten bleiben. Unter dem frischen Eindruck der Todesnachricht und in wenigen, eilig hingeworfenen Zeilen habe ich nur die Obliegenheit, den Menschen und Schriftsteller, wie er mir aus der Erinnerung der Lektüre und der eigenen Erlebnisse vorschwebt, zusammenzufassen. Die wissenschaftlichen Freunde Renans haben immer daran festgehalten, daß seine Hauptstärke im linguistischen Fache zu suchen sei. Noch ehe sein „Leben Jesu" die große Sensation hervorgerufen hatte, welche die Augen der Mitwelt so gewaltig auf ihn lenkten, hatte er das Interesse der gebildeten Kreise durch seine, zum Theil in der „Revue des deux mondes" veröffentlichten und später gesammelten Studien über Religionsgeschichte auf sich gelenkt. Schon in diesen Arbeiten ist die kunstvolle Behandlung der Form und dem Geist nach reich entfaltet; schon in ihnen auch spiegelt sich jener eigentümliche Dualismus seines Wesens, der zärtliche Sinn für das Halbdunkel und die hoch über allem schwebende Ironie. Eine streng wissenschaftliche Arbeit, seine Geschichte der arabischen Philosophie (Averroës et l'Averroïsme), die Anfangs der fünfziger Jahre zum ersten Male erschien und später neu aufgelegt wurde, ist weniger ins große Publikum gedrungen.

Im Jahre 1860 erhielt Renan die Professur der hebräischen Sprache am Collége de France; aber sein im Jahre 1863 erschienenes „Leben Jesu" wurde der Anlaß, daß ihm dieser Lehrstuhl, der ihm erst nach einer Reihe von Jahren wieder zugänglich wurde, zeitweilig entzogen ward. Wer jene Zeit mit erlebt hat, selbst außerhalb Frankreichs, erinnert sich gewiß des gewaltigen Lärms, den das Buch sowohl als der daraus entbrannte Kampf damals entfesselte. Man muß sich die eigentümliche Konstellation von Ort und Zeit vergegenwärtigen, um sich ein Bild des Ganzen zu machen. Napoleon III., auf der Höhe seiner Macht, hin- und hergezerrt zwischen italienischer und römischer Politik, das freidenkerische Frankreich, die mächtige klerikale Partei an den Rockschößen Eugeniens, die Universität, die Studenten, Paris endlich mit seinem Durst nach Sensation und seinem Talent, sie zu genießen, das alles tönte, schrieb, redete, wühlte und wütete durcheinander, und in der Hauptsache war das Ganze vor allem amüsant. Schließlich behauptete die Klerisei die Oberhand und Renan trat ins Privatleben zurück.*)

Im Kleinen hatte Renans deutscher Vorgänger, David Friedrich Strauß, zwei Jahrzehnte früher in Zürich Aehnliches erlebt, ja darüber hinaus den hellen Straßenkampf entfacht. Aber in der Heimat des protestantischen Kritizismus, dem damaligen Deutschland der Zersplitterung und Stagnation, war es natürlich nicht zu Ausbrüchen in solchem Maßstabe gekommen. Daß Strauß seine Lehrerstelle an einem theologischen Seminar niederlegen mußte, war im Grunde nicht auffällig; eine Professur philologischer Natur wäre ihm schwerlich entzogen worden. Renan hat

---

*) Ich habe damals in den „Deutschen Jahrbüchern" das Buch unter dem frischen Eindruck der Begebenheiten besprochen.

im Ausgang seiner Studien gerade aus deutschen Quellen einen großen Teil seiner Belehrung geschöpft und besonders nach den Vorbildern der Tübinger Theologenschule gearbeitet, daraus auch niemals ein Hehl gemacht. Gerade in den fünfziger und sechziger Jahren des Jahrhunderts hatte sich ein Kreis von französischen Gelehrten in Paris zusammengefunden, welche gern einräumten, daß sie der deutschen Wissenschaft, namentlich auf dem Gebiet der Linguistik, außerordentlich viel verdankten. Der Krieg hat dann auf geraume Zeit dieses offene Einvernehmen unterbrochen, und bekanntlich wurden bereits im Sommer 1870 zwischen Renan und Strauß Briefe gewechselt, die den Streit der Nationen auch in dem Meinungskampf der sich sonst in gegenseitiger Verehrung nahestehenden Gelehrten widerspiegelten. Renan hat dann noch eine Reihe von Jahren hindurch von Zeit zu Zeit die Gelegenheit ergriffen, um die Niederlage seines Landes mit abfälligen Urteilen über Deutschland rächen zu helfen. Er wäre nicht der Liebling seines Volkes und der für die Wiedergabe aller tiefgehenden Stimmungen fein besaitete Prophet gewesen, wenn er der Versuchung widerstanden hätte, auch seinen Tribut auf den Altar der gekränkten nationalen Eigenliebe niederzulegen. So ließ er, der früher deutsches Wissen verherrlicht, ja den preußischen Osten einmal als das Volk des kategorischen Imperativs gepriesen hatte, sich verleiten, in akademischen Reden und in einem eigentümlichen, nach Art des Sommernachtstraum aufgebauten, Phantasiestück das deutsche Barbarentum an den Pranger zu stellen. Aber die höhere Natur siegte doch nach den ersten Zeiten wieder über die Liebedienerei gegen die Schwäche der eigenen Nation und gegen das eigene verletzte Gefühl. Wer auch, diesseits oder jenseits der Grenze, könnte sich rühmen, unter dem unmittelbaren

Eindruck jener Kämpfe auf Leben und Tod eine unparteiische Empfindung bewahrt zu haben! In dem letzten Jahrzehnt ward Renan auch im persönlichen Verkehr mit Deutschen wieder der liebenswürdige unbefangene Mann der früheren Jahre. Dem Buch über das Leben Jesu folgte eine Reihe von Bänden als Fortsetzung, die den Gesammttitel der „Ursprünge des Christentums" tragen: Die Apostel, der heilige Paulus, der Antichrist, Evangelium der zweiten christlichen Generation, die christliche Kirche, Mark Aurel und das Ende der antiken Welt. Der zweite und dritte Band wurden noch viel gelesen und besprochen, wenn auch lange nicht in der Aufsehen erregenden Weise wie der erste.

Ton und Tendenz des Lebens Jesu sind der gebildeten Lesewelt von heute vielleicht schon weniger bekannt, als sie es vor zwei bis drei Jahrzehnten waren. Während das Buch von Strauß im streng wissenschaftlichen, wenn auch, nach dem Geist des Verfassers nicht trocken zu nennenden, Ton gehalten war, erklangen in der französischen Schrift alle Zaubertöne der Renanschen Muse in ihren weichsten Schwingungen, und nicht nur das: zum ergreifenden Bilde erhob sich auch vor des Hörers Auge der melancholische Reiz der biblischen Landschaft. Im Jahre 1860 hatte er sich, in wissenschaftlicher Mission der Regierung, nach Syrien begeben. Er bereiste das heilige Land und alle Stätten der christlichen Verehrung; unter dem lebendigen Eindruck dieser von seinen Forschungen und seiner Phantasie beseelten Natur entstand das warm und innig ausgemalte Bild der magischen Szenerie, in welcher er den Heiland, ihn einmal über das andere den liebenswürdigen Meister, l'aimable docteur, nennend, noch einmal an den Olivenhainen, an den Seegestaden, an den Felsenhängen jener stimmungsvollen Welt mit seinen Jüngern dahin ziehen läßt. Es liegt in dieser Manier der Annäherung und Erneuerung entschwundener und fernstehender Gestalten etwas von dem Verfahren, das wir an Mommsen in der Behandlung der römischen Geschichte kennen gelernt haben; und doch ist es wieder ganz etwas anderes. Mommsen übersetzt uns den Pompejus und Cicero in moderne Soldaten- und Advokatenfiguren, um sie unserem Verständnis näher zu bringen. Renan schildert Jesum und seine Schüler so lebenswarm und liebenswürdig, daß sie ans Herz des Lesers und nicht am wenigsten der Leserin heranwachsen; und je mehr er der übernatürlichen Vorstellung der Gläubigen den Boden entzieht, desto mehr sucht er sie durch die Naturnachahmung des rein Menschlichen, das er dafür bietet, zu entschädigen.

In aufsteigender Linie gleichsam schließt sich an diese Geschichte der Anfänge des Christentums das Werk an, das er für seine größte Lebensaufgabe erklärt hat und welches er nun unvollendet zurückläßt. Von seiner Geschichte des Volkes Israel sind (wenn ich nicht irre) die ersten drei Bände erschienen und ein vierter war unter der Feder*). Ist auch in diesem späten ernsten, schwierigen Werke nicht alle und jede Kunst der früheren Art ausgeschieden, so findet sich doch darin die blühende und verführerische Darstellung der ersten Bücher nicht mehr. Solches hätte auch nicht der Aufgabe entsprochen. Hier und da begegnen wir noch der Rückkehr zu der alten Liebhaberei, z. B. bei der Schilderung des Allerheiligsten im Tempel zu Jerusalem, in dem es nach eingeschlossener Luft roch (cela sentait l'enfermé).

Neben den mannigfaltigsten Originalarbeiten hat Renan auch eine Reihe von Uebersetzungen publiziert, an denen er Meisterfreude empfand, die Kunst seines wundervollen Stilgefühls zu bewähren. So übersetzte er das hohe Lied,

*) Im Jahre 1893 erschien der letzte das Werk vollendende Band auf Grund des fertig vorliegenden Materials.

das Buch Hiob, und vor allem das Buch des Predigers (l'ecclésiaste). Ich sage vor allem. denn dieses Kompendium seliger Weltweisheit ist so ganz dem Ingenium des Uebersetzers auf den Leib geschrieben. Wenn ich die Perle unter den Perlen Renanscher Produktion bezeichnen sollte, so würde ich ohne Besinnen die Einleitung nennen, die er zu dieser Uebersetzung geschrieben hat. Wer ihn von seiner feinsten und echtesten Seite kennen lernen will, lese diese Studie!

Wie vieles wäre noch zu nennen! Aber man könnte nichts nennen, was zu lesen nicht einen hohen Genuß böte, was, einmal angefangen, aus der Hand zu legen nicht schwer würde. Und es ist nicht bloß die hohe Kunst der Behandlung, es ist die verschwenderisch reiche Facettierung der Betrachtung, die uns fesselt. Wenn man Renan vorwirft, daß er allzu abgeklärt über den Dingen schwebt, und daß man ihm deutlich nachfühlt, eigentlich giebt es für ihn keine Wahrheit, so muß man wenigstens zugestehen: Niemals hat jemand in so unendlich reichem Maße die Vorzüge seiner Fehler gehabt. Ja, der beste Theil seiner Leistungen wäre vielleicht undenkbar ohne jene subtile Erkenntnisliebe, die sich für nichts definitiv entscheiden kann. Eben in jener Einleitung zum Prediger vergleicht er einmal selbst die Wahrheit mit jenen Leuchtthürmen, die, sich immer in verschiedenen Lichtfarben nach dem Meere zu drehend, den Schiffer vor dem Scheitern bewahren. Man hat sich weidlich lustig gemacht über das süßliche Verhalten zu den Illusionen der Gläubigen, die er zwar peinigt, aber wieder mit Balsam bestreicht. Bekannt ist jener Vergleich: Renan wirft den lieben Gott aus dem Fenster, aber vorher legt er eine Matratze auf die Straße. Am feinsten hat ihn Doudan in seinen, Renanscher Feinheit ebenbürtigen, Briefen persifliert: „Herr Renan reicht der französischen Jugend mit

Unendlichkeit verzuckerte Bonbons dar (des bonbons sucrés à l'infini)." Aber Renan weiß selbst am besten, daß er aus Rücksicht auf die Lebensfreuden der Schwächeren sich diesem zärtlichen Spieltrieb überläßt. Diese seine Weise kann mit keinem passenderen Ausdruck charakterisiert werden, als den er selbst einmal auf den – übrigens von ihm hochverehrten — deutschen Theologen Karl Hase bei Besprechung von dessen Kirchengeschichte anwendet: Ce parti pris de modération un peu feinte, ce ton à la fois ironique et caressant, amènent une certaine obscurité, des allusions recherchées, des façons de dire à demi-mot, qu'on peut trouver prétentieuses et contournées. — In den literarischen Spielereien des letzten Jahrzehnts, besonders in der Abbesse de Jouarre, ist der Uebermut der willkürlichen Laune manchmal recht weit getrieben, und hier und da erscheint der Vorwurf einer durchschimmernden senilen Lüsternheit nicht unbegründet. Man hat das Stück „l'abbesse aux camélias" genannt, und in den etwas stark verzückten seraphischen Stellen älterer Schriften liegt vielleicht schon der Keim dieser, jedoch vor der Größe des Ganzen verschwindenden, Peccadillen. Sieht man tiefer auf den Grund, so stößt man bei den allermeisten der Arbeiten immer wieder auf einen Ernst des Strebens, der alle anderen Erwägungen zurückdrängt, des Strebens nach geistiger Freiheit für sich und die Menschheit. Die Vorrede, welche er im Jahre 1885 zu einer neuen Folge seiner Studien über Religionsgeschichte verfaßt hat, enthält Stellen wahrhaft erbaulichen Charakters nach dieser Richtung, aber auch hier verbirgt er nicht, daß, um im Leben zum rechten Ziel zu kommen, die gerade Linie nicht immer der kürzeste Weg ist.

„Ein Idealist muß, um etwas Dauerhaftes zu gründen, mit einem Intriganten gefüttert sein."

„Spinoza hat seine Kirche, mehr noch als er seine Schule hat, eine Kirche, erleuchtet von einem derben Lichte, wie alle Bauten des 17. Jahrhunderts kalt, weil sie zu viel Fenster hat, traurig, weil sie hell ist.“

„Man wundert sich manchmal, daß Galilei sich ein wenig schwach gezeigt hat, daß er eingewilligt, zu widerrufen, was er doch für richtig hielt. Das that er, weil er einsah, daß sein Tod nichts zum Nachweis dieser Wahrheiten beitragen würde; man macht sich nur zum Märtyrer für die Dinge, deren man nicht ganz sicher ist.“

Gewiß, es war auch viel von einem Kasuisten in ihm, aber der Kasuist schwärmt für Freiheit des Denkens und für — die Freude des Daseins.

Niemand stand in geraderem Gegensatz zu allen pessimistischen Ideen der Neuzeit als Renan. Sein Bekenntnis war, daß trotz allem das Leben ein süßes Gut sei, und daß man es sich und den Nebenmenschen zu versüßen suchen müsse. Darin war er ein echtes Kind der douce France, in der man sich einander gelegentlich mit Wildheit zerfleischt und die Köpfe abschlägt, in der Hauptsache aber doch das Leben schön und angenehm zu machen sucht.

Diesem Sinn zur Schönheit und zum Genuß entsprach vor allem auch die Schreibweise Renans, deren Vorzüge und Reize, zur Genüge bekannt, selbst dem Ausländer zugänglich sind. Man behauptete, Renan lese vor jeder Publikation vierzehn Korrekturen nacheinander. Auf alle Fälle ist das ben trovato. Im Umgang war er liebenswürdig, mitteilsam, genußfähig wie nur einer. An der Geselligkeit, in der man ihm natürlich huldigte, hatte er seine Freude. Gegen das Ende seines Lebens nahm er etwas von dem gesättigten Wohlwollen an, das man auch Goethe nachsagt. Er ließ jeden gelten und hatte für jede Aeußerung eine gutmütige Anerkennung. War es bei Goethe die Nachsicht des Olympiers, so war es bei Renan die Bonhomie des Skeptikers. Die Spötter bezeichneten ihn nach diesen Umgangsformen als den Vater der Religion des „Je-m'en-fichisme". Er liebte es, sich als den Bauernsohn der bretonischen Mutter Erde zu fühlen, meinte, eine lange Generation von Vorfahren, die nur vegetierend das Land bebaut, hätten die Gehirnfaser geschont, um alle Kraft für ihn aufzusparen. Jährlich kehrte er zu seinen Landsleuten zurück, hielt Feste mit ihnen und dabei Reden, denen es an gemütlicher Selbstironie nicht fehlte. Ein Zug der Koketterie lag diesem auch für den Beifall der Welt gewiß nicht verschlossenen Wesen natürlich nahe.

Renan hat auch mehrmals versucht, in die parlamentarische Laufbahn einzutreten, aber sowohl bei der Kandidatur für die Deputiertenkammer als für den Senat Schiffbruch gelitten. Sein feiner Geist war nicht geeignet, das Wohlgefallen der Menge auf sich zu ziehen. Sie will Farben sehen, aber keine Schattierungen. Mit einer Tochter des berühmten Malers Scheffer, einer hochgebildeten Dame, verheiratet führte Renan ein glückliches Familienleben, das nur durch die Kränklichkeit eines Sohnes getrübt war. Zu seiner Schwester stand er in einem rührend zärtlichen Verhältnis, das oft in seinen intimeren Schriften zur Sprache kommt. Seinen Freunden war er durch Wohlwollen und Liebenswürdigkeit ein ebenso köstlicher wie wertvoller Umgang. Den theologischen Ausgangspunkt hat sein Aeußeres stets festgehalten. Er sah mit den Jahren, als die Körperfülle zunahm, immer mehr aus wie ein Kanonikus. Nicht in den äußeren Umrissen war die Feinheit seines Wesens zu erkennen, aber umsomehr am Mienenspiel und in den subtilen Zügen, in denen man, wie in seinen Schriften zwischen den Zeilen, manches lesen konnte. Er war ein glücklicher Mensch, dem man sein Glück gönnte, und dies Glück war, wie die Kunst seines Geistes, eines, wie es nur unter den Bedingungen der französischen Kultur erwachsen konnte.

Adolph Soetbeer.*)

† 23. Oktober 1892.

---

*) Aus der „Nation" vom 29. Oktober 1892.

Wenn einer so ein siebenzigjähriges Jubiläum feiert, wie wir es jetzt beinah täglich in den Zeitungen verzeichnet lesen, sagt man ihm wohl, um ihm die dabei aufsteigenden trüben Gedanken zu verscheuchen, das bedeute heutzutage gar nichts mehr; verbesserte Lebensweise habe die alttestamentarischen Grenzen hinausgeschoben, und die, welche man, nach vormaligem Sprachgebrauch, Greise nenne, hätten seit Jahrzehnten die Welt geführt, seien auch bis auf diesen Tag in solchen Stellungen noch so zahlreich auf dem Platz, daß dem Memento mori die Ehre der Erwähnung gar nicht bei dem gegenwärtigen schönen Feste gebühre. Alles sehr gut! Aber dann kommt doch eines Tages plötzlich Freund Hain und erinnert daran, daß, welche Scherze immer wir uns über seine Gefügigkeit in Sachen des festen Preises erlaubt haben, an seinem alten Tarif im Ernste nichts geändert sei. Denn er bleibt doch bei dem Schlußsatz: „und wenn es hoch kommt, so sind es achtzig." Auch der vortreffliche Freund, dessen Todesnachricht heute morgen gänzlich unerwartet eintraf, schien einer von denen zu sein, für welche die biblischen Worte nicht geschrieben ständen. Zwar zählte er der Jahre beinahe achtundsiebenzig, aber seine hohe, rüstige, breitschultrige, aufrechte Gestalt, sein lebensfrisches Interesse an allen großen Fragen und insbesondere sein ewig reger Fleiß und Schaffensdrang gemahnten nicht entfernt an die Zeichen der Vergänglichkeit. In seinem letzten Briefe vom Anfang September hatte er noch seinen regelmäßigen Besuch in Berlin für November angemeldet, um, wie gewohnt, „über vieles sich auszusprechen". — Da kommt auf einmal die schwarzgeränderte Botschaft. In der Nacht vom Sonnabend zum Sonntag ist er plötzlich „sanft entschlafen".

Wohl hatte er seit einiger Zeit geklagt, daß ihm das Arbeiten schwer werde. Aber was er arbeiten nannte, war so viel, daß, auch halbiert, noch ein volles Tagewerk nach gewöhnlichem Maßstab übrig blieb. Und bis in die letzten Wochen hinein erschienen die Erzeugnisse dieses Rastlosen in der Oeffentlichkeit. Wer ihn kannte, mußte wissen, er wird das Werkzeug nicht aus der Hand legen, bis ihn der letzte Hauch verläßt. Und so ist es gekommen.

Wenn man die Sammlungen der öffentlichen und privaten Bildergalerien durchwandert, ist man darüber erstaunt, wie viele Gemälde jeder einzelne Meister hinterlassen hat. Auch die lange Reihe von Bänden berühmter Schriftsteller macht den Eindruck des Ungewöhnlichen. Aber es geht so viel in ein einziges arbeitsames Menschenleben, und nur von dem allerberühmtesten bleibt alles erhalten und dringt zu Sinnen. Soetbeer war allerdings einer der leistungsfrohsten und produktivsten Schriftsteller auf volkswirthschaftlichem Gebiete, und die gewaltige Zahl der Erzeugnisse seiner Feder geht schon über den Durchschnitt, auch der fleißigen und langlebigen, hinaus.

Im November 1814 zu Hamburg geboren, publizierte er seine erste Schrift im Jahre 1837, „Versuch, die Urform der Hesiodeischen Theogonie nachzuweisen", und aus demselben Jahre stammt seine Inauguraldissertation „de mythico argumento Euripidis Supplicum". Er hatte Philologie studiert. In den Conradschen „Jahrbüchern für Nationalökonomie und Statistik" war vor einigen Jahren ein Inhaltsverzeichnis sämmtlicher Schriften Soetbeers abgedruckt, welches fünfundsiebenzig größere und kleinere Werke desselben Verfassers aufführt. Dasselbe reicht aber nur bis zum Anfang des Jahres 1880. Ein von seiner eigenen Hand für mich gefertigtes Supplement fügt dazu weitere achtzehn Nummern, reicht aber nur bis 1888. Zu diesen dreiundneunzig Schriften sind seitdem noch etliche hinzugetreten, vor allem sein großes, letztes, in seiner Art einziges Werk „Literaturnachweis über Geld- und Münzwesen", alle namhaften Publikationen der Welt seit der Entdeckung Amerikas bis auf diesen Tag umfassend, welches ich noch vor kurzem in der „Nation" besprochen habe.*)

Doch auch die Zahl vierundneunzig, auf welche wir damit kommen, liefert nur ein ganz unvollständiges Bild. Man müßte alle die nicht gesammelten einzelnen Abhandlungen dazurechnen, welche etwa vom Jahre 1848 anfangend erschienen sind, und das wäre Legion. Die meisten derselben standen in dem „Deutschen Handelsblatt", der „Hamburger Börsenhalle" und der Wiener „Neuen freien Presse". Zum Teil sind sie in den eben erwähnten „Litteraturnachweis" aufgenommen.

Nur ganz wenige dieser Arbeiten treten über den Rand des volkswirtschaftlichen Gebietes hinaus, z. B. eine im Jahre 1880 in der „Vierteljahrsschrift für Volkswirtschaft" erschienene Untersuchung über das Salomonische Goldland Ofir, Beitrag zur Lösung eines Problems, welches seit den indischen und afrikanischen Goldfunden der Neuzeit wieder öfter aufgeworfen worden ist. Unter den älteren Schriften findet sich auch ein in Hamburg gehaltener Vortrag über ein daselbst befindliches von Graff gemaltes Bildnis Lessings. Hiervon abgesehen sind die Arbeiten sämtlich volkswirtschaftlichen Inhalts, namentlich der

*) Jahrgang IX, Nr. 31.

Handels-, Steuer-, Einkommen-, Bank- und Münzpolitik gewidmet. Den Ausgangspunkt hatten Untersuchungen über den Stader Zoll geliefert, und eine Reihe von Arbeiten über die Elbschifffahrt schlossen sich von Berufs wegen daran. Im Jahre 1852 gab er eine Uebersetzung von J. Stuart Mills Nationalökonomie heraus, die in vierter Auflage 1884 in Wien erschienen ist. Seine wahrhaft epochemachende und hervorragende Leistung ist bekanntlich auf dem Gebiete der Währungspolitik zu suchen. Die wissenschaftliche Seite des Bankwesens ist mit dieser so eng verwachsen, daß man sie als selbstverständlich damit Hand in Hand gehend und darin einbegriffen ansehen kann. Hier setzt auch Soetbeers praktischer Einfluß auf die vaterländische Gesetzgebung ein. Er hat zwar weder in der Regierung noch in der Volksvertretung aber doch als Bahnbrecher und Führer einen sehr beträchtlichen Antheil an dem großen Werke der deutschen Münzreform zu beanspruchen. Seine vorbereitenden wie seine begleitenden Arbeiten haben denen, welche selbst Hand anzulegen hatten, unschätzbare Dienste geleistet. Dabei ist nicht zu vergessen, daß er von Anbeginn des deutschen Handelstages als ein natürlich sehr angesehenes Mitglied der Institution stimmführend und rathgebend wirksam gewesen ist. Gerade an diese seine Stellung schließt sich eine Arbeit an, welche in erster Reihe unter denen genannt werden muß, durch welche sich ihr Verfasser seinen Platz unter den Urhebern der deutschen Münzverfassung gesichert hat. Im Mai 1869 überreichte er den deutschen Regierungen als Anlage zu einer Eingabe des bleibenden Ausschusses des deutschen Handelstages eine

„Denkschrift, betreffend deutsche Münzeinigung auf Grundlage durchgängiger Dezimaltheilung und durch Uebergang zur Goldwährung.“

Hier waren die herrschenden Zustände, ihre Mängel und Unzuträglichkeiten, die Geschichte der vorausgegangenen Verbesserungsvorschläge, die den internationalen Münzeinigungen gewidmeten Bestrebungen, endlich die Aufgaben und Ziele der Gegenwart gründlich behandelt. Nachdem der Kongreß der deutschen Volkswirthe die Frage der deutschen Münzeinigung bereits im Jahre 1860 angeregt hatte, wurde dieselbe vom ersten deutschen Handelstag zu Heidelberg im Jahre darauf auf die Tagesordnung gesetzt und bis Ende 1865 unausgesetzt auch im bleibenden Ausschuß desselben betrieben. Damals, wohlbemerkt, drehte sich das Interesse noch hauptsächlich um die Münzeinheit, die Frage der Währung schwebte im Unentschiedenen. Aber sie rückte nach dem bekannten ersten Pariser, die lateinische Union begründenden, Münzkongreß von 1865 auch in Deutschland der Goldwährung immer näher. Der volkswirthschaftliche Kongreß, im Jahre 1868 in Hamburg versammelt, sprach sich bereits mit Entschiedenheit in diesem Sinne aus. So war der Beschluß, welchen die Kommission des Handelstags mit Mehrheit im März 1869 zu Gunsten der Goldwährung faßte, vorbereitet, und die in Ausführung des Beschlusses angefertigte, mit den Anlagen dreiundachtzig Quartseiten ausfüllende Denkschrift Soetbeers bildet den ersten großen Markstein in der praktischen Entwicklung des neuen deutschen Münzwesens. Die Schrift ist auch noch heute sehr lehrreich und interessant zu lesen.

Vom Jahre 1871 an beginnen Soetbeers Arbeiten naturgemäß den Gang der großen Ordnung unseres Münz- und Bankwesens auf Schritt und Tritt zu begleiten. Er half die Lösung jeder einzelnen Aufgabe vorbereiten, er folgte mit seiner Begutachtung allen Stadien der parlamentarischen Beratung und sammelte, sichtete und kommentirte das zum Gesetz Erhobene für das Verständnis und die praktische Anwendung. Seine zwei Handbücher über deutsche Münz- und Bank-Verfassung sind unentbehrliche Hilfsmittel für jeden, der sich mit diesen Dingen befaßt. Er ist unablässig für die Aufrechterhaltung und Durchführung unserer Goldwährung eingetreten, insbesondere für Widerruf der unverantwortlich thörichten Inhibirung der Silberverkäufe Bismarckschen Angedenkens, und später für ein Abkommen mit Oesterreich wegen der von diesem Lande ausgeprägten Thaler. Zwei vertrauliche Denkschriften, welche er zu diesem Behufe noch in den letzten Jahren der Reichsregierung eingehändigt hat, haben wohl das Ihrige dazu beigetragen, daß er noch die Genugthuung erlebte, unter dem Ministerium Caprivi dieses so berechtigte Verlangen erfüllt zu sehen.

In all den Zeiten von 1868 an bis zu seinem Ende, ein Vierteljahrhundert lang, hatte ich die Freude und den Vorteil, jede der auftauchenden Fragen brieflich oder mündlich mit ihm durchzuarbeiten und, soweit es sich um die Aufgaben deutscher Gesetzgebung handelte, übereinzustimmen. Oft kam er darauf zurück, wie lieb es ihm sei, nicht an meiner Stelle die Dinge im Reichstage ausechten zu müssen; er beneidete mich nicht um das Vergnügen, mich mit den Phantastereien der landjunkerlichen Währungs- und Bankpolitik herumzuschlagen und, weiß Gott, er hatte Recht darin. Sein friedfertiger Sinn war dazu gar nicht angethan. Aus dieser — man dürfte sagen — friedseligen Neigung heraus erklärt sich auch das Verhältnis, in das er im Verlauf der Zeiten zur großen Silberfrage kam, soweit es sich um dieselbe als universelle Angelegenheit handelte. Denn, wohl bemerkt, in Sachen der deutschen Münzgesetzgebung hielt er bis zum letzten Augenblick unerschütterlich an der Verteidigung der bestehenden

Goldwährung fest. Dagegen suchte sein weicher, vermittelnder Sinn einen möglichst unschädlichen Weg, um auch die Silberfreunde zu versöhnen. Als alter Stammverwandter der Hamburger Bank mochte auch sein Herz noch einen stillen Winkel für das so unbarmherzig entthronte weiße Metall in sich schließen. In den achtziger Jahren verstieg er sich einmal in einer seiner Schriften zu dem Gedanken, theoretisch sei eine Doppelwährung mit festem Verhältnis möglich, wenn alle Kulturstaaten sich vertragsmäßig darauf festlegten, aber für die Wirklichkeit erklärte er ein solches Abkommen doch unausführbar. Bekanntlich hat er noch in diesem Sommer für den bevorstehenden Brüsseler Münzkongreß Vorschläge und eine Denkschrift ausgearbeitet, nicht zum Zweck einer vertragsmäßigen Doppelwährung, sondern behufs einer möglichst breiten Ausnutzung des Silbers als Zahlungsmittel zweiter Klasse. Wie er aber noch selbst konstatierte, hat sein Vorschlag keinen Anklang gefunden. Den Monometallisten ging er zu weit und den Bimetallisten nicht weit genug. Er entsprach nur seinem persönlichen, auf Vermittlung gestimmten Naturell.

Im Laufe der Zeiten wuchs Soetbeers Beruf immer mehr von der volkswirthschaftlichen Seite nach der statistischen und damit von der deutsch-nationalen nach der universalen Aufgabe hinüber. Hier war der wahre Grund und Boden seiner Leistungskraft, und hier entfaltete sich seine Thätigkeit immer breiter und angesehener. Die Schärfe volkswirthschaftlicher Argumentation, wie sie z. B. Otto Michaelis in so bewundernswertem Grade besaß, war nicht Soetbeers Sache. Aber seine Kunst im Sammeln und Ordnen von Thatsachen, verbunden mit dem entsprechenden Fleiß, ist wohl selten übertroffen worden. Auch ist er auf dem Gebiete der Edelmetall- und Währungsstatistik unbedingt der Erste auf dem ganzen Erdenrund gewesen, und sein Name war beständig im Munde derer, die sich der gleichen Aufgabe widmeten. Das nützlichste seiner Werke, das für lange Zeiten einer der Grundsteine dieser besonderen Wissenschaft bleiben wird, sind die „Materialen zur Erläuterung und Beurteilung der wirthschaftlichen Edelmetallverhältnisse und der Währungsfrage“ (in zweiter Auflage 1886 in Berlin erschienen)*). An dieses Werk, welches vor allem Soetbeers unsterbliche Leistung auf monetarischem Gebiete bleiben wird, knüpft sich die wichtige Frage: wer in der Zukunft seine Arbeit fortsetzen wird. Denn die Entwicklung dieser Dinge ist gegenwärtig in so raschem Fluß und ihre Bedeutung für die Welt ist so sehr im Wachsen, daß alles, was stehen bleibt, sofort veraltet. Schon ein Jahr nach Vollendung der ersten Auflage sah sich der Verfasser genötigt, eine ergänzte neue zu veranstalten, und nur die Zeit hat ihm gefehlt, weiter damit fortzuschreiten. Auch in seinem Sinn müßte sich jetzt ein Nachfolger finden, welcher diese, allerdings recht schwere Erbschaft anträte. Daß ein solcher auch nach Soetbeers Meinung, vorerst nicht in Sicht ist, zeigt am besten die Größe des Verlustes, welcher die Wissenschaft mit diesem Tode getroffen hat. Am nächsten kommen noch die Jahrespublikationen des Münzdirektors in Washington, jetzt Eduard O. Leech, und seines Kollegen des Comptrollers of the Currency, jetzt E. S. Lacey. Aber gerade als Mitarbeit und Gegenprobe namentlich auf den Bericht des Münzmeisters, hatten Soetbers fortlaufende Registrierungen noch einen besonderen Wert. Wie viele hervorragende Währungsstatistiker auch in den übrigen Ländern noch an der Arbeit seien, es wird wohl Niemand der Behauptung widersprechen, daß an Universalität und Vollständigkeit die Arbeiten Soetbeers

*) Bei Puttkamer und Mühlbrecht.

bis jetzt unerreicht dastehen. Das große Geheimnis seiner großen Leistung war, wie immer, die Liebe zur Sache. Er war mit dem ganzen Herzen dabei. Sie ging Tag und Nacht mit ihm herum. Der Mensch und seine Aufgabe waren ein einziges Wesen geworden. So wird das Beste in der Welt vollbracht.

Sein Glück wollte, daß er, in unabhängigen Vermögensverhältnissen lebend, ohne alle Nebenrücksichten sich ganz seiner Aufgabe widmen konnte. Im Schoß seiner Familie fand er dazu den vollen Genuß eines behaglichen, von Arbeit und von treuer Liebe der Seinigen getragenen Daseins. Sein Vater, Heinrich Friedrich Soetbeer, Kaufmann in Hamburg, war früh gestorben. Nach genossener Schulbildung studierte der Sohn in Berlin und Göttingen Philologie und wurde Lehrer am Johanneum in Hamburg, wo er in Tertia den Homer kommentierte. Ein Freund der Familie, der in dieser Laufbahn wenig Zukunft sah, beredete ihn, eine andere Fährte zu suchen und schlug ihm vor, etwas über den Stader Zoll zu schreiben. Der junge Gelehrte erklärte, dafür gar kein Verständnis zu haben. Der Freund verschaffte ihm Materialien. Die Arbeit gelang, und so verdiente er seine ersten Sporen auf dem Gebiet seines künftigen Ruhmes. Im Jahre 1840 wurde er Bibliothekar, 1843 Konsulent der Hamburger Kommerzdeputation (jetzt Handelskammer); 1846 verheiratete er sich mit der Tochter des Senators Meyer, die ihn überlebt. Im 1848 nahm er am Vorparlament in Frankfurt Theil. Im Jahre 1872 legte er seine amtliche Stellung nieder und siedelte als Honorarprofessor an die Göttinger Universität über. Er hielt einige Semester Vorlesungen, aber seine Vorzüge waren nicht die, welche Anziehung auf die Studenten üben. Seine Stärke gehörte der eigenen Arbeit in der Stille des Kabinets. Er war ein guter

Anhänger einer gesunden Freihandelspolitik und ein abgesagter Feind des Staatssozialismus. Obwohl ihm die Anerkennung, die er in der wissenschaftlichen Welt aller Zungen fand, sehr wohl that, blieb er ein bescheidener, schlichter, durch und durch humaner, offenherziger Mann, dessen Sinn in allen Stücken auf das Reine und Gute gerichtet war. Er hat das glücklichste Ende — in hohen Jahren einen unverhofften Tod — gefunden. Am Sonnabend, dem 22. d. M., war er noch des Abends im Theater. Heimgekehrt fühlte er sich etwas unwohl, bestellte sich Thee und schlief darauf ruhig ein. Nach Mitternacht war Alles vorüber.

Wenn demnächst, genau einen Monat nach seinem Sterbetag, der internationale Münzkongreß sich in Brüssel versammelt, sollte sein erstes Geschäft sein, des Verewigten Andenken zu ehren. Auch die Bimetallisten könnten ruhig einstimmen, denn so weit es von seinem Willen abhing, hätte sein freundlicher Geist auch ihnen gerne sich gefällig erwiesen.

Arthur Chuquet.*)

Ein Muster objectiver Geschichtschreibung.

---

*) Aus der „Deutschen Rundschau" November 1892.

I.

Jede den Werken eines bestimmten Schriftstellers gewidmete Besprechung dient natürlich vor allem der Absicht, die Augen der Lesewelt auf ihn zu lenken, sei es, daß ihm, als einem noch wenig bekannten, Eingang verschafft werden soll, sei es, daß bei schon allgemeiner Bekanntheit besonderer Anlaß genommen wird, eines oder mehrere seiner Erzeugnisse als einen neuer Betrachtungen werten Stoff ins Licht zu setzen. Im folgenden liegt der Ausgangspunkt mehr in der Richtung des ersten als des zweiten Motivs. Unser deutsches Publikum ist mit Chuquet und seinen historischen Arbeiten lange nicht so vertraut, wie sie es verdienen, sowohl wegen des Nutzens und Vergnügens, die sie dem Leser zu bereiten angethan sind, als wegen des Interesses, welches die schriftstellerische Individualität und der Gegenstand, dem sie sich gewidmet hat, gerade in Deutschland mit vollstem Recht beanspruchen können.

Chuquet ist zwar in engen Kreisen bei uns gekannt und geschätzt; er hat Studien in Deutschland gemacht und persönliche Beziehungen angeknüpft. Germanisten und Romanisten kennen seine Ausgaben einzelner Werke unserer klassischen Litteratur für den höheren Sprachunterricht, und Historiker von Fach kennen seine geschichtlichen Arbeiten. Aber der große Kreis der Gebildeten, welcher bei uns, trotz aller nationalen Gegensätze, an allgemein verständlichen Erzeugnissen höherer Art in französischer Sprache nach wie vor Geschmack findet, kennt den hier näher zu betrachtenden Autor bis jetzt, so weit meine Beobachtung geht, äußerst wenig; und dieser Anomalie einigermaßen abzuhelfen, würde mir ein besonderes Vergnügen gewähren, schon aus Dankbarkeit für den Genuß, den mir Chuquets Werke bereitet haben, aus dem ich auf den Dank derer schließen zu können hoffe, welche meiner Empfehlung die Ehre erweisen möchten, ihr zu folgen. Auch darum erscheint es mir angezeigt, zur Verbreitung ernster französischer Bücher beizutragen, weil eine neueste Roman- und Novellenlitteratur derselben Herkunft sich in Bausch und Bogen bei unserem Durchschnittspublikum einer Beliebtheit erfreut, die zwar nicht unerklärlich ist, — dazu ist sie zu alt und verbreitet — aber ihm nicht gerade zu besonderem Ruhm gereicht. Jeder Band, den eine neue pikante oder auch absurde Manier in Paris auf den Markt wirft, wandert sofort in Hunderten von Exemplaren nach Berlin, prangt da in allen Schaufenstern und ist nach wenigen Wochen ein Gesprächsstoff, den zu ignorieren jede Weltdame sich schämen würde. Ich bin natürlich weder der nationale noch der sittliche Rigorist, der sich darüber entrüstet; aber es wäre schöner, wenn es anders wäre. Gewisse Mängel, die unserer eigenen schöngeistigen Produktionsart erbeigentümlich anhängen, gewisse Vorzüge, welche den Franzosen im Gegensatz dazu angeboren scheinen, machen eben ihre unmittelbare Wirkung auf die dem leichten Lesegenuß zugethane Welt in unwiderstehlicher Weise geltend. Verhält es sich doch genau ebenso oder noch mehr so mit dem Theater, obgleich es sich an ein sehr großes und gemischtes Publikum wendet. Vor etlichen Jahren führte mich der Zufall in eine kleine süddeutsche Stadt und der Abend ins Schauspielhaus. Man gab ein altes aus dem

Französischen übersetztes Stück, „Der Gesandtschaftssekretär“, welches die Zustände unter der Julimonarchie zur Grundlage hat und in Frankreich längst von der Bühne verschwunden ist. Ich vermute, daß eine Menge der darin vorkommenden Anspielungen in dem dicht besuchten Hause kaum noch ein anderer außer mir verstand. Aber die Zuhörer bis in die Galerien hinauf amüsirten sich über die Maßen. Auch die Anziehungskraft, welche die ernstere Litteratur Frankreichs auf die anderen Nationen und besonders auf die deutsche ausübt, erklärt sich zum Teil gewiß aus denselben Reizen, welche den leichteren Gattungen so breite Wege bahnt. Wie dem nun sei, es ist Thatsache, daß die Schriften z. B. von Renan oder Taine, Memoiren, wie die der Frau von Remusat oder Talleyrands, eine Art höherer Popularität bei uns genießen*), welche ein löbliches Gegengewicht gegen die Erfolge der Zola oder Goncourt bieten. Vielleicht, und das wäre ganz natürlich, trägt zu jener Popularität besserer Art auch die Besonderheit der Stoffe bei, mit welchen sich jene Werke beschäftigen. Das Zeitalter der Revolution und des ersten Kaiserreiches berühren uns selbst in nächster Nähe; auch die philosophisch-historischen Untersuchungen Renan's und Taine's ragen stark ins Gebiet der geistigen Atmosphäre Deutschlands herein. Studien über das Leben Jesu oder über Shakespeare sind eigentlich eine vorzugsweise deutsche Spezialität. Einige Neuere, welche aus demselben Grunde ein Recht auf Beachtung haben, sind Ernst Lavisse und Albert Sorel. Ersterer hat früher speziell die Geschichte der Mark Brandenburg zum Gegenstand seiner Studien gemacht, in neuerer Zeit die der Jugend Friedrichs des

*) Aehnlicher Beliebtheit erfreuten sich in früherer Zeit bei uns die historischen Werke von Thiers und Guizot, die englischen von Macaulay und Buckle.

Großen und neben diesen streng historischen Arbeiten einen der Gegenwart entnommenen Stoff unter dem Titel: „Trois Empereurs d'Allemagne“ (Wilhelm I., Friedrich II. und Wilhelm II*.) behandelt. Dadurch, daß ein Teil seiner Arbeiten den Weg durch die „Revue des deux mondes“ genommen, ist auch die deutsche Lesewelt leichter mit ihm bekannt geworden. Etwas anders steht es mit Sorel, der zwar älter, aber in weiteren Kreisen Deutschlands weniger verbreitet ist als Lavisse, obwohl er es nicht minder verdient. Albert Sorel's bedeutendes Werk „L'Europe et la Révolution,“ von dem bis jetzt vier starke Bände erschienen sind, ist würdig, in jeder Büchersammlung von Liebhabern historisch-politischer Studien zu figuriren, denn es vereinigt mit dem Ernst und der Umfassung gründlichster Nachforschung die Anziehungskraft einer freien und schwungvollen Durchgeistigung und einer eleganten fesselnden Schreibweise. In den bis jetzt veröffentlichten Bänden ist die Gesammtheit der leitenden Ideen in ihrer Entwicklung seit der Mitte des vorigen Jahrhunderts bis ans Ende des Jahres 1795 durchgearbeitet*). Eine mächtige Fülle des Stoffes und der Quellen fließt in der ganzen Folgenreihe charakteristischer Abschnitte wohlgeordnet und zugleich natürlich dahin; dabei ist der Reichtum der Thatsachen und Aktenstücke von einem Hauch philosophischen Denkens durchweht, welchem immer neue Anregung entspringt. Sorel hat außer diesem Hauptwerk eine diplomatische Geschichte des Krieges von 1870 in zwei Bänden, einen Band über die Orientalische Frage im achtzehnten Jahrhundert und einen Band: „Essais d'histoire et de critique“ veröffentlicht, in welchem Abhandlungen über verschiedene Themata, einzelne Staatsmänner, Regenten und etliche politische Probleme

*) Paris, Armand Colin.
**) Paris, Librairie Plon.

der neueren Zeit vereinigt sind. Zu einem Sammelwerk hat er ein Bändchen über Frau von Staël geliefert, welches ein kleines Meisterstück ist. Was ihn, wie Lavisse und Chuquet, uns Deutschen besonders nahe rückt, ist nebst dem natürlichen Interesse, welches die von ihnen behandelten Stoffe uns einflößen, auch ihre genaue Kenntniß unserer Sprache und Litteratur. Alle drei beherrschen dieselbe in hohem Maße, Chuquet insbesondere als genauer Kenner, der vortreffliches Deutsch schreibt und selbst Einzelnes in deutscher Sprache verfaßt hat; seine philologischen, dem Deutschen zugewandten Studien und Arbeiten gehen Hand in Hand mit seinen geschichtlichen. Eine in lateinischer Sprache geschriebene Abhandlung zur Erlangung der Doktorwürde an der Pariser Fakultät der Sorbonne aus dem Jahre 1886 hat den Dichter Ewald von Kleist, dessen Leben und Werke zum Gegenstand: „De Ewaldi Kleistii Vita et Scriptis.“ Eine Menge kürzerer und längerer Stellen aus des Dichters Werken sind darin metrisch ins Lateinische übersetzt, und das Ganze ist von Anfang bis zum Schluß mit Liebe und ins Kleinste eingehender Sachkenntniß erläutert, wie Alles, was aus Chuquet's Feder herrührt. Bereits vorher hatte er vier Werke unserer Klassiker für die obersten Gymnasialklassen herausgegeben und mit historischen, litterarischen und linguistischen Glossen ausgestattet: Goethe's Hermann und Dorothea, Campagne in Frankreich von 1792, Goetz von Berlichingen und Wallenstein's Lager von Schiller. Einzelne dieser Ausgaben, vor Allem der Goetz, sind mit Einleitungen versehen, die als ästhetisch-philologische Abhandlungen in jeder deutschen Fach-Zeitschrift mit Ehren figuriren könnten. An seine große historische Aufgabe lehnen sich Goethe's Tagebuch und Hermann und Dorothea unmittelbar an. Das Tagebuch wird ihm zu einer vielbenutzten Quelle, und das Epos schöpft bekanntlich seinen Stoff und manche Einzelheiten aus den gleichen Erlebnissen.

II.

Aus dem bisher Gesagten ergiebt sich, daß unser Autor mit einer seltenen Weite des Gesichtskreises und Fülle der Mittel schafft.

Sein Hauptwerk, um welches es hier sich handelt, ist die jetzt unter dem Gesammttitel: „Les Guerres de la Révolution" vorliegende Reihe von sieben Bänden*), welche die Feldzüge gegen Deutschland, Belgien inbegriffen, vom 11. August 1792 bis zum 25. Juli 1793 erzählen. Jeder Band trägt eine selbstständige Ueberschrift. Dieselben lauten der Reihe nach:

Die erste preußische Invasion (11. August bis 2. September 1792).
Valmy.
Der Rückzug des Herzogs von Braunschweig.
Jemappes und die Eroberung Belgiens (1792—93).
Der Verrat des Dumouriez.
Custine's Expedition.
Mainz.

Diese sieben Bände sind in drei Serien geteilt. Die erste umfaßt die drei ersten Bände bis nach dem Rückzug des Herzogs von Braunschweig; die zweite den belgischen Feldzug, d. h. die zwei Bände der Thaten und Unthaten des Generals Dumouriez; die dritte Serie erzählt den Zug Custine's nach dem Rhein, die Einnahme, Belagerung und Kapitulation von Mainz.**) Die Bände sind nicht, wie die meisten französischen historischen Bücher, ein großes,

*) Paris, Librairie Léopold Cerf.

**) Seitdem obiges geschrieben wurde, sind noch zwei Bände hinzugekommen: Wissembourg (1793) und Hoche et la lutte pour l'Alsace (1793—94).

schweres, sondern ein gewöhnliches Kleinoctav, ein Umstand, der sie handlicher macht als die meisten ihresgleichen. Dafür ist der Druck, obgleich sehr gut, doch nicht so splendid und raumverzehrend, wie viele französische Ausgaben, die in einem Bande bedeutend weniger umfassen, als wir nach deutschen Begriffen davon erwarten. Wir haben es wirklich mit sieben respektablen Monographien zu thun, und die Erklärung dieser Ausdehnung, verglichen mit der Kürze der darin behandelten Zeit, liegt in der minutiösen Durchführung der vorgesetzten Aufgabe. Und hier ist auf das Charakteristische dieser Leistung der Nachdruck zu legen. Sie ist trotz dieser Kleinmalerei fesselnd und voll Abwechslung von Anfang bis zu Ende. Es dürfte wenige Darstellungen dieser Art geben, welche das schwierige Problem lösen, aufs Genaueste ins Einzelne zu dringen, und dennoch keinen Augenblick langweilig zu werden. Vielleicht könnte man, um das Erstaunliche der Leistung zu steigern, noch hinzusetzen, daß der Autor dies fertig bringt, obgleich er doch in Wahrheit nur eine Kriegsgeschichte oder vielmehr einen Schritt für Schritt allen strategischen und taktischen Bewegungen der verschiedenen Feldzüge folgenden Bericht erstattet. Doch dies Hinderniß ist allerdings nur ein scheinbares. Wie die Menschheit einmal beschaffen ist, werden Kämpfe und Kampfbeschreibungen auch immer ihre besondere Anziehungskraft ausüben. Eine im selben Maßstab detaillirte Berichterstattung über friedliche, noch so interessante, diplomatische oder parlamentarische, sich mehrere Jahre lang hinziehende Verhandlungen würde schwerlich im Stande sein, den Leser so frisch bei Atem zu erhalten. Das Kriegswesen mit Allem, was daran hängt, besitzt nun einmal seine fascinirende Herrschaft und übt sie aus in allen Regionen des Lebens. Warum spielen die Kinder vor allem das Soldatenspiel? Warum schlägt das weibliche Herz dem Träger der Uniform so gern entgegen? Man sagt: wegen der Uniform! Das ist nur zum Teil die Erklärung, und selbst, wenn es den Grund der Thatsache erschöpfte, bliebe noch übrig, daß doch nicht rein zufällig der Vorzug der schmucken Uniform gerade dem Soldatenstand zukommt. Es ist auch nicht blos das „zweierlei Tuch," welches mittelst seiner koloristischen Wirkung verführerisch wirkt, die Waffe gehört dazu. Es hat seinen guten Grund, daß der englische gemeine Soldat zwar in Uniform, aber ohne Seitengewehr ausgeht, und der Offizier sich nie außer Dienst in Uniform zeigt. Das entspricht einem Lande bürgerlicher Freiheit, in welchem das Gesetz die höchste Autorität ist. Die Sitte, mit dem Schwert an der Seite in Gesellschaft zu erscheinen, ist ein Symbol, daß die Waffe höher eingeschätzt ist als das Recht. Daß bei uns Minister in den Parlamenten mit Epauletten geschmückt und auf den Degen gestützt sprechen, ist ein Gegenstand des Befremdens für andere Europäer. Bismarck wußte, wie immer, was er that, als er die Gewohnheit dieser Tracht annahm. Er hat darin übrigens nur das Beispiel des Grafen Prokesch von Osten befolgt, von dem er, als er selbst nur noch Lieutenantsuniform prästiren konnte, von Frankfurt aus schrieb, daß er, um zu imponiren, sich stets in seiner Feldmarschallsuniform zeigte. Es könnte einmal untersucht werden, ob in früheren Jahrhunderten, wo die Tracht der höheren Klassen überhaupt noch nicht so scharf gegen die militärische abstach, die soldatische Erscheinung weniger Wirkung auf die Menschen und insonderheit auf das schöne Geschlecht gemacht habe. Denkbar wäre es schon. Man trug ja, auch in höheren Bürgerkreisen, noch bis gegen Ende des vorigen Jahrhunderts den Degen an der Seite. Und die Waffe hat an dem Nimbus der militärischen Erscheinung einen bedeutenden

Anteil. Hat doch der Anblick jeder Waffe, auch getrennt vom Träger, etwas Fascinirendes fürs Auge, als der Anblick eines Dinges, das geeignet ist, über Leben und Tod zu entscheiden. Ja, sogar der Anblick eines Gefäßes, in dem ein tötliches Gift enthalten ist, übt etwas von dieser Gewalt über die Phantasie aus. Es gibt eben nichts Dramatischeres, als die Entscheidung über Leben und Tod, und im Krieg ist sie auf die höchste Potenz gebracht. Daher sind Kriegsgeschichten nichts weniger als ein undankbarer Stoff. Bekanntlich ist es noch gar nicht so lange her, daß die Menschheit verlangt, in ihren Geschichtsbüchern etwas weniger Schlachten und etwas mehr Kultur zu lesen; aber man darf die Behauptung wagen, dies Verlangen ist mehr ein Produkt der Reflexion als der Geschmacksrichtung. Wie vieles ließe sich über dies Thema noch sagen! Hier sollte nur so viel davon berührt werden, als hinreicht, um die Behauptung zu unterstützen, daß die umständliche Schilderung kriegerischer Vorgänge auch in einer sehr langen Aneinanderreihung nicht schlechthin als eine zu überwindende Schwierigkeit anzusehen ist. Allerdings kommt es, wie überall, auf das Wie? an. Und dies eben findet sich hier bis zu einer bewundernswerthen Virtuosität gesteigert. Einige von Chuquet's näheren Freunden behaupten, er sei eigentlich zum Militär geboren und würde ein guter Schlachtenführer geworden sein. Daß er ein bedeutender Gelehrter geworden ist, beweist nicht das Gegenteil, wie die neuesten Kriegserfahrungen, auch abgesehen von Moltke, gezeigt haben. Die Beschreibung der Märsche und Gefechte, die Kritik von Sieg und Niederlage verraten jedenfalls einen Beobachter, dem das Herz für das Fach schlägt, und da seine Feder, einem Pinsel gleich, mit der lebhaftesten Anschauungs- und Darstellungsgabe geführt wird, so ist die Wirkung auf den Leser, man könnte sagen, auf den Zuschauer, unausbleiblich. Natürlich nur, weil die Aufgabe doch ganz anders behandelt ist als in einem Generalstabswerke, welches selbst im besten Falle zu einer gewissen Trockenheit verurteilt ist. Der Autor ist eben, wenn auch mit Sinn oder Liebhaberei für Kriegssachen begabt, vor Allem Historiker und zwar in des Wortes voller Bedeutung, ein Beobachter, der mit den Augen des Menschenkenners und Politikers schaut. Alle Ereignisse, alle Personen, die er uns vorführt, werden je nach größerer oder geringerer Wichtigkeit — aber immer mit Liebe und Feinheit — porträtirt. Das Werk ist auf fast jeder seiner — beiläufig zweitausend — Seiten mit Noten ausgestattet, und zwar stehen dieselben auf demselben Blatt unter dem Text, ein Brauch, welcher der Form eines Anhangs am Schluß des Bandes unendlich vorzuziehen ist. Mir wenigstens will es scheinen, daß ein Leser, welcher nicht durch die Ablenkung auf den Fuß der Seite gestört sein will, ein sonderbarer Kunde ist. Man kann zur Erklärung seiner Einrede doch nur vermuthen, daß er von Noten keine Notiz nehmen möchte. Denn will er sie lesen, so ist es ihm sicherlich unendlich viel bequemer gemacht, wenn er sie sofort zur Stelle findet; verlangt er nicht darnach, so kann er sie eben stehen lassen und ist überdies als ein uninteressirter auch ein so uninteressanter Leser, daß er keiner Berücksichtigung wert ist. Die besten Leser sind die, welchen die Anmerkung noch lieber ist als der Text. Freilich kommt es auch hier wieder auf das Wie? an. Es giebt Anmerkungen und Anmerkungen, fagots et fagots. Hier sind die Anmerkungen mit derselben Geschicklichkeit behandelt wie der Text. Sie sind scharf und knapp. Vor Allem sind sie dem Aufschluß über die Personen gewidmet. Beinah jeder Name, der uns vorgeführt wird, ist von dem, was man in der Polizeisprache seine Personalakten nennt, begleitet. Keiner geht unbekannt an uns vorüber. Aber wir erfahren das Nothwendige in wenigen Strichen. Vielleicht könnte man finden, daß hie und da diese Sorgfalt etwas Uebertriebenes an sich hat. Zweierlei mag den Autor dazu, ich will nicht sagen verführt, aber geführt haben. Zunächst der Wunsch, Alles urkundlich zu belegen. Er verlangt, sozusagen, für seine Erzählung und sein Urteil keinerlei Kredit vom Leser. Dieser soll überall selbst sehen. Sodann allerdings auch eine gewisse Liebhaberei. Chuquet ist das, was man auf französisch „un chercheur" nennt. Wo ihm etwas aufstößt, will er es sofort ergründen; er verfolgt es bis in seine letzten Spuren. Eine fabelhafte Belesenheit und, ohne Zweifel damit im Bunde, ein ebenso fabelhaftes Gedächtnis kommen ihm dabei zu statten, machen ihm die Aufgabe zu einem willkommenen Spiele. Man erstaunt über alle Quellen, die er aufgetrieben hat. Die kleinsten Publikationen der Vergangenheit und der Gegenwart entgehen seinen Spüraugen nicht; das handschriftliche Material der französischen Archive ist nach allen Seiten hin durchforscht. Trotzdem sind die Bemerkungen niemals umfangreich; selten nehmen sie mehr als einige Zeilen auf jedem Blatt in Anspruch oder nöthigen den Leser, das Blatt umzuschlagen über die Seite des Textes hinaus, auf den sie sich beziehen. Sie haben nichts von dem Lästigen und Ermüdenden mancher gelehrten deutschen Werke noch aus dem Anfang dieses Jahrhunderts, welche in weitschweifigen Fußnoten, die selbst wieder mit Noten in noch kleinerer Schrift versehen sind, den Leser weit vom Standort seines Auges abführen, so daß er nach Erledigung der Note wie von einer langen Reise zu seinem Ausgangspunkt zurückkehren muß. Vielleicht hätte hier und da etwas erspart werden können, so z. B. namentlich im siebenten Bande, welcher aus Anlaß der Belagerung von Mainz die Namen aller, auch ganz obscurer Personen, die an gewissen Vorgängen oder Sitzungen Teil nahmen, verzeichnet. Aber da auch das ganz kurz abgethan ist, so darf man sich damit trösten, daß denjenigen, welchen gewisse Episoden besonders interessiren, damit ein Liebesdienst geleistet wird, der die dafür Gleichgültigeren nicht stört. Den denkwürdigsten Oertlichkeiten der Kriegführung sind kleine übersichtliche Pläne beigefügt.

III.

Damit sei einstweilen über die Methode genug gesagt. Es wird auch daraus schon von selbst sich ergeben, daß der Stil ein natürlich einfacher und prägnanter ist. Die Sätze gleiten angenehm dahin und lassen keinen Augenblick den Gedanken aufkommen, daß mit der Darstellung nach irgend welcher Seite hin ein besonderer Effekt erreicht werden soll. Die Form stimmt darin ganz mit dem Geist der Darstellung zusammen, welche die leibhaftige Objektivität ist. Obwohl wir es der Hauptsache und der Ankündigung des Verfassers gemäß mit einer Kriegs- und Feldzugsgeschichte zu thun haben, leuchtet doch ein, daß diese nicht losgelöst von den inneren Zuständen Frankreichs gedacht werden kann. und nichts entspräche weniger dem Sinne des Autors. Vielmehr, wenn auch die militärischen Ereignisse mit einer Lebendigkeit und Anschaulichkeit zur Geltung kommen, die an sich schon — man darf sagen — spannend und unterhaltend wirkt, kommt doch ein gut Teil der Anziehungskraft auf den Hintergrund der Revolution selbst, über deren Schicksal die Ereignisse entscheiden. Die Zustände und Personen, die Ideen, welche eingreifen, sind eng mit den Vorgängen auf den Schlachtfeldern und — nicht zu vergessen — mit den diplomatischen Zügen und

Gegenzügen verwebt. Wie das Alles, Schritt für Schritt, einsetzt und sich zusammenfügt und das Ganze dramatisch sich abwickelt, erfahren wir im Fluß der stetig und umsichtig fortgeführten Berichterstattung.

Der erste Band hebt mit der Kriegserklärung des damals noch monarchischen Frankreich vom 20. April 1792 an, welche ausschließlich gegen Oesterreich gerichtet war. Chuquet, wie alle unbefangenen französischen Geschichtsforscher, namentlich auch Sorel, spricht unumwunden aus, daß die Initiative zum Krieg nicht blos der Form, sondern auch der Sache nach von Frankreich ausgegangen ist, daß die Gironde aus inneren politischen Gründen den Krieg wollte, wozu dann noch kam, daß Dumouriez, welchen Ludwig XVI. kurz vorher zum Kriegsminister ernannt hatte, von Begierde nach Feldherrnthaten entbrannt war.

Er, wie beinahe alle, schmeichelten sich damals mit der Aussicht, Preußen von Oesterreich zu trennen und mit ersterem intimes Verständnis, auf beiderseitige Vorteile berechnet, zu erzielen. Dieser Lieblingsgedanke zieht sich durch den ganzen Verlauf der späteren Ereignisse, gebiert mit wunderlicher Zähigkeit immer neue Spekulationen, auch als schon das preußische Heer im hellen Kampf mit den französischen Waffen und beinahe allein im Felde ihnen gegenüber stand. Diesen Liebeswerbungen, ihren geraden und ihren gewundenen Wegen, ihrer naiven Selbstgefälligkeit schenkt unser Berichterstatter sein besonderes Augenmerk. Es hat etwas besonders Pikantes, in heutiger Zeit, wo das Wort „Prussien“ den Inbegriff alles Verabscheuenswürdigen im Volksmunde ausdrückt, die Schmeicheleien zu lesen, die damals an den König und seine Vertrauten verschwendet wurden. Vergegenwärtigt man sich dazu noch die heutige Russenliebe, so kann man sich keine wirkungsvollere Gelegenheit wünschen, die Veränderlichkeit allgemeiner Strömungen dieser Art und ihre innere Wertlosigkeit an der Quelle zu studiren.

Ein anderes Moment beherrscht in noch viel höherem Maße und ausgiebiger die Aufmerksamkeit des Erzählenden. Es handelt sich um die Wahrheit über die Zustände im französischen Heere jener Epoche, über dessen Leistungen und Charaktereigenschaften. Bekanntlich hat auch auf französischer Seite die so lange im Schwung erhaltene Apotheose der Revolutionsarmee einen gewaltigen Stoß durch das Buch von Camille Rousset, les Volontaires 1791—94, erhalten. Dasselbe erschien merkwürdiger Weise grade kurz vor Ausbruch des letzten Krieges. Das Vorwort der ersten Ausgabe ist vom März 1870 datirt; seitdem sind noch vier folgende Auflagen erschienen. Der Verfasser erklärt selbst in schlichten Worten, er habe eine Untersuchung (Enquête) über die Legende der Freiwilligen jener Revolutionsheere sich zur Aufgabe gemacht, und das Ergebnis sei die vollständige Vernichtung dieser Legende. Auch nachdem man Chuquet's sieben Bände aufmerksam zu Ende gelesen hat, kann man, wenn man Alles in ein einziges Wort zusammenfassen soll, zu keinem anderen Verdikt kommen. Die Glorie eines unbegreiflichen Heldentums, welche die republikanisch-nationale Ueberlieferung den sogenannten Volontärs ums Haupt gewunden hatte, zerfließt auch unter Chuquet's Feder in sehr trübe Nebel. Doch ist der Gesamteindruck hier viel weniger vernichtend. Es kommt bei ihm neben vielem zu Rousset's Auffassung Stimmenden doch nicht Weniges ans Licht, das besseres Zeugnis giebt. Die beiden Werke sind eben verschiedener Natur. Rousset hat eine Untersuchung angestellt und ist am Schluß derselben zu einem Antrag auf Vernichtung gelangt. Es ist die Arbeit eines öffentlichen Anklägers, der voraus weiß, auf welches Ziel er lossteuert und der seine Akten ausschließlich zu diesem Zweck sammelt. Er verfolgt damit auch eine ganz bestimmte Absicht. Er will die heilige Legende von den Wunderthaten des improvisirten Soldaten zerstören, um sein Land vor dem Vertrauen auf diesen Schutz zu warnen. So wunderbar das Zusammentreffen dieser Arbeit mit den unmittelbar darauf folgenden Ereignissen war, so kann man nicht grade sagen, daß sie in ihrer besonderen Tendenz sich an den Thatsachen bewährt habe. Im Jahre 1870 versagte nicht die improvisirte, sondern die regelmäßig geschulte und organisirte Armee, aus Mangel nicht an Tapferkeit, sondern an fähiger Oberleitung und Führung. Wenn auch im Feldzug an der Loire im Winter 1870 – 71 die von Gambetta zusammengerafften Truppen nicht selten sich die Blößen gaben, die eben bei der Art ihrer Entstehung und Zusammensetzung unvermeidlich waren, — und auch in seiner Lebensbeschreibung Chanzy's läßt Chuquet uns darüber nicht im Unklaren — so kann man ihnen doch im Großen und Ganzen ein bedeutendes Maß von Anerkennung nicht verweigern, und dies ist bekanntlich auch von deutscher Seite immer zugestanden worden. Der Vorwurf, welcher 1792 wie 1870 den Urhebern des Krieges von ihrem eignen Lande gemacht worden ist, daß man ihn beschlossen habe, ohne bereit zu sein, trifft viel eher für den älteren als für den späteren Fall zu. Merkwürdiger Weise nämlich spielte das „on n'était pas prêt", welches hinterher kommt, auch damals eine ebenso große Rolle, wie in den rückblickenden Urteilen unserer Tage auf den letzten Krieg. Nach den Niederlagen, welche die französischen Truppen bei den ersten Zusammenstößen erlitten, hieß es allgemein, daß man eben gar nicht vorbereitet gewesen sei. Chuquet citirt die Worte Lafayette's in einem Bericht vom 6. Mai: „Ich kann nicht begreifen, wie man den Krieg hat erklären können, während man doch in nichts bereit war (en n'étant prêt sur rien)." Und das paßte auf jene Zeit in des Wortes vollster Bedeutung, weil sowohl der Krieg selbst als der ganze dazu nötige Apparat erst im Moment des Ausbruchs und im Lauf der Dinge improvisirt ward, Hals über Kopf und im wilden Tumult der inneren Politik. Von dem Heerwesen des zweiten Kaisertums gilt eher das Gegenteil. Seit lange, lange hatte man an diesen Krieg gedacht. Namentlich seit 1867, seit dem Mißlingen der Mexikanischen Expedition und dem Luxemburger Streit, stand man immer auf dem Sprung. Jeden Morgen konnte man von denen, die sich auf ihre intimen Beziehungen zum Hof oder zur Armee etwas zu gute thaten, in den letzten drei Jahren vor dem Ausbruch hören, daß es demnächst losgehen werde, daß Alles bereit sei, bis auf den letzten Knopf, wie es der Marschall Leboeuf in der That versichert hatte. Neuerdings bringen die Memoiren des Generals Jarras sogar die merkwürdige Enthüllung, daß selbst der Marschall Niel, der für den wissenschaftlichsten, nüchternsten Generalstäbler galt, schon 1869 das „Tout prêt" erklärt hatte. Damals sagte der Marschall in bittrem Ton zur Kaiserin, die seit zwei Jahren seinen Eifer schürte, als ob es dessen bei ihm bedurft hätte: „Ich habe nach Ihren Wünschen gethan, Madame; ich bin bereit, und Sie sind es nicht." Zu demselben Herrn Rousset, der das Buch über die Volontärs geschrieben und neuerdings die Memoiren des Generals Jarras besprochen hat, sagte Niel: „Ich habe mich ans Werk gemacht, und endlich ist der Tag gekommen, an dem ich zum Kaiser sagen konnte: wir sind bereit." — Wenige Tage darauf starb Niel. (Revue des deux mondes vom 15. Juli 1892). Das ist eben der Unterschied. Die Leute der Revolution hatten sich gar nicht die Frage gestellt, ob sie bereit seien, sie gingen drauf. Die Kriegspartei Napoleon's III. hielt sich für vollständig vorbereitet; sie war es auch, nur nicht für diesen Krieg der exakten Führung, den sie nicht kannte. Sie war sozusagen nicht in einem Error facti, sondern in einem Error juris befangen, und insofern ist es nicht richtig, wenn die Gegner des gefallenen Kaisers ihm nachträglich vorwerfen, den Krieg ohne die pflichtmäßige Vorbereitung angefangen zu haben. Uebrigens hatte nicht er ihn angefangen, sondern er wurde nur durch seine abenteuerliche Umgebung hineingetrieben, wie das Buch von Jarras abermals lehrt. Auch darin herrscht ein vollständiger Gegensatz zwischen jenen Kriegen der neunziger Jahre und den letzten, daß man Alles im Allem sagen muß: in den Feldzügen der Revolution waren die Führer besser als ihr Material, in denen der Neuzeit war bei gutem Material die Führung entschieden ungenügend.

Erst in dem letzten Abschnitte, bei dem Kampf im Herzen von Frankreich, tauchten die Chanzy und Faidherbe auf, welche von der Methode der neuesten Kriegsführung genug verstanden. Alle die Berühmtheiten aus der Krim und Italien waren ohne Erfahrung und ohne Ahnung der neuesten Kriegskunst und der hochgespannten Ansprüche, welche sie an die oberste Leitung stellt. Die Siege in der Krim waren nur mit unverhältnismäßigen Opfern und in unverhältnismäßig langer Zeit erstritten worden, und die Siege in Italien nur so im Ramsch davongetragen. Die Bravour hatte das Meiste gethan. Die allein sollte aber im Kampfe mit der preußischen Heeresleistung nicht mehr genügen, und weil die französische Routine das nicht ahnte, verließ sie sich auf ihre Präcedenzien. In jedem ersten Zusammenstoß zwischen der französischen und preußischen Oberleitung wäre es gerade so gegangen, wenn man auch noch länger sich vorbereitet hätte. Man war sachlich vorbereitet, aber nicht intellektuell.

Das ist der große Unterschied gegen die Bedingungen, unter denen die Revolution sich in den Krieg stürzte. Sie war weit davon entfernt, ihren Gegner zu unterschätzen. Vielmehr, sobald einmal feststand, daß man sich mit Preußen zu messen haben würde, gab man dem Gedanken Raum, daß man es mit einem in militärischer Kunst überlegenen Gegner zu thun haben werde. Der Nimbus der Fridericianischen Zeit umschwebte noch das preußische Heer, Ferdinand von Braunschweig galt für den ersten Feldherrn seiner Zeit. Mirabeau hatte den Ruhm dieser Armee neuerdings wieder nach Frankreich verkündet und sie für die erste der Welt erklärt, und Mirabeau hatte auch vom Braunschweiger geschrieben: es sei unfaßbar, aber doch wörtlich wahr, daß er ebenso tief eingeweiht und überlegen sei in den kleinsten Einzelheiten wie in den höchsten Aufgaben der Kriegführung. Die Kommandanten von Verdun und Longwy ließen in Antwort auf die erste Aufforderung der preußischen Parlamentäre sagen, sie seien stolz, dem berühmtesten Kapitän der Zeit gegenüber zu stehen. Dergleichen Aeußerungen ritterlicher Höflichkeit kehren noch oft im Verlaufe der Dinge wieder. Man hatte auch Respekt vor der preußischen Bildung und legte was hinein, ihr mit Anstand zu begegnen. Das ideale Element der Freiheitsbewegung verschwand trotz der traurigsten Excesse niemals ganz aus dem Geiste der Führung und der Offiziere. Wenn die herrschende Partei sich in den Krieg stürzte, so geschah es eben ohne jede weitere Berechnung ihrer militärischen Mittel, aus Gründen der inneren Politik — ein Zug, welcher eine Eigenthümlichkeit französischen Staatslebens ist. Es ist zwar gang und gäbe in der höheren Kannegießerei geworden, daß man von jeder Regierung eines großen Staates hie und da einmal sagt, sie sei im Stande, einen Krieg heraufzubeschwören, nur um Verlegenheiten im Innern zu entgehen. Aber im Grunde ist diese Auffassung nur französischem Gedankengange nachgebildet und thatsächlich niemals anderwärts Praxis gewesen. Einen großen Frieden, den von Utrecht, hat England einmal aus Motiven innerer Kabinetsintriguen gemacht, aber einen großen Krieg niemals. Nur die eigentümliche Organisation und Temperamentsart der französischen inneren Politik kennt diese Pferdekuren. Anderwärts hat man höchstens mit der künstlich erregten Furcht vor Krieg in der inneren Politik operirt. Im Frühjahre 1792 stand die Regierung mit einer desorganisirten, in Auflösung und Verwirrung gebrachten Armee da, deren Disziplin gelockert war. Man rechnete darauf, diese an Zahl unzulänglich gewordene regelmäßige Truppe durch selbstständige aus Freiwilligen geworbene Körper zu ersetzen oder doch zu ergänzen. Mit dem Wertverhältnis, in welchem diese Volontärs zur Linie standen, beschäftigt sich die historische Kritik jener Zustände in erster Reihe, und sie ist für das unbefangene Urteil zweifellos dahin gekommen, daß sie die Linie, d. h. den Rest der alten Cadres der Monarchie, bei Weitem für den tauglichsten, nach Manchen für den allein brauchbaren Bestandteil des Heeres erklärt. Die Berichte der im Felde stehenden Generale, so sehr sie die revolutionäre Empfindlichkeit schonen mußten, deren Rache bekanntlich weder langsam noch schonsam war, können nicht umhin, immer wieder auf dieselbe Unterscheidung zurückzukommen. Nur die allerwildesten und rohesten, später nach Belgien kommenden Konventskommissare verfolgen blindlings die Tendenz, Alles, was aus der monarchischen Zeit herstammt, zu zerstören und auszurotten, Offiziere, die çi-devants sind, wie die Stämme der Linie. Aber mit dieser einzigen Ausnahme bricht sich immer und überall die entgegengesetzte Auffassung Bahn, und das Problem, dessen Lösung das Pariser Kriegsministerium ununterbrochen in Atem hielt, war die Frage: auf welche Weise soll das unentbehrliche Element der Freiwilligen und des späteren Massenaufgebots mit der Linie verbunden werden? sollen die Truppenteile aus diesen zwei verschiedenen Elementen ganz getrennt bleiben, sollen sie umgekehrt durch Einreihung, Mann für Mann, aus beiden Elementen in dieselben Cadres ganz verschmolzen, oder soll der einzelne Truppenteil, z. B. das Regiment aus Bataillonen der einen und der anderen Gattung zusammengesetzt werden? Letzteres System, welches man das Amalgame nannte, triumphirte zum Schluß und gilt z. B. auch einem Skeptiker wie Rousset für das einzige und beste.

Chuquet verfolgt, wie sich bei der Art seiner Darstellung erwarten läßt, diese Fragen mit der ihm eigenen Aufmerksamkeit und Unbefangenheit zugleich. Er verwirft im Ganzen nicht unbedingt, wie Rousset, die Leistungen der improvisierten Soldaten. Das ergiebt sich schon daraus, daß Rousset nur die schlagendsten Aktenstücke in einem Band zusammenstellt, während Chuquet in sieben Bänden drei Feldzüge ins Einzelne hinein verfolgt und auf seinen Wegen nicht selten auch Lobenswertem begegnet. Namentlich unterscheidet er zwischen den Freiwilligen, welche im Jahre 1791 eintraten, und denen, welche aus dem das Vaterland in Gefahr erklärenden Dekret vom 11. Juli 1792 hervorgingen. Den letzteren schiebt er den bei Weitem größeren Anteil an dem Makel zu, welchen die ernüchterte Geschichtschreibung auf diese improvisierten Soldaten gehäuft hat. Und wenn hier der Mangel an jeglicher Disziplin konstatiert wird, so tritt in Wechselwirkung damit der entsetzliche Mangel an Ausrüstung und Ausbildung hinzu. Man hat es schon oft gelesen, aber man liest es immer wieder mit neuem Staunen, welche hilflosen, untauglichen Massen eine tumultuarische politische Leitung ins Feld schickte, und zu welchen Excessen gegen Freund und Feind, ja auch gegen ihre Offiziere diese Banden sich hinreißen ließen. Solches ereignete sich aber nicht nur bei den Milizen. Die ersten schmählichen Niederlagen, welche die Armee bei Quievrain und Mons von den Oesterreichern erlitt, kommen auf Rechnung der Linie, namentlich der Kavallerie. Chuquet glaubt nachweisen zu können, daß die Freiwilligen der ersten Aushebung von 1791 nicht mit der Verachtung behandelt werden dürfen, welche, im Rückschlag gegen die Uebertreibungen der revolutionären Apotheose, die neuere Kritik ihnen angedeihen ließ; er zeigt an vielen Gefechten, daß ihre politische Begeisterung und ihr guter Wille aus ihnen so gute Soldaten gemacht hatten, wie man es nur nach einer achtmonatlichen Vorbereitung erwarten konnte. Dabei steht er nicht im Geringsten unter dem Einfluß der Ansicht, daß man brauchbare Truppen mittelst des Enthusiasmus aus der Erde stampfen könne; er hat selbst viel zu viel Sinn für Kriegswesen, um für Dilettantisches voreingenommen zu sein. Die Legende findet an ihm keinen Augenblick eine Stütze, aber sein Gesammturteil, welches nicht einseitig auf Mißachtung der Revolutionsarmee hinausläuft, hilft doch auch allein die Thatsache erklären, daß schließlich die Republik mit wechselndem Kriegsgeschick nicht ohne eine Reihe merkwürdiger Erfolge gekämpft hat und am Ende nicht nur unbesiegt, sondern mit großem Gewinn aus dem Frieden von 1795 hervorging. Wie viel immer an diesem Ausgang die Fehler und Schäden ihrer Gegner, die Langsamkeit der österreichischen Kriegführung, die deutsche Uneinigkeit, vor Allem die Eifersucht über die Teilung Polens mit schuld gewesen sein mögen, alle zusammen allein können einen solchen Ausgang nicht erklären, und die Annalen der Feldzüge weisen eine Reihe von Waffenthaten auf, die augenscheinlich und nachweislich stark in die Wendung der Dinge mit eingegriffen haben. Warum hätte sonst am Ende dieses ersten großen Abschnitts das gesammte Europa, welches sich am Krieg gegen die Republik beteiligt hatte, mit Ausnahme von England und Oesterreich, die Waffen gestreckt? Wenn man unbefangen die im Weiteren von unserem Historiker aufgerollten Blätter jener Geschichte verfolgt, kommt man zu demselben Resultat, das auch er in seiner vollendeten Vorurteilslosigkeit sich aneignet, daß nämlich trotz unendlich vieler Sünden und Thorheiten von oben und von unten, doch in den Massen der französischen Nation Tapferkeit, Geschicklichkeit und nicht zum Mindesten politische Begeisterung einen großen Anteil an dem ihr günstigen Ausgang der Dinge gehabt haben.

Sogar eine Besonderheit, welche aus der Erfahrung dieser Kriegszüge als die unzweideutigste hingestellt wird, scheint bei näherer Beleuchtung auch nicht unbedingt festgehalten werden zu dürfen. Die Erwählung der Offiziere durch die Truppe muthet uns bei unseren heutigen militärischen Zuständen, die immer mehr auf eine Präcisionsmaschinerie hinzielen, als eine wunderliche Ausgeburt abstrakter Gleichheitstheorie an. Aber selbst ein so strenger Richter wie Rousset vermag sie nicht ausnahmslos als unpraktisch hinzustellen. Er erwähnt einzelner Konjunkturen, in denen dies Verfahren sich bewährte. Gelangt man auch aus seiner, wie nicht minder aus Chuquet's Darstellung, zum Schluß, daß die Wahl der Offiziere im Ganzen nichts weniger war als ein Weg, um die bestbefähigten herauszufinden, so sind doch die Fälle nicht selten, wo aus der Wahl Führer hervorgingen, die später zu großem Ruhm gelangten, wie denn in diesen Revolutionskriegen schon die Mehrzahl der späteren Marschälle ihre Sporen verdient hatten.

IV.

Die Geschichte der Begebenheiten, beginnend mit dem Ausmarsch der beiden Heere und den ihr diesseits und jenseits vorausgegangenen politischen Kombinationen bis zu der in unserer klassischen Litteratur verewigten Kanonade von Valmy, ist oft erzählt worden. Sie fesselt immer wieder von Neuem aus vielen Ursachen, am meisten, weil es doch eigentlich dieser erste Abschnitt war, welcher der großen Einwirkung der Revolution auf Europa die entscheidende Wendung gab, indem ihr Sieg nach außen auch zum Sieg im Innern von Frankreich wurde. Für Deutschland hat dieser Abschnitt noch das besondere Interesse, daß die kraus verschlungenen Gebilde des zerfallenen Reiches und die unmittelbare Nachfolge der Fridericianischen Epoche diplomatisch und militärisch im Vordergrunde stehen. Dazu tritt für die heutige Generation, daß die neueste Kriegsgeschichte ihre größten und merkwürdigsten Tage auf dem Boden derselben Argonnerlandschaft, welche jenem ersten denkwürdigen Zusammenstoß zum Schauplatz gedient hat, erleben und daß Moltke's modernes Genie gerade da am nachdrücklichsten die Scharte auswetzen sollte, welche des braunschweigischen Herzogs veralteter Kunst von dem stürmischen Widerstande eines neu eingreifenden Elements beigebracht worden war. Frankreich inaugurirte damals die Aera der Volkskriege, welche Spanien und Preußen bald darauf gegen Napoleon wieder aufnahmen, beide Male mit Erfolg, bis die neueste Zeit den Volkskrieg in Gestalt des Volksheeres zum allgemeinen Prinzip erhob und seine

Signatur allen künftigen Kriegen aufdrücken zu wollen scheint — ob mit dem Ende, daß für Europa's Kultur daraus das Verhängniß oder die Erlösung reifen werde — wer vermag es zu sagen?

Was von allen bereits erwähnten Vorzügen der Darstellung und Behandlung die in diesen beiden ersten Bänden enthaltene mit am meisten auszeichnet, ist, daß hier ein französischer Historiker einmal, so ausgiebig wie nur irgend möglich, sich auch auf deutsche Quellen stützt. Keiner der berühmten und vielgelesenen unter ihnen hat es so gethan, keiner konnte nur deutsch lesen, namentlich nicht Thiers oder Louis Blanc; auch Lanfrey hat seine Geschichte Napoleons geschrieben, ohne ein Wort deutsch zu verstehen. Erst die neuere Generation, welche gründlicher deutsch gelernt hat, war im Stande, diese zur Erforschung der Revolutionsgeschichte unerläßliche Bedingung zu erfüllen. Sorel und Chuquet sind die ersten, welche dieser Aufgabe gewachsen waren und den besten Gebrauch davon gemacht haben. Zwar deutsche Archive standen Chuquet nicht zu Gebot, aber dafür hatten unsere Bearbeiter jener Zeit dieselben gründlich ausgenützt, und der französische Historiker konnte sich ihrer Forschungen bedienen, indem er von seiner Seite aus französischen Archiven das ergänzende Material reichlich herbeiholte. In der Vorrede zum ersten Bande führt er die namhaftesten seiner deutschen Autoritäten an, vor Allem die größeren Werke von Sybel, Häusser, Ranke, eine Reihe von Memoiren und Monographien aus der Zeit, und in den am Fuße der Seiten fortlaufenden Noten stoßen wir immer wieder auf die erfreuliche Fülle auch deutscher, weniger bekannter Schriften, die der Spürsinn des Sammlers aufgetrieben hat. Eine der meist benützten Quellen ist, wie schon Eingangs erwähnt, für diesen Abschnitt Goethe's Tagebuch aus der Campagne in Frankreich, und man irrt vielleicht nicht, wenn man der Vermutung Raum giebt, daß für den Verfasser der erste Anstoß zur Unternehmung dieser ganzen historischen Arbeit von der litterarisch-philologischen Beschäftigung mit diesem Tagebuch ausgegangen ist. Ein Blick in die Einleitung und die Fülle der historischen Anmerkungen, mit welchen diese für französische Schüler bestimmte Ausgabe des deutschen Bändchens versehen ist*), (sogar eine Karte ist ihr bereits beigefügt), deutet darauf hin, daß der Verfasser sich schon damals in den sachlichen Inhalt vertieft hatte und die Einzelheiten kritisch zu prüfen bestrebt war. In dem ersten Teil des geschichtlichen Hauptwerkes sind die Aufzeichnungen Goethes mit Liebe behandelt. Einzelnes, das auf Irrthümern des Gedächtnisses zu beruhen scheint, ist aktenmäßig richtig gestellt, aber bei weitaus dem größten Teil des Inhaltes wird das Zeugnis der Genauigkeit und der Glaubwürdigkeit erteilt, ein Zeugnis, das um so bedeutsamer ist, als Goethe das Wenigste unmittelbar niedergeschrieben, vielmehr erst dreißig Jahre später aus Notizen und Erinnerungen wieder aufgebaut hat. Im siebenten Bande hat Chuquet ebenso Goethe's Erinnerungen an die Belagerung von Mainz mit besonderer Vorliebe zu Rathe gezogen. Auch in seinen sehr ausgiebigen Erläuterungen zu Hermann und Dorothea geht er überall den Spuren der Eindrücke nach, welche in dem Gedicht als Reminiscenzen aus jenen Erlebnissen auftauchen.

Die drei ersten Bände bilden gewissermaßen einen ersten eng in sich zusammenhängenden Abschnitt des ganzen Werkes: der Einmarsch der Verbündeten — la première invasion prussienne —, Valmy und der Rückzug des Herzogs von Braunschweig. Alles ist interessant,

---

*) Paris, M. Delagrave. Neueste Ausgabe 1892.

malerisch und lebendig erzählt; der Einfluß der Pariser Ereignisse, die Zustände der beiden Heere geben den genauen Einblick in die allgemeinen Bedingungen, unter denen die Begebenheiten sich entwickeln; dem preußischen Heere und seinen Führern wie den Personen des Königs und seiner Umgebung ist ebenso viel Studium zugewandt, wie denen auf französischer Seite. Das Rätselhafte, das von jeher über dem Abbruch des Feldzugs nach dem eigentlich unentschiedenen und nicht notwendig entscheidenden Tag von Valmy schwebte, weicht auch nach dieser Schilderung keiner größeren Klarheit; aber nicht etwa darum, weil der Erzähler etwas übersieht oder unaufgeklärt läßt, sondern weil er das merkwürdige Phänomen der plötzlich eintretenden Erschlaffung auf deutscher Seite als ein solches auffaßt, das, aus Imponderabilien zusammengeballt, sich der exacten Analyse entzieht — entsprechend dem Eindruck, den Goethe's prophetischer Ausspruch auch in Form eines intuitiven und nicht eines logisch aufgebauten Urteils verewigt hat. Aber gerade um deswillen verwendet der Erzähler seine Kunst auf die Einzelheiten des Verlaufes; er läßt uns selbst Alles sehen, damit nicht sein, sondern unser Eindruck erkläre, was diese Wendung herbeigeführt haben mag. Natürlich kommen die bekannten elementaren Mißgeschicke ausführlich zur Sprache, Unwetter und Krankheiten. Aber auch im französischen Lager fehlte es nicht an Plagen, und der Himmel goß seine Fluthen auf Alle herab.

Die Annäherungsversuche an König Friedrich Wilhelm und seine Umgebung, die vom ersten Anbeginn, schon vor dem Ausbruch der Feindseligkeiten, eine besondere Anziehungskraft auf die Politiker wie auf einzelne Generale ausübten, sind schon Eingangs erwähnt worden. Sie ziehen sich durch den späteren Gang des Feldzuges durch und finden schließlich ihre Rechtfertigung im Baseler Frieden. Chuquet verfolgt sie auf Schritt nnd Tritt mit seiner — wie überall — gänzlich unbefangenen Beobachtung, namentlich auch auf den Wegen Dumouriez', der für die Vorbeeren des Diplomaten nicht weniger Sinn hatte, als für die des Feldherrn. Die Züge, aus denen das Charakterbild dieses merkwürdigen Abenteurers sich zu einem Ganzen gestaltet, setzen parallel mit seiner Teilnahme an den Ereignissen ein. Den Abschluß findet es natürlich erst mit dem fünften Bande, der die Ueberschrift „Dumouriez' Verrat" trägt und den belgischen Feldzug bis zum ersten Rückzug aus Belgien und Holland nach der Schlacht bei Neerwinden beschreibt, nachdem der vierte Band den siegreichen Einmarsch und den Tag von Jemappes zum Mittelpunkt genommen hatte. Auch dem Abtrünnigen gegenüber bewahrt der Psychologe hier seine Objektivität. Wie überall hält ihn seine stets ins Einzelne dringende und dem allmäligen Verlauf unausgesetzt folgende Nachforschung von Einseitigkeit frei. Er giebt keine summarischen Verdikte von sich, sondern er schildert und berichtet, und so sehen wir überall Menschen mit menschlichen Fehlern und Vorzügen, welche nicht blos durch ihre Willensbewegung, sondern auch durch den Drang der äußeren Ereignisse zu Ehren oder zu Fall kommen. Während unter der Feder Anderer, auch Sorel's, die Figur Dumouriez' von vornherein im Widerschein des Stigmas erscheint, das ihr das Ende aufdrücken sollte, führt sie sich in Chuquets Darstellung eher mit einer gewissen bestrickenden Liebenswürdigkeit ein, welche aus dem übersprudelnden Temperament, der unermüdlichen und unbesiegbaren Widerstandskraft, dem phantasiereichen Humor dieser, trotz ihrer Abstammung aus dem flandrischen Norden, doch durch und durch französischen

Natur uns entgegentreten. Sein wahrhaftes Feldherrntalent ist nie bestritten worden.

Die beiden Bände „Jemappes“ und „Dumouriez' Rückzug“ bilden zusammen den zweiten Teil des Werkes. Nicht am wenigsten findet in ihrer Schilderung der politische Grund und Boden, auf dem die Kriegsbegebenheiten sich abspielen, Berücksichtigung. Die inneren Zustände Belgiens, dessen Gährung, schon vor der französischen, mit der Lütticher Revolution zum Ausbruch gekommen war, das Hin- und Herwogen zwischen dem neu entzündeten demagogischen Geist und der Anhänglichkeit an die ehrwürdigen Traditionen alter Verfassungszustände, der Kampf zwischen den gläubigen und ungläubigen Teilen der Bevölkerung, die Illusionen des ersten Aufloderns und die bittern Enttäuschungen, welche das Raub- nnd Plünderungswesen der Befreier heraufbeschworen, das Alles ist in lebhaften und eindringlichen Schilderungen wiedergegeben, die zum Besten im ganzen Werke gehören. An wörtlicher Berichterstattung über die kleinsten Einzelheiten geht nur die Arbeit des siebenten Bandes, welcher die Einnahme und die Belagerung von Mainz zum Gegenstand hat, noch weiter. Diese, bis jetzt zwei letzten Bände, „Custine“ und „Mainz“, bilden den dritten Abschnitt als eine Monographie über dies erste Vordringen der Revolution an den Rhein und seine wechselnden Schicksale. Dem Autor wächst in dem Maße, als er in seiner Arbeit fortschreitet, sichtlich noch immer die Lust an ihr und in Wechselwirkung damit die Meisterschaft. Möglich wäre es, daß dem französischen Leser in diesen beiden Bänden hier und da die Frage sich aufdrängte, warum ihm die Belege in so minutiöser Aufzählung unterbreitet werden. Den Deutschen wird ein solches Bedenken nicht anwandeln. Er kann es nur dankbar anerkennen, wenn mit dem Eintritt in das deutsche Gebiet die Anstrengung und Aufmerksamkeit des Forschers noch größeren Eifer entwickelt. Für den einen wie für den andern muß natürlich die Frage sich entscheiden nach dem Reiz, den die Lektüre auf ihn ausübt. Denn auch hier kommt eben Alles darauf an, wie die Sache behandelt ist, mit wieviel Geschmack, Anschaulichkeit und Verwertung des detaillirten Materials zur Erweckung eines endgiltigen Urteils. Der Erzähler hat Vertrauen in seine Methode und meines Erachtens mit vollem Recht. Er giebt sich genau Rechenschaft von den Einwendungen, die ihm gemacht werden könnten, und das beweist schon genug. Seine eignen Worte aus der Vorrede zum ersten Band (sie ist charakteristischer Weise im Gegensatz zur objektiven Erzählung auf ganz wenige Seiten zusammengedrängt), mögen hier am besten seine Grundgedanken wiedergeben: „Vielleicht wird man mir vorwerfen, daß ich ins Kleinliche hineingerathe, auf nichtige Dinge Gewicht lege, allzusehr auf Genauigkeit bedacht sei. Aber die geschichtliche Wahrheit ist nur um diesen Preis zu haben. Man kann eine Epoche nur kennen und ihr Leben einhauchen, indem man sich bemüht, Alles zu geben . . . Sollte man nicht reichlich mit Einzelheiten dienen dürfen, vorausgesetzt nur, daß sie bezeichnend ausgeprägt seien und daß ihre große Zahl nicht der Klarheit des Ganzen schade?"

Wie in den drei ersten Bänden die Figur Dumouriez' den interessanten Mittelpunkt der Kriegsgeschichte abgiebt, so fällt in den beiden letzten das Licht am meisten auf Custine. Auch hier gilt, was von Ersterem gesagt wurde: die aufmerksame Behandlung führt im Ganzen zu einer Würdigung, die den vielfach Verurteilten nicht aller gewinnenden Eigenheiten entkleidet, und auch hier bleiben wir schließlich unter dem Gesamteindrucke eines milderen Urteils als bei Sorel. Für den deutschen Leser hat eine nähere Beleuchtung dieser Persönlichkeit besonderes Interesse. Custine war der erste, der die Revolution unter dem Zeichen der philosophisch-politischen Propaganda in einem mehr aus der Schwäche des Reiches als aus der Stärke Frankreichs erklärbaren Siegeszug an den Rhein führte, und das Andenken an jene viel erzählte und viel besprochene Clubbistenzeit hat sich bis auf diese Tage erhalten. Ich hörte noch in meiner Jugend bei alten Leuten von „Güschtine-Zeiten" im Gegensatze zu „Kurfürsten-Zeiten" wie mit einem landläufigen Ausdruck reden. Durch die Person seines Enkels, eines der ersten Enthüller russischer Mysterien und des Korrespondenten der Rahel, ist Deutschland später noch einmal wieder an ihn erinnert worden. Der nach der Einnahme von Mainz unternommene und nach kurzem Gelingen wieder mißglückte Handstreich gegen Frankfurt, die Brandschatzung der Stadt, die Verhandlungen und Kämpfe dieser bösen Episode sind in dem Bande Custine mit der vollendetsten Unparteilichkeit und Genauigkeit erzählt. Gleichmäßig durch den vorletzten und durch den letzten Band zieht sich parallel die Schilderung der politischen und der kriegerischen Vorgänge der Einnahme, Belagerung und Kapitulation von Mainz im Herbst 1792 bis zum Sommer 1793. Die Belagerung, welche unter die denkwürdigen dieser Art gerechnet wird, ist zwar auch hier wieder mit jener eigentümlichen Mischung von aktenmäßiger Zeichnung und koloristischer Belebung wiedergegeben, welche das Geheimniß des Autors ist. Aber innerlich viel mehr zieht uns die Schilderung der geistigen Bewegung an, die sich zu diesen Begebenheiten gesellt. Neben den offiziellen Quellen des „Moniteur" und des Kriegsarchivs liefert hier eine endlose Masse der zeitgenössischen und der späteren Publikationen: Denkwürdigkeiten, Zeitungen, Flugschriften, Abhandlungen, natürlich viel mehr in deutscher als in französischer Sprache, ein Quellenmaterial, an welchem sich der Erzähler mehr als an irgend einer anderen Stelle seines Werkes vollgesogen hat. Schwerlich ist ihm irgend ein Blatt älterer oder neuerer Zeit entgangen; in den Arbeiten des Mainzer Gerichtspräsidenten Bockenheimer, der sich Nachforschungen auf diesem Gebiete zur besonderen Aufgabe gemacht hat, fand er einen Pionier, dem er viel verdankt. Nachdem man Chuquet's Bände Custine und Mainz gelesen hat, kann man mit absoluter Gewißheit das Schlußurteil über den qualitativen und quantitativen Gehalt der Teilnahme fällen, welche die Sache der Revolution und der Gedanke des Anschlusses an Frankreich damals am Mittelrhein aufzuweisen hatten. Unseres Historikers Bericht in allen Einzelheiten und im Gesamteindruck stimmt mit der Ansicht überein, die sich im Lauf der Zeiten immer mehr herausgebildet und festgestellt hat, daß eine Wirkung in die Breite niemals erreicht war. Wie genugsam bekannt, hatte die Revolution bis zum Ausbruch der Schreckenszeit unter den Gebildeten Deutschlands und gerade in den höchsten gelehrten Kreisen begeisterten Anklang gefunden, dem dann Abkehr und Ernüchterung folgten. Ein Kreis von Männern, welche am Sitz des letzten Kurfürsten vereinigt waren, stand örtlich und geistig der Bewegung besonders nah, und das Erscheinen der republikanischen Armee entfesselte natürlich alle bis dahin unterdrückten Regungen. Aber weitaus der größte Teil der Bevölkerung verhielt sich innerlich gleichgültig oder ablehnend, und weder das Auftreten der „Befreier“ noch die Erfolge ihrer Thaten leisteten einer tieferen Umwälzung Vorschub. Die spätere Zeit vom Frieden von Campoformio bis zu dem von Paris, ein Zeitraum von reichlich fünfzehn Jahren, schaffte mehr Boden für die Sympathie besonders mit französischen Rechtsinstitutionen, als jene erste kurze tumultuarische und schreckensvolle Epoche hinterlassen hatte, und in der ersten Hälfte dieses Jahrhunderts entspann sich daraus rückwärts eine Art Legende, als ob die Massen bei jener ersten Berührung sich gewaltig entzündet hätten. Die Gestalten von Georg Forster und Adam Lux, der Roman Heinrich Königs, „die Clubbisten", und die politische Bewegung der dreißiger Jahre, welche ihre Hauptnahrung aus den französischen Kammerdebatten zog, das Alles wirkte zusammen, um jene weiter zurückliegende Episode mehr, als es der Wirklichkeit entsprach, in die Beleuchtung einer großen Erregtheit zu rücken, welche den Einen in einem schön romantischen, den Anderen in einem betrübend widerwärtigen Licht erschien. Seitdem hat die historische Kritik Alles aufs richtige Maß zurückgeführt, und die vorliegende Darstellung stimmt damit aufs vollkommenste überein. Genau ebenso verhält es sich mit der parallel gehenden Legende von dem schonsamen und humanen Verhalten der Invasion gegen die friedlichen Bewohner. Es giebt hier allerdings einzelne Züge zu verzeichnen, die besonders den Führern, hie und da auch den Truppen, zur Ehre gereichen. Es ist richtig und auch von Chuquet mit allen Belegen ausgestattet, daß namentlich Custine bei seinem ersten Einmarsch gegen Speyer und Mainz von der Absicht durchdrungen war, auf Mannszucht zu halten, Plünderung zu verhüten, mit einem Wort die Erklärung wahr zu machen, daß man als Befreier und Bruder komme. Auch wurden im Anfang namentlich strenge Exempel statuirt. Aber das Fleisch ist in diesem Falle noch viel schwächer als im Durchschnitt überhaupt. Im Beginn eines Feldzuges sind Disziplin und Menschlichkeit in der Regel noch leidlich beherzigt. Aber auf die Länge werden sie immer mehr vergessen, und der Sinn verhärtet. Hier, wo die wüstesten Elemente und eigene Entblößung noch so besonders stark mit eingriffen, ward die

Raubsucht nun gar bald grausam entfesselt. Je länger der Krieg dauerte, je mehr die Notwendigkeit sich aufdrängte, ihn nach alter Weise durch den Krieg zu ernähren, desto schlimmer wurden die Dinge. Bald darauf erhob bekanntlich die Pariser Regierung das Plünderungssystem und die indirekte Ausraubung durch Bezahlen mit Assignaten zum System. Namentlich in Belgien wurde danach verfahren und das Werk der „Befreiung" dadurch unvermeidlich diskreditirt. Das Direktorium vervollkommnete noch, was die Konventsregierung eingeleitet hatte, und Napoleon's bekannte Proklamation an seine Soldaten vor dem Niedersteigen in die reichen Gefilde Italiens gab dem nationalen Beuterecht sogar sein Pathos. Ein Teil der Befehlshaber wandte in stiller Prosa die Lehre auf ihre eigene Person an. Der Krieg wird immer ein bösartiges Handwerk bleiben, aber Proklamationen wie die genannte und Privatbereicherung der Generale sind in unserer Zeit, wenigstens in Europa, schwer denkbar. Auf chinesischem Boden haben bekanntlich noch vor wenigen Jahrzehnten etliche Fälle die Erinnerung an die Praxis der früheren Zeit wieder aufgefrischt.

Ich erwähne diesen Zug der damaligen Kriegführung, weil er an sich Interesse hat, aber nicht etwa, um nun einen vergleichenden Seitenblick auf die in Frankreich verbreitete Meinung von einem schlimmen Verhalten der deutschen Truppen im letzten Krieg zu werfen; es wäre unbillig, ja unschön, so freimütige und ehrliche Schilderungen, wie sie Chuquet und auch Sorel geben, zu einer Polemik gegen ihre Landsleute zu verwerten. Dagegen verdient ein anderer Gesichtspunkt näher gerückt zu werden, weil er nicht für den Hinblick auf länger oder kürzer Vergangenes, sondern für die große immer noch schwebende Streitfrage zwischen beiden Nationen seine Bedeutung hat. Bei der

Erörterung der Frage, mit welchem Recht Deutschland die zwei Grenzprovinzen im Frankfurter Frieden in Besitz genommen habe, ist es nicht müßig zu prüfen, welche Anschauung Frankreich über diese Dinge in den neunziger Jahren bekannt hat. Der Einwurf, daß auch hier die sanftere Denkart der neueren Zeit sich den Hinweis auf jene vergangenen Tage versagen müsse, gleicht sich reichlich aus durch das Gegengewicht der Betrachtung, daß jenes zurückliegende Frankreich das der freiheitlichen Grundsätze war, auf welche noch heute das allermodernste den Adel seiner Abstammung zurückführt. Und diese Betrachtung wird noch ansehnlich verstärkt, indem wir beim Einblick in die konkrete Geschichte dieser Ideen erfahren, wie eingehend, vielfach und energisch sie damals in Theorie und Praxis ausgebildet worden sind. Endlich, um auch das noch hinzuzufügen: durch die Verwertung des von unparteiischen französischen Autoritäten gesammelten Materials wird in diesem Falle auch nicht indiskret gegen sie verfahren. Denn es liegt nahe und ließe sich aus ihrer eigenen Behandlungsweise der Sache nachweisen, daß sie sich über ihrer Arbeit der naheliegenden Nutzanwendung auf die brennende Streitfrage vollauf bewußt waren. Sie geben freilich nicht ihre eigene Ansicht und würden sie schwerlich, wenn direkt darauf angegangen, im Sinne der schlechthinigen Anwendbarkeit jener ehemaligen französischen Lehrsätze auf die Gegenwart, formuliren. Aber das wird auch von dem Historiker nicht verlangt. Genug, er schlägt uns Akten auf, welche offenbar für unseren Streitfall sehr beherzigenswert sind. Die daraus sich ergebenden Schlußfolgerungen sind so treffender Art, daß sie ausdrücklicher gar nicht formuliert zu werden brauchen.

Indem ich dies Gebiet beschreite, gehe ich über den Rahmen des von Chuquet in den fertig daliegenden sieben

Bänden verarbeiteten Stoffes hinaus. Der Gegenstand wird zwar bei Gelegenheit der belgischen und der Mainzer Episode gestreift, aber er kam damals nicht zum Austrag. Erst im weiteren Verlauf der Ereignisse nimmt er deutlicher Gestalt an, bis in den Verhandlungen, die zum Baseler Frieden führen, scharfe Erörterungen und greifbare Thatsachen hervortreten.

Allein was der Geschichtschreiber bis jetzt noch nicht vollendet hat, ist von dem Litterathistoriker bereits ins Auge gefaßt worden. In der von ihm herausgegebenen „Revue Critique d'histoire et de littérature“ vom 7. März d. J. stoßen wir auf die Besprechung des vierten Bandes von Sorel's bereits mehrfach erwähntem Werke, dessen Inhalt und Geist uns immer wieder mit dem zu Grunde gelegten Werke Chuquet's zusammenführt. Dieser Band trägt den bezeichnenden Titel „Die natürlichen Grenzen“ (les limites naturelles). Ich begnüge mich, einen Teil derjenigen charakteristischen Stellen wiederzugeben, welche Chuquet aus Sorel's Text heraushebt, entweder im Wortlaut oder sie dem Inhalt nach zusammendrängend. Für das genauere Studium muß natürlich auf den Band Sorel's selbst hingewiesen werden. Auf den kürzesten Ausdruck gebracht, giebt die Darstellung den Nachweis, daß die nach Robespierre's Sturz eingetretene Konventsregierung der Moderierten, später fortgesetzt vom Direktorium, mehr als je den Krieg um ihrer Autorität nach innen hin wollte und wollen mußte, — Sorel hat dafür den Namen „la guerre de magnificence“ — und daß als praktische Schlußfolgerung daraus die Lehre der höheren Notwendigkeit der „natürlichen Grenzen“, insbesondere der Rheingrenze, hervorging. Zunächst knüpfen die Citate an die Schwierigkeiten, welche trotz des Baseler Friedens fortbestanden: die unbesiegte Vendée, die kriegerische Haltung Oesterreichs und Englands. Da heißt es nun:

„Die öffentliche Meinung wirft sich auf die Eroberungen, sie hält den Frieden nur für gesichert, wenn die Verbündeten gedemütigt werden und die Republik hinter der Rheingrenze geschützt steht.“ — „Die Idee der Eroberung vermischt sich gänzlich mit der Idee der Revolution, und die Aufrichtung der republikanischen Verfassung verknüpft sich mit dem Erwerb der natürlichen Grenzen; es gilt für ein Diplom des Patriotismus (brevet de patriotisme), sich für die Rheingrenze auszusprechen.“ — „Wie viele Aussprüche müßte man citieren,“ sagt Chuquet einige Zeilen weiter, „die bei den Discussionen über diesen Gegenstand gethan worden, z. B. den von Merlin: „„Um sich für die Uebel und die Unkosten des ungerechtesten aller Kriege zu entschädigen und um einem neuen Krieg vorzubeugen, darf und muß die Republik kraft des Rechtes der Eroberung, d. h. durch die Friedensschlüsse die ihr passenden Gebiete erwerben, ohne deren Einwohner zu befragen““*); — den Ausspruch von Eschasseriaux: „„Man darf nicht Erobern nennen, was man thut, um sich die Mittel der Verteidigung zu verschaffen; was Sitten und Institutionen anbelangt, mit denen wird man nach der von Regierung und dem Gesetz gegebenen Weisung fertig werden;““ — oder den Ausspruch von Portiez: „„Der Wille der Völker ist gegeben durch ihr Interesse, und ihr Interesse besteht darin, mit der Republik vereinigt zu werden;““ — den Ausspruch von Carnot: „„Sie, die Mitglieder des Konvents, sind es unseren Armeen schuldig, Frankreich den glorreichen Preis ihres Blutes zu er-

*) Notabene Merlin (von Douai) war zugleich der gelehrteste Jurist dieser Epoche.

halten; man muß den Frieden auf die Natur der Dinge selbst begründen, nicht auf Treu und Glauben eines Feindes, dessen unermüdliche Anstrengungen darauf hinausgehen werden, uns zu vernichten.“ —

„Der Konvent,“ fährt nach dem Citat Sorel fort, „beschließt die Einverleibung von Belgien, Limburg, Luxemburg und Lüttich, als einen logischen Zusatz zu der Verfassung, der die eventuelle Einverleibung der deutschen Gebiete des linken Rheinufers in sich begriff. Die ermittelte und die beschlossene Grenze vermischten sich unter dem Namen der Rheingrenze. Die souveräne Versammlung legte für alle Zeiten die Grenzen der Republik fest, wie sie deren Gesetze für alle Zeiten erließ. Der Grundsatz der natürlichen Grenzen hielt seinen Einzug ins öffentliche Recht Frankreichs; er wurde gleichsam eines der Prinzipien der Revolution. Die Idee setzte sich fest, daß man an ihnen nicht rütteln lassen dürfe, ohne sich an der Würde der Republik zu vergehen und ihre Grundlagen zu erschüttern.“ An diese Gedankenreihe knüpft Sorel eine andere, nämlich die der von den drei nordischen Großmächten durchgeführten Teilung Polens. Er findet darin das Gegenstück zu dem System, welches die Republik sich zurecht legte, um über das Schicksal anderer Bevölkerungen auf Grund des eigenen Vorteils zu verfügen und meint, Eines sei durch das Andere getragen und möglich geworden. Auch diesen Ideengang giebt Chuquet in seiner Besprechung wieder, berichtend, ohne Zustimmung oder Widerspruch hinzuzufügen. Natürlich soll schon aus diesem Grunde hier nicht tiefer auf diese Fragen eingegangen werden. Ich habe die Abhandlung der „Revue critique“ nur herangezogen, weil sie in besonders prägnanter Weise den hohen Grad unbefangener, von nationaler Dialektik ganz freier Auffassung beider Schriftsteller zugleich zeigt, insbesondere unseres

Kritikers, welcher aus dem starken Bande Sorel's vorzugsweise diese Bestandteile wiedergiebt. Dieselbe Probe besteht er auf einem Gebiete, welches ihn der stärksten Versuchung nach der entgegengesetzten Richtung hin aussetzen mochte. Dem großen, bis jetzt siebenbändigen Werke ging ein Erstlingswerk in einem Bande voraus, welches dem General Chanzy, dem heldenmütigen Führer der Loirearmee im letzten Verzweiflungskampf gegen die damals unbestreitbar vorhandene Uebermacht der Deutschen, gewidmet ist. Die Anregung zur Arbeit entsprang wohl zumeist der Landsmannschaft. Chuquet ist wie Chanzy ein Kind des Ardennerlandes, und sein Sinn für Kriegsgeschichten führte ihn auf die Spuren der Heldengestalt, in welcher er den Retter von Frankreichs militärischer Ehre und den Sprößling der heimischen Berge verherrlichen konnte. Diesem Zweck ist das Buch geweiht*), und die Kraftanstrengung ist darnach bemessen. Es beansprucht, sicher auch im Geiste des Autors, nicht, seinen späteren größeren Arbeiten an die Seite gesetzt zu werden. Es ist weder mit der Fülle von Material noch mit der Vielseitigkeit aufgebaut, wie die Geschichte des Revolutionskrieges. Aber es ist schon frisch, lebendig, umsichtig behandelt und mit dem Erfolg, daß es eine anziehende und befriedigende Lektüre abgiebt. Obwohl es vom Hauch patriotischer Gefühle eingegeben und erwärmt ist, sozusagen eine Zuflucht für den gedrückten Geist der Besiegten; obwohl es in seinem Helden den Typus des zornentbrannten Widerstandes gegen den eindringenden Feind zu glorifizieren sich zur Aufgabe macht, wird man — und dies ist gewiß bezeichnend — kein ungerechtes Wort gegen diesen Feind in der Darstellung finden. Es dürfte unter allen Franzosen, die für die Oeffentlichkeit

*) Die Widmung lautet: „Meinen ardennischen Landsleuten."

schreiben, vielleicht kaum einen zweiten geben, der unter diesen Umständen der Versuchung widerstanden hätte, irgendwo oder wie, wenn auch nur mit einer kurzen abfälligen Anmerkung oder kleinen Bosheit, der nationalen Eigenliebe zu opfern. Es ziemt sich aber auch, dabei zugleich anzuerkennen, daß die französische Akademie an dieser seltenen Unparteilichkeit nicht den geringsten Anstand genommen, sondern das Buch mit einem Preise gekrönt hat. Es ist 1883 erschienen und seitdem bereits sechsmal aufgelegt worden.*)

Nach den militärischen Studien, die er aus Anlaß dieser Schrift und nach den literarischen und historischen, die er aus Anlaß zu Goethe's Tagebuch gemacht, ist wohl, aus beiden vereinigt, dem Verfasser die Lust und Liebe zu seinem tieferen und breiteren Werk aufgegangen. Die sieben Bände, die uns vorliegen, erschöpfen, wie schon bemerkt, die Aufgabe nicht. Noch zwei weitere sollen in Bälde folgen. Inzwischen hat die französische Akademie bereits auch einzelne Bände durch Preise ausgezeichnet, schließlich bei Anlaß des neuesten ihm den größten, über den sie verfügt, den sogenannten Preis Gobert erteilt, der dem Verfasser der besten historischen Arbeit des Jahres eine sehr ansehnliche Zuwendung macht. Und ganz gewiß konnte sie sowohl dem Schriftsteller als ihrem eigenen Urteil kein besseres Zeugnis ausstellen, als durch diese Anerkennung. Wenn man das Werk eines Autors krönt, krönt man offenbar gerade diejenigen Eigenschaften an ihm, durch welche er sich in hervorstechender Weise auszeichnet. Darum dürfen wir wohl dem Gedanken Raum geben, daß der höchste Senat des französischen Geisteslebens, indem er Chuquet die Palme reichte, auch seiner

*) Paris, Lépold Cerf.

wahrhaft edlen und außerordentlich seltenen Objektivität die höchste Auszeichnung zuerkennen wollte. In unsern Tagen, wo das nationale Selbstgefühl zur obersten aller Tugenden gestempelt, wo seine Uebertreibung bis zur Karrikatur eines der dankbarsten Popularitätsmittel geworden, gewährt es doppelte Freude, das Auge auf solchen Erscheinungen ruhen zu lassen, und gerade auf französischem Boden, und ganz besonders wo es sich um Auseinandersetzungen mit Deutschland handelt. Schriftsteller von gleicher Objektivität, wie Arthur Chuquet, Albert Sorel, Gabriel Monod*) sind überall eine Seltenheit; sie sind es zumal unter den hier obwaltenden Umständen in Frankreich, und es ist nicht nur eine Freude, sondern auch eine Pflicht, dahin zu wirken, daß sie nach Gebühr verbreitet und anerkannt werden. Auch ist nicht zu vergessen, daß diese ihre Objektivität sie nicht gehindert hat, bei ihren Landsleuten reichsten Beifall zu ernten. Unter den deutschen Historikern unserer Zeit wird Keiner zu finden sein, der im Punkte der Objektivität höher als Chuquet gestellt zu werden verdiente; aber wie Manche könnten darin viel von ihm lernen! Die chauvinistische Geschichtschreibung ist keine deutsche Erfindung, aber die neuere Zeit hat Nachahmungen dieser Methode bei uns erstehen sehen, die alle ihre Vorbilder an gewollter Einseitigkeit hinter sich zurücklassen. Der Neophytismus hat auch hier seine Neigung zum Extrem bewährt, und die Verkündung der Lehre, daß die Geschichtschreibung recht eigentlich die Aufgabe habe, den Nationalstolz, oder, in diesem Fall richtiger gesagt, das Nationalvorurteil zu fördern, ist eines der absurdesten Erzeugnisse dieses eigentümlichen Strebens nach nützlicher Unwahrheit. Die Frage, zu welchem Zweck man Geschichte

*) Der Herausgeber der Revue historique.

lehren und lernen soll, die bekanntlich so oft und in Deutschland so klassisch behandelt worden ist, mag jeder möglichen Beantwortung offen stehen, aber niemals wird diese Antwort vernünftiger Weise lauten dürfen: man solle keine Geschichte, sondern Erdichtetes schreiben. Und wie überall, so auch hier steht, vom Nutzen zu schweigen, der Genuß, den eine wahrhaftige Behandlung bereitet, unendlich hoch über dem falschen Kitzel, den eine dem eitlen Selbstgefühl des Lesers schmarotzende Schönmalerei erzeugt. Man lese das Werk Chuquet's als Probe darauf. Vor Allem dies Gefühl der Sicherheit! Man empfindet sofort, daß man sich in einem Hause bewegt, in dem man, so zu sagen, alle Thüren, Schubfächer und Schlösser seiner Wahrnehmung vertrauensvoll offen stehen lassen kann. Es wird nichts heraus- und nichts hineinpraktiziert, nichts verkleinert und nichts vergrößert. Bei jeder Schilderung hat man die angenehme Gewißheit, wie beim Eintritt in ein wohlzivilisirtes Geschäft: feste Preise; es wird nichts darauf geschlagen, um den Unkundigen zu übervorteilen, und man braucht nicht bei jedem Schluß, der sich nahe legt, still zu stehen mit der Frage: was habe ich davon abzuziehen, um auf das Richtige zu kommen? In diesem Sicherheitsgefühl liegt mehr als ein substantieller Gewinn, es liegt der größte Reiz darin, der dem Freund der Geschichte geboten werden kann; ein Reiz, der nicht erst aus der Reflexion entspringt, sondern sich unmittelbar in die Form ästhetischer Wahrnehmung umsetzt. Daß, wie der berühmte Naturforscher sagte, der Stil der Mensch sei, mag vielleicht nur mit einer gewissen Einschränkung gelten. Aber daß der Geist, in dem eine Aufgabe gelöst wird, sich im Stil spiegelt, ist außer Frage. Und wenn Reinheit des Geistes irgendwo die erste Bedingung ästhetischer Leistung ist, so ohne Zweifel auf dem historischen Gebiete. Es giebt nichts Wohlthuenderes auf der Wanderung durch die buntbestandenen Gefilde vielgestalteter Dinge, als die reine Luft eines über der Parteien Haß und Gunst erhabenen Geistes zu spüren. Der schlichte Sinn, der alle seine Schärfe darauf richtet, das Thatsächliche zu erfassen und unverfälscht wiederzugeben, flößt in Zeichnung, Farbe und Licht mehr Wohlgefühl ein, als alle koloristischen Künste darstellender Rhetorik zu bereiten vermögen. Es ist auch nicht Zufall, daß Chuquet zu seinem Verfahren gekommen ist, welches man die Kleinmalerei im besten Sinne nennen könnte. Diese Methode ist unmittelbar durch seinen Wahrheitsdrang gegeben, der nur durch das Wissen des Einzelnen zu befriedigen ist. Aber da der Drang lebensvoll und lebenslustig ist, so wird unter seinem Schaffen das Kleine nicht trocken und kleinlich, sondern frisch und bedeutsam.

Hier ist nichts von der Dürre jener seminaristischen Verknöcherung, die man mit dem bezeichnenden spaßhaften Namen der „Quellenmayerei“ getauft hat; es ist Blutwärme der Gegenwärtigkeit in der Erzählung. Allerdings, wer die ganze Weltgeschichte, in allen ihren Teilen und Epochen, auf diese Art erzählen oder studieren wollte, der müßte mehr als die Dauer und die Fassungskraft eines menschlichen Gehirns zur Verfügung haben. Es ist auch nicht zu befürchten, daß die ganze Geschichte so geschrieben, geschweige denn von einem einzelnen Menschen so gelesen werde. Aber es giebt Episoden der Weltgeschichte, deren Vorführung immer wieder von Neuem unsere Wißbegierde, um nicht zu sagen unser Sensationsbedürfniß reizt, und zu diesen Episoden gehört die gewaltige Erschütterung, welche am Ende des vorigen Jahrhunderts von Frankreich aus über Europa gegangen ist. Genau genommen ist eine vollkommene und erschöpfende französische Geschichte der Revolution noch nicht in Ein Werk so zusammengefaßt worden, daß man auf die Frage: welche soll ich lesen? mit Einem Namen antworten könnte. Auch wird man gewiß zu diesem Zwecke nicht diese sieben Bände als das Richtige bezeichnen können. Aber da eben das Ganze nicht bei einander zu haben ist, so kann man in vollkommener Ruhe sagen, wer eine bestimmte Seite des Geschehenen mit sicherem Gewinn und Genuß kennen lernen will, der greife hier zu; er wird es nicht bereuen.

Einen besonderen Zug möchte ich noch beiläufig erwähnen, durch den gerade für den deutschen Leser ein Interesse eigentümlicher Art erweckt wird. Wie viele Namen stoßen uns in diesen Berichten auf, die bezeugen, daß ihre Träger, sei es auf deutscher Erde geboren wurden, sei es durch Abstammung ihr angehörten. Um nur Einige zu nennen, die sich auf den ersten Griff bieten, wenn wir die französischen Waffenthaten und ihre Führer an uns vorüberziehen sehen. Da sind; Luckner, Kellerman, Neuwinger, Wimpfen, Balthasar Schauenburg, Westermann, Stengel, Kleber, Rapp, Ney, Offenstein in erster Reihe. Die zufällige Gestaltung der Ereignisse führte sie in eine Bahn, auf welcher sie in den Ruhmestempel Frankreichs eingingen. Unter den Konstellationen einer späteren Zeit hätten sie wohl auf der entgegengesetzten Seite gestanden und wären als „Briganten und Barbaren" gebrandmarkt worden. Es giebt viel handgreifliche Dummheit auf der Welt, aber nichts Dümmeres, als die Uebertragung politischer Gegensätze auf das Urteil in Sachen menschlichen Charakters. Und doch ist dieses Verfahren so verbreitet, daß wir aufs Angenehmste überrascht sind, wenn wir einmal, wie in unserem Fall, keine Spur davon entdecken.

Arthur Chuquet ist noch nicht ganz vierzig Jahre alt. Der Umfang und die Qualität seiner bisherigen Leistungen berechtigen zu der Erwartung, daß die lesende und forschende Menschheit ihm noch viel zu verdanken haben und daß er sich einen glänzenden Platz in der Weltliteratur erobern werde. Er ist aus der Ecole normale hervorgegangen, der so viele ausgezeichnete Männer seines Landes angehört haben; er hat seine Studien in Berlin und Leipzig fortgesetzt. Nach seiner Rückkehr aus Deutschland ward er Professor des Deutschen am Lycée St. Louis und mit derselben Aufgabe an der Ecole normale betraut. Seit dem Jahre 1888 steht er an der Spitze der „Revue critique", wo er Gabriel Monod und Gaston Paris ersetzt hat.*)

Ein gewaltiger Wissens- und Schaffenstrieb mit einem Sinn von seltener Lauterkeit verbunden erinnert bei Allem, was aus seiner Feder stammt, an den Spruch: „Der Mensch ist gut in Dem, was er versteht."

---

*) Im Jahre 1893 wurde Chuquet auf den Lehrstuhl der germanischen Sprachen am Collège de France berufen.

Otto Gildemeister.*)

Zu seinem siebenzigsten Geburtstage.

---

*) Aus der „Nation“ Nr. 24 vom 11. März 1893.

Nun kann ich mir von ungefähr vorstellen, wie einem Poeten zu Mute sein mag, wenn er ansetzen will, seinen Helden und dessen Thaten zu besingen. Lust und Liebe kämpfen in seinem Innern mit dem Bangen vor seiner Unzulänglichkeit, und in seiner Not wendet er sich zu höheren Mächten, ihren Beistand herbeizurufen. Da ich aber kein Dichter bin und in keinem persönlichen Verhältnis zu Göttern und Musen stehe, bleibt mir nichts übrig, als mich von Mensch zu Mensch zu wenden, meine Apostrophe an die nächstbetroffene Person selbst zu richten.

Verehrter Freund!

Seien Sie mir nicht böse, daß ich dem Ansinnen unserer gemeinsamen Freundin, der Redaktion dieser Wochenschrift, Gehör gebend, Sie an Ihrem siebenzigsten Geburtstag zum Opfer einer Besprechung mache. Ich weiß wohl, das ist Ihnen fatal. Aber Sie werden mir zugeben, es mußte sein. Entgehen konnten Sie dieser Indiskretion auf keinen Fall. Dafür ist die Buchführung über die Kalendertage der psalmistischen Termine in deutschen Landen zu wachsam, und das ist uns zu verzeihen. Wir thun ja sonst nicht übermäßig viel, um denen, die sich dem Guten, Schönen, Wahren ihr Leben lang widmen, zu zeigen, daß sie nicht vergebens gelebt haben. Wenigstens sofern sie nicht Exzellenzen, Durchlauchte oder etwas noch Höheres auf der Stufenleiter der Wesen sind, begnügen wir uns damit, ihnen unsere Schuld abzutragen, wenn sie gestorben sind und wir Sicherheit dafür haben, daß sie sich unserer Dankbarkeit nicht mehr freuen können. Man könnte das lateinische Wort, daß von den Toten nur Gutes zu sagen sei, ins Deutsche übertragen: „Gutes nur von den Toten". Am zweiten oder dritten Tag nach ihrem Scheiden, nämlich unmittelbar ehe man sie dem Schooß der Mutter Erde überliefert, brechen wir das Schweigen, und am fünften oder sechsten Tag darauf setzen wir es wieder fort mit ungeschwächten Kräften. Ja es ist mir sogar, als ich vor einem Vierteljahrhundert wieder in die Heimat zurückkehrte, aufgefallen, daß hier die Erfüllung selbst dieser rein menschlichen Herzenspflicht viel mehr als anderwärts dem Geistlichen überlassen wird, der, wie es sein Beruf mit sich bringt, weniger in die irdische Vergangenheit zurückblickt, als hinaus in die himmlische Zukunft. Vielleicht fühlen wir das Gute darum nicht minder, weil wir es verschweigen. Gab doch selbst der Dichter, dem man jetzt in seiner Heimat die Ehre des Angedenkens verweigert, dem schweigsamen deutschen Weibe den Vorzug! Nur so viel scheint mir sicher: sollten wir's auch nicht weniger fühlen, so fühlen wir's jedenfalls weniger lebhaft. Und weniger lebhaft berührt sich immerhin bedenklich nahe mit weniger überhaupt.

Die Sitte, den Abschnitt der siebenzig Jahre zu feiern, ist wohl darum bei uns seit geraumer Zeit so stark in Aufnahme gekommen, weil in ihr eine kleine Korrektur für sonstige Unterlassungen gegeben ist. Daß man so lange warten muß, um diese moralische Alters- und Invalidenversorgung zu verdienen, ist freilich eine erschwerende Bedingung. Aber schon hat die moderne Entwicklung auch hier manchmal die bessernde Hand angelegt. Das sechzigjährige Jubiläum hat bereits seinen Platz in der Reihe der nationalen Tafelfreuden erworben, einer Vorsicht entsprechend, die bei der Gebrechlichkeit menschlichen Daseins wohl begründet erscheint.

Gewiß! entgangen wären Sie dieser Huldigung auf keinen Fall. Und das werden Sie einräumen: erscheint einmal der Chorus mit dem Lorbeer, so konnten wir von der „Nation" nicht fehlen. „Denn er ist unser", dürfen wir im Präsens sagen, das glücklicher Weise eine Klage zu übertönen nicht berufen ist.

Soll ich nun noch aussprechen, warum gerade mir dieser ehrenvolle Auftrag geworden und warum ich ihn nicht glaubte abweisen zu dürfen? Eigentlich giebt es nur Einen, der wirklich der Sache gewachsen wäre, der sie in der knappen und tiefen Erschöpfung, der Form und dem Inhalt nach, wie sie es verdiente, hätte bewältigen können. Aber dieser Eine ist gerade in diesem Falle so gar nicht zu haben! So mußte denn ein anderer daran, und mancher hätte es in manchem Punkte vielleicht besser gemacht, als der, dem es zugeteilt worden. Nur in einem Punkt möchte er keinem weichen, nämlich in der Erkenntnis, wie schwer es ist, hier das Richtige zu treffen. Vielleicht ist das seine beste Legitimation gerade in Ihren Augen, verehrter Freund, nämlich, daß er am besten weiß, wie schmerzlich es Ihnen ist, so vor der Oeffentlichkeit abgewandelt, vielleicht gelobt zu werden, und zwar von Einem, dem Sie solchen Vertrauensbruch nicht zugetraut hätten. Was ist da zu machen? Bitte, halten Sie still. Auch ein bischen Ehre ist bald vorüber.

Ein tiefer, stiller, klarer See, in dem sich Sonne, Mond und Sterne spiegeln, das wäre das Bild eines glücklichen Geistes, der auf dem Grund eines räumlich umfriedeten, ruhigen Daseins höchster Freuden, des Verständnisses von

Welt und Menschen weit umher, in Sein und Wirken, in Kunst und Wissen teilhaftig wird. So in eins zusammengefaßt, tritt dies Lebensbild mir entgegen. Es mögen die eigenartigen Verhältnisse der Heimat etwas dazu beigetragen haben, diese reich zusammengesetzte und harmonisch abgerundete Existenz in ihrer Gestaltung zu begünstigen. Zwar in aller menschlichen Entwicklung, das ist meine Ueberzeugung, ist die Uranlage der Individualität das beinah allein bestimmende. Immerhin waren wohl der kleine Staat und die nicht große Stadt des heimatlichen Gebietes dazu angethan, einen festen Standort zu Hause mit einem freien Ausblick in die Weite zu gewähren. Unter den drei hanseatischen Republiken ist Bremen die, in welcher die Vorzüge und Nachteile eines vom großen Hinterlande selbständig abgesonderten Gemeinwesens am wenigsten Perrücken- und Philistertum erzeugt, in welchem die Nichtunterthänigkeit ein gesundes bürgerliches Selbstbewußtsein erzogen hatten, das sich willig an die politischen Bestrebungen Gesamtdeutschlands anschloß. Für die Weite des Gesichtskreises nach außen sorgt das brave Meer. Ein gutes Bremer Kind steht nur mit einem Fuß auf dieser Seite des Ozeans, mit dem anderen drüben, meistens in Nord- oder Südamerika. Kommt's nicht an jedem in eigener Person leibhaftig zum Austrag, so erfährt er es am Nächsten, am Bruder oder Vetter, am Sohn oder Schwager. Immer ist Gewähr vorhanden, daß Luft und Licht hereindringen. Gildemeister's Jugendreise fiel in die Zeit, da die ersten leisen Triebe einer politischen Regung im deutschen Leben schüchtern zu knospen begannen. Es waren die Jahre vor dem Ausbruch von Achtundvierzig. Diese unsere Generation hatte nicht die vorangehenden Enttäuschungen der Befreiungskriege und der dreißiger Jahre erlebt, und die späteren lagen noch ungeahnt vor ihr. Sie war nicht über praktischen Versuchen gestrauchelt, und ein kindlich heiterer Freiheitszug durchwehte platonisch ihre Brust. Dem Stillleben der Nation entsprechend gestaltete sich alles mehr litterarisch als politisch —, ganz wie geschaffen für unseres Jünglings besondere Sinnesart. Wunderbar, wie in diesem Leben alles zusammenstimmt, auch die ersten Blüten mit den Früchten des späten Alters. Sein erstes Werk, die metrische Uebersetzung von Byron's Don Juan, die Arbeit des Bonner Studenten, bildet das Anfangsglied jener Perlenschnur köstlicher Gaben gleicher Art, mit denen er die deutsche Litteratur bis in die letzte Zeit hinein beschenkt hat. Mir scheint, nichts kann bezeichnender sein für das Wesen eines Mannes, als diese glückliche Symmetrie der Schaffenslust und der Selbsterkenntnis über den langen Zeitraum eines halben Jahrhunderts hin. Welch eine innere Klarheit gehört dazu, so von Anfang an sich zum Richtigen zu finden, welch eine Weisheit, so daran festzuhalten, welch ein glückliches Naturell unermüdet immer neue Freude mit neuer Vervollkommnung auf derselben stillen Spur zu finden. Und dazu die rührende Genügsamkeit, sich mit seiner ganzen großen Kraft auf das Eindringen in die Werke der großen Meister anderer Sprache zu verlegen, allerdings mit dem Erfolg, in der eigenen damit schöpferisch zu wirken. Den Jüngling lockt Lord Byron's übermütiger Don Juan. Der Mann legt die Hand an die ganze Reihe der übrigen vielgestaltigen Dichtungen dieses verwegensten und originellsten aller Romantiker. Und damit nicht zufrieden, macht er sich auf, Shakespeare's gewaltiger Muse auf ihre steilsten Höhen zu folgen und, selbst mit ihr vertraut, sie dem deutschen Leser zuzuführen. Endlich, in den höheren Jahren gleichsam der Neigung zu heiterem, wohltönendem Abschluß gehorchend, wendet sich der immer frisch quellende Arbeitsdrang hin nach den südlichen Gefilden melodisch klingender Zunge, bringt uns in rascher Aufeinanderfolge zuerst Ariost's rasenden Roland, des schalkhaften, sinnenfrohen Meister Ludovico's abenteuerliches, im mittelalterlichen Geist der modernen Byron'schen Muse verwandtes Heldengedicht, und unmittelbar darauf die Bewältigung der härtesten unter allen herkulischen Uebersetzungsarbeiten, die Verdeutschung der Göttlichen Komödie.

Alles dies gleichzeitig, ja beinahe wie als Erholung neben einer rüstigen Thätigkeit auf den verschiedensten Gebieten ernster Berufspflichten, die mit wahrer Virtuosität erfüllt werden. Ein glückseliges männliches Dasein, dessen hoher Wert sich gerade darin kennzeichnet, daß, um es ganz zu würdigen, man es aus der Nähe beschauen muß. Nichts was auf große Distanzen blendet oder mit schlagenden Effekten erstaunt, aber stiller Reichtum und innerliches Ebenmaß in Hülle und Fülle.

Ich vermute, die Gildemeister sind ein altes Bremer Geschlecht, der Name schon klingt so gut reichsstädtisch. Der Vater, Karl Friedrich, geboren 1779, gestorben 1849, war Sekretär des berühmten Bürgermeisters Johann Smidt, den er 1814 ins große Hauptquartier der deutschen Alliierten begleitete. Im Jahre 1816 wurde er zum Mitglied des Senats gewählt, dem er bis zu seinem Tode angehörte.

Am 13. März 1823 wurde der Sohn Otto geboren. Schon der Vater hatte Neigung zu den sprachlichen Studien und führte den Sohn ins Italienische, auch in die Lektüre des Dante ein. Nach absolviertem Gymnasium zog der junge Mann auf die Universität nach Berlin und Bonn „zum Studium der geschichtlichen, politischen und volkswirtschaftlichen Wissenschaften, sowie der wichtigsten lebenden Sprachen Europas" — so heißt es in seinen Akten, und keines dieser Gebiete ist hinter dem andern zurückgesetzt, alle sind gleich sorgsam bebaut worden, haben es am Ertrag nicht fehlen lassen. Im Juni 1845 kehrte Gildemeister in die Vaterstadt zurück, wirkte einige Jahre lang als Mitarbeiter der Weserzeitung und übernahm im Jahre 1850 die Redaktion des Blattes. Im Jahre 1852 zum Regierungssekretär ernannt, legte er die Redaktion nieder und übernahm zunächst die Verwaltung des Staatsarchivs. Im Jahre 1857 ward er, den Spuren des Vaters folgend, in den Senat gewählt; 1871 wurde er zum ersten Male Bürgermeister und bekleidete dies höchste politische und städtische Amt der Heimat, bis er am 11. Februar 1890, nach mehr als dreißigjährigem Senatsdienst, sich in den Ruhestand zurückzog, (die Funktionen des „regierenden" Bürgermeisters wechseln zwischen zwei Titularen Jahr um Jahr ab).

Dieses lange, emsige, fruchtbare, vielseitige Dasein spielt sich ab auf dem immer gleichen Grunde der Geburtsstätte. Große Politik und Weltlitteratur beschäftigen ihren Meister unverrückt an derselben heimischen Scholle. Von hier aus spinnt er seine Fäden ins Fabelland der fremden Phantasie und lenkt mit fester Hand die wichtigsten Angelegenheiten des heimischen kleinen aber feinen Staatswesens nach Innen und Außen. Ueberall, wo Gildemeister anfaßte, ward er alsbald der erste unter seines Gleichen. Seine Redaktion gab dem von ihm geleiteten Blatte ein besonderes Gepräge. Ein litterarischer und urbaner Geist wohlthuender Distinktion weht noch heute, wie ein Abglanz und Vermächtnis alter Zeit, durch die Blätter der „Weserzeitung". Fest und sicher stand er allzeit seinen Mann in den Geschäften des Regierens. Ein klarer, scharfer Kopf in Beherrschung aller Finanzfragen, ein in allen Einzelheiten des Fachs durchgebildeter Nationalökonom, ein ruhiger, umsichtiger und charakterfester Diplomat, das letztere mit Aufgaben verbunden, die oft recht schwierig waren, weil und nicht obgleich es sich um Reibung zwischen dem kleinen Staat und seinem großen Nachbar handelte. Denn dieser war bekanntlich für seine Großmut nie berühmt und zur Schonung des anständigen Schwachen niemals aufgelegt. Als erst die Zeiten kamen, da Fürst Bismarck das Stichwort des Schutzzolles ausgab und nun mit der ganzen Wucht seiner persönlichen Furia wie der klaren Absicht eines künstlich zu züchtenden Nationalfanatismus in Allem und Jedem Unterwerfung unter sein neues Programm verlangte, begannen harte Kämpfe für die im Geist freier wirtschaftlicher Grundsätze groß gewordene Seestadt. Gildemeister hatte seit den Tagen des Norddeutschen Bundes Bremen im Bundesrat vertreten. Seiner volkswirtschaftlichen Bildung gemäß gehörte er mit Leib und Seele der Lehre vom Heil freier Bewegung und männlicher Selbstverantwortung an. Das war schon mehr als genug, um ihn in den Augen des argwöhnischen Hassers unter die Allerverdächtigsten zu verstoßen. Nun kam noch gar die Intrigue hinzu, die angezettelt wurde, um Hamburg und Bremen in den Zollverein hineinzuzwingen, ihre freihändlerische Gesinnung dadurch an der Wurzel auszurotten, daß man protektionistische, schutzverlangende Interesse in ihrem eigenen Mittelpunkt groß zog. (Im Hintergrunde spielte von Anfang an in der ganzen Kabale König Schnaps eine entscheidende aber für ihn selbst unglückliche Rolle, doch gehört das nicht hierher.) Wie der Vertreter, so stand das ganze freihändlerische Bremen alsbald oben an auf der schwarzen Liste. Aber es lag auf der Hand, daß die kleinere Hansestadt keinen Widerstand mehr leisten konnte, wenn erst die größere zu Kreuz gekrochen. So warf sich Bismarck zunächst auf Hamburg, und als die ehrbaren Väter der Republik, nach erstem entrüsteten Aufbäumen, in heilsamen Schrecken versetzt, reuevoll Abbitte thaten, wurden ihnen großmütige Friedensbedingungen gewährt. Das kleine Bremen ließ man mit vergnügter Boshaftigkeit im Vorhof stehen, da sein Schicksal besiegelt war. Das gab natürlich peinliche Aufgaben für einen Vertreter, der für die Erduldung von Despotenhudelei weder im Geist noch im Charakter angelegt war. Während er früher, zur Zeit der Parlamentstagung, Monate lang im Bundesrat an dessen Verhandlungen eifrig Teil genommen, kam er jetzt nur noch selten, wenn es nicht zu vermeiden war, nach Berlin, niemals mehr zu regelmäßigem dauernden Aufenthalte, eine schmerzliche Entbehrung für seine Freunde in der Hauptstadt. Es gehörte so zu den kleinen unter den großen Miseren der Aera der Verfolgungswut, daß man auch in seinen stillen Freuden getroffen wurde. Doch für die Abwesenheit des mit in Deutschland seltenem Konversationstalent begabten Freundes sollten wir durch die ungestörter fließende Muße der Arbeit in der trauten Heimat entschädigt werden. Von 1882 bis 1883 wurde der Ariost übersetzt, 1884 der Dante nicht nur übersetzt, sondern mit knappen scharf gezeichneten Glossen versehen.

Merkwürdig! Erst nach dem Rücktritt aus dem Staatsdienst, im Anfang des Jahres 1890 machte sich der Uebersetzer des Roland und der Komödie, der tiefe Kenner italienischer Sprache, Geschichte und Kunst auf den Weg, um mit eigenen Augen ihr Land zu schauen, insbesondere Florenz, wo ihm sogar seit Jahren ein Schwager wohnte. Wie bezeichnend für den Mann, der alles vom ruhigen Port seines weitumfassenden und feinfühlenden Geistes aus zu erfassen und zu genießen veranlagt war. Beinahe ein halbes Jahrhundert hatte er in bürgerlicher Eintönigkeit an der stillen Stätte seines thätigen und beschaulichen Wirkens verlebt, seitdem er seine erste jugendliche Schöpferfreude an der deutschen Nachbildung jenes ruhelosen aristokratischen Temperaments ausgelassen, welches, verstimmt und verhetzt, den Nebeln des Nordens entflohen war, um Lust und Leidenschaft im südlichen Sonnenbrand auszubaden und dabei umzukommen.

Welch' ein ergiebiger Stoff läge in der Berührung dieser Gegensätze. Aber der würde gewaltig irren, der da meinte, nur Gegensätze lägen hier verborgen. Solches Verständnis ist nicht denkbar ohne innere Verwandtschaft des Geistes wenigstens, wenn auch nicht des Charakters. Man werfe einen Blick in das erste Jugendwerk, die im Jahre 1845 (bei Schünemann in Bremen) erschienene erste Ausgabe der Don Juan-Uebersetzung. Man lese die Vorrede, man vergleiche sie mit den späteren, und ebenso den Text der Verse. Wie das sprudelt, wie das Funken stiebt! Wie es im frohen trotzigen Freimut selbstbewußten Urteilens alle Schranken überspringt. Und doch schon der gleiche Bienenfleiß, der bis ins hohe Alter hinein so gewissenhaft und liebevoll sich ins Kleinste vertieft.

Ebenso nach langen vierzig Jahren lockt ihn wieder ein anmutiger und respektloser Schalk, die Lust an den „Narretheien Meister Ludovico's". So blieb er doch stets derselbe, der bereits auf der Schulbank, sagen die Zeitgenossen, zu verbotener Arbeit hinter des Lehrers Rücken mit dem Don Juan begonnen hatte. Erst einundzwanzig Jahre zählte der Verfasser, als er die vollendete Arbeit, mit historischen und litterarischen Glossen versehen, herausgab. — Das war doch eine andere Art von flottem Studententum, als das, welches heute mit verpflasterten Schmissen zu Ehren des nationalen Geistes auf den Straßen paradiert.

Es kann ja leider nicht vergönnt sein, hier in die Charakteristik dieser und aller folgenden Arbeiten einzudringen. Das Interessanteste wäre eine Vergleichung der ersten Don Juan-Ausgabe mit der späteren (1864). Letztere, in der Vorrede weniger keck, zugleich in der Form des Textes feiner ausgearbeitet als die frühere, welche eben ihren besonderen Reiz besitzt in der Art, wie sie das Original in seinen losen Wendungen und in den wilden Sprüngen des Versmaßes zu übertrumpfen versteht. Nur ein Beispiel statt vieler.

I. Gesang. Strophe 40. Schlußverse:

Or hints continuation of the species
Was ever suffer'd, lest he should grow vicious.

Erste Ausgabe:

Ging etwas auf die Fortsetzung der Species
So bannt' aus seinem Studienplan stets sie es.

Spätere Ausgabe:

Was anspielt' auf die Fortpflanzung der Rasse
Blieb fern, damit er stets das Laster hasse.

Bekanntlich folgte dem Don Juan die Uebertragung aller übrigen Gedichte Byron's in sechs Bänden. Einiges, was in der ersten Ausgabe von 1864 noch zurückgeblieben war, kam ergänzend in der von 1866 hinzu. Seitdem ist eine dritte im Jahre 1877 erschienen (Berlin bei Reimer). Die Byron-Uebersetzung steht in Deutschland, wenn Gildemeister's Name genannt wird, im Vordergrund. Sie ist das Fundament seines Ruhms in der Geschichte unserer Litteratur geworden und wird es bleiben, ohne daß die gewaltige Leistung aller späteren Arbeiten ihm ein geringeres Recht darauf gäbe. Aber schon als erstes Standard-work hat sie das Merkzeichen abgegeben, und er kann sich das gefallen lassen. An sie zunächst reiht sich die Uebersetzung Shakespeare's, die er im Bunde mit Paul Heyse, Georg Herwegh, Hermann Kurz, Friedrich Bodenstedt, diesem als Herausgeber des Ganzen, und Anderen lieferte. Die erste Ausgabe ist von 1871; im Jahre 1880 erschien bereits eine vierte (Leipzig bei Brockhaus.) Den Löwenanteil an der Arbeit, wenn man so sagen darf, nahm sich Gildemeister, dreizehn Stücke für sich allein, darunter alle die historischen Dramen von König Johann bis zu den Richards und den Heinrichs. Im Jahre 1871 fügte er noch die Uebersetzung von Shakespeare's Sonnetten hinzu (ebenfalls bei Brockhaus).

Bereits oben ist erzählt, wie die zunehmende Wüstheit des Bismarck'schen Regiments die Beteiligung an der bundesrätlichen Thätigkeit immer unerträglicher und das Erscheinen in Berlin ganz zur Ausnahme machte; wie damals in Gildemeister, obgleich seine Arbeit als Senator und Bürgermeister zu Hause ihm noch ein voll gerüttelt Maß gewährte, die alte Sangeslust mit neuem Trieb erwachte. Nach etlichem Besinnen ward der Ariost herangeholt, bezeichnend für die souveräne Gemütsart, deren Gleichgewicht soeben im Streit mit der Uebermacht der Tagesherrschaft die Proben manchen Aergernisses und manchen Ekels bestanden hatte. Die vier Bände wurden wie ein Spiel in der Muße der Nebenstunden bewältigt. Dem Schönheitssinn des Originals entsprechend erschienen sie in splendider Ausstattung 1882 (Berlin bei W. Herz). Es kommt mir nicht zu, ein fachmännisches Urteil über den philologischen Wert der Uebersetzung zu fällen, zumal ich die konkurrierenden Uebersetzungen gerade des Ariost nicht kenne. Aber ich habe beim Lesen dieser deutschen Verse das Gefühl, als klängen sie italienisch, noch mehr sogar als Paul Heyse's doch gewiß über jedes Lob erhabene Uebertragung Leopardi's. So weit Deutsch wie Italienisch klingen kann, ist es hier vollbracht. So weich=melodisch fließt die Strophe dahin, und wo am Ende des Gesanges der lustige Sänger im Abgang, gleichsam sich auf dem Absatz drehend, noch jedesmal seinen besten frechsten Witz ins Publikum schleudert, hebt das schwere nordische Idiom zu so graziösen

Wendungen aus, daß man sich in das Land versetzt fühlt, dove suona il si.

Den Schluß — bis heute — bildet in der Reihe dieser Riesen-Filigranarbeiten der große schwere Band der göttlichen Komödie, — Hölle, Fegefeuer und Paradies (1888 bei Herz in Berlin — bereits eine zweite durchgesehene Auflage 1891): jeder Gesang mit einer für die historische und litterarische Belehrung vortrefflich brauchbaren Einleitung versehen.

Beim Erscheinen jeder Uebersetzung wird die Frage aufgeworfen: Warum nun wieder! Es wären ja schon andere da: Ist die neue besser, will sie besser sein? In unserem Fall ist die Antwort leicht gegeben. Der Autor arbeitet ganz allein zu seiner eigenen Freude.

Er könnte dieselbe Antwort erteilen, wie einst auf seine alten Tage Ranke einem ihn anschwärmenden Verehrer, der seine mühevollen Verdienste um die Belehrung der Menschheit pries: „Ich habe das alles nur geschrieben, weil es mich lockte und unterhielt.“ Am stillen Abend bei seiner Lampe und Cigarre setzt sich unser Sprach- und Dichterfreund hin, um zum eigenen Genuß, zu diesem allein, sich in die Gedanken großer Menschen, in die Gestalten anderer Zeiten und Sitten zu vertiefen — man könnte sagen: sich zu verlieben, so mit Herz und Seele geht er in der Arbeitsfreude auf. Der Hauptreiz liegt ihm im Kampfspiel mit der Sprache, der fremden, nicht minder mit der eigenen. Das ist der springende Punkt, wo die Schaffenslust bei ihm einsetzt. Sprachkenner, Sprachfreund durch und durch, weder was man einen Philologen, noch was man heut zu Tage einen Linguisten nennt. Vielmehr etwas diesseits und jenseits alles gelehrten Handwerkes, ein Sprachkünstler im sublimsten Sinne des Worts.

Was so in der stillen Werkstätte beschaulichen Genießens in unglaublich raschem Fluß der Arbeit ans Licht gefördert worden, danach griffen dann die Verleger natürlich mit Wonne, und die deutsche Lesewelt hat ihnen Recht gegeben. So braucht man auf die Frage nach der Legitimation zur Leistung nicht zu antworten. Gildemeister ist übrigens weit entfernt davon, ein besonderes oder besseres Recht seinen Vorgängern gegenüber zu beanspruchen. Er macht es auf seine Weise, und jede Weise bringt ihre Vorzüge zum Ganzen, die seinige gewiß nicht die geringsten. In der Vorrede zu seinen Shakespearestücken ist ausdrücklich darauf hingewiesen, wie wenig aus der Entstehung dieser Arbeit auf eine Verkennung von Schlegels Verdiensten geschlossen werden möge, wie alle Spätern auf den Schultern dieses Meisters stehen.

In seinen Uebertragungen hat Gildemeister sich der Regel nach möglichst genau an die Form des Originals angelehnt, im Versmaß wie in der Tonart. Er hat die Terzinen Dante's mit dem fünffüßigen Jambus, die Ottaverimen Ariost's mit dem gleichen Vers, den englischen Blankvers Shakespeare's getreulich nachgebildet, bei jeglichem mit der dem Original eigentümlichen Gangart. In Byron's Don Juan namentlich ist die Freiheit oder der Mutwille, mit welchen das Original sich losläßt, absichtlich wiedergegeben, wie schon bemerkt, besonders geflissentlich in der älteren Ausgabe.

So viel, in schwer einzuhaltender Kürze, von diesen poetischen Werken. Sie müssen den ersten und breitesten Platz hier einnehmen, weil sie den festen, breiten Boden für das Verhältnis unseres Autors zur deutschen Litteratur gegeben haben. Seine prosaischen Schriften hat er nie gesammelt, bezeichnender für seine Bescheidenheit als für ihren Wert, denn seine Essays gehören ohne Zweifel zum

Schönsten der Gattung. Und das begreift sich. So viel Wissen, so viel feinste Beobachtung, so viel praktische Erfahrung, so viel Freude am Erkennen und dabei solche Lust an der künstlerischen Behandlung des Ausdrucks, das schießt von Natur zu einer Prosa zusammen, mit der sich auf deutschem Boden wenige messen können. Den Lesern der „Nation" braucht man das nicht zu beweisen. Die meisten von ihnen wissen wohl längst, daß Otto Gildemeister ehedem mit einem ziemlich durchsichtigen halb Pseudonym halb Anagramm „Giotto" zeichnete, so lange die Würde und Bürde der öffentlichen Amtsstellung ihm noch gewisse Rücksichten auferlegte. Seitdem haben wir es von ihm erlangt, daß er sich des Inkognitos begeben. Es sei nur erinnert an Studien wie die über Taine, über Talleyrand, über „die Freuden des Lebens" von Lubbock, über „Praktisches Christentum", über „die trostlose Wissenschaft", „die ersten Judenverfolgungen in Deutschland", den Herzog von St. Simon, Sprachdummheiten, über die Jesuiten (heute wieder nachzulesen) und viele andere, bis auf die jüngst dem alten Roscher gewidmete Abhandlung. Vom Inhalt nicht zu reden, welch' ein Meister des Stils — ich habe ihn vor Jahren schon einmal unseren „Neuesten" vorgehalten. So reinlich und zweifelsohne, so ganz ein Mann ein Wort. Alles einfach treffend, alles schlichter Wohllaut, nicht gesucht und nicht gesungen. Zur ruhigen Gangart der ruhige Ton, keine Nachsicht für Falschheit, aber Duldung genug für Fehler, Sinn für Menschliches, Ergründung von Altem und Neuem, kein Umherschweifen, doch ein gefälliges Verweilen beim Anziehenden, auch wenn es klein ist, immer dem Kern der Dinge nachgehen und immer dabei spielend lächeln — so wird der beste Trank gebraut. Vor seiner Mitarbeit an der „Nation" hat Gildemeister der „Deutschen Rundschau" einige Perlen seiner

Prosa geschenkt, die wohl noch bei deren Lesern in lebendigem Andenken stehen, so „Ueber Höflichkeit" (IX. Jahrgang, 9. Heft), „Der Kampf gegen die Fremdwörter" (XII. Jahrgang, 10. Heft), „Aus einer neuen Danteübersetzung Graf Guido und Papst Bonifaz" (XIV. Jahrg., 5. Heft). Und wie viel anderes hat er ohne Namen versteckt zur Zeit seiner Redaktion und seitdem an Stellen, wo es weder gesucht noch gefunden wird.

Dies ist ein rührender Zug, den ich an manchem der besten deutschen Köpfe zu beobachten Gelegenheit hatte, vielleicht mehr an denen der Vergangenheit als an denen der Gegenwart. Es kommt ihnen nur darauf an, etwas durchzudenken und zu Papier zu bringen. Ist's einmal aus dem Kopf heraus, so ist's gut. Aufs Uebrige kommt's nicht an. Dieser Art war z. B. auch der verstorbene Otto Michaelis, einer der feinsten Analytiker und Stilisten insonderheit auf wirtschaftlichem Gebiet. Jahr aus Jahr ein schrieb er über die zur Verhandlung des Tages stehenden Fragen die köstlichsten Abhandlungen, bald länger, bald kürzer, aber immer ohne Namen und in Organen, die nur ganz engen Kreisen zugänglich waren, oft für ein kleines Provinzialblatt, wo Niemand dergleichen suchte. Spurlos ging's vorüber. Aber er war zufrieden, er hatte sich sein Sprüchlein ausgedacht und es heimlich irgendwo versteckt.

Lebte und schriebe Gildemeister in Frankreich, so wäre er ohne Zweifel Mitglied der Akademie, und die Berliner Abonnentinnen des „Figaro" wüßten wahrscheinlich mehr von ihm, als sie jetzt wissen. Das ist weder für ihn, noch für sie, noch für deutsche Zustände ein Unglück. Es hat doch auch sehr sein Gutes, daß die Versuchung, anders als aus Liebe zur Sache zu arbeiten, in so dürftiger Gestalt umgeht, und daß so viel Gutes ganz oder halb verborgen blüht nur um seiner selbst willen. Die Universität Tübingen hat im Jahre 1864 „den elegantesten Uebersetzer und Kenner fremder Dichter (poetarum interpretem et existimatorem elegantissimum)" zum Ehrendoktor ernannt, unter dem Dekanat Reinhard Pauli's, des zu früh verstorbenen Kenners englischen Lebens, des humanen, allem Steifleinenen und Hochgestelzten abgeneigten Historikers. Ihm verdankt es wohl die Hochschule, daß sie sich mit dieser Ernennung ehrte, sein Geist war dem unseres Jubilars verwandt, wenn auch seine Entwicklung in eine spätere Zeit fiel. Wäre Gildemeister in England geboren, so säße er wohl im Parlament und wäre mehrmals Minister gewesen.

Die Lust am Uebersetzen fremder Meisterwerke gehört zu den schönsten Eigentümlichkeiten deutscher Geistesbildung. In keiner anderen Nation haben so viele Schriftsteller ersten Ranges sich solchen Arbeiten unterzogen, keine andere Nation hat so viele klassische Uebersetzungen und keine hat diese als so gleichberechtigt bei sich eingebürgert. Es könnte die Frage aufgeworfen werden, ob die neue Generation schaffend und empfangend nicht von diesem Wege abweichen werde, ja es ist wahrscheinlich, daß es so kommen wird. Gildemeister gehört, wie dieser Tag uns in Erinnerung bringt, jenem älteren Geschlecht an, das einen vorurteilsfreien, nach allen Seiten hin zugänglichen Sinn, persönliche Selbstständigkeit und Verantwortlichkeit mehr pflegte als gesteigertes Selbstgefühl, enge Abschließung und Gebundenheit der Disziplin. Den Wahlspruch seines Lebens könnte man in die Worte fassen:

Sollst dich am eignen Thun ergetzen,
Was andre thun, das sollst du schätzen.

Von den vaterländischen Geschicken haben vielleicht die das Beste genossen, welche wie er, in ihren Jünglings- und Mannesjahren selbstthätig, hoffnungsvoll und siegesfreudig die aufwärts gehende Bewegung von ihren ersten schwachen Anfängen bis zum Ende jenes glänzenden Jahrzehnts, das mit dem Jahre 1876 abschließt, mit durchgemacht haben. Ihm blieb zu allen Zeiten und bleibt für alle Zukunft diesseits und jenseits guter und böser Erfahrungen das Summum bonum, der unantastbare Schatz eines heiteren und reichen Innenlebens, ein Beatus ille, den man beneiden könnte, wenn Weisheit zu beneiden, nicht gar so vermessen wäre.

Ein klarer, tiefer, stiller See, in dem sich Sonne, Mond und Sterne spiegeln.

Druck von J. S. Preuß, Berlin W., Leipzigerstr. 31/32.